普通高等教育"十一五"国家级规划教材

化工设备机械基础

第3版

赵 军 张有忱 段成红 编

HUAGONG SHEBEI JIXIE JICHU

化学工业出版社

北京

本版保留了第 2 版的风格，修订了第二篇的内容。全书分三篇，共十八章。第一篇为工程力学基础，介绍了力学的基本概念，物体的受力分析和静力平衡条件；材料的力学性能；杆件在基本变形和组合变形下的强度和刚度计算及疲劳失效的概念。第二篇为化工设备设计基础，介绍了容器的基本知识及分类；回转壳体的类型、特点、计算方法及设计要求；化工设备标准零部件的结构及选用。第三篇为机械传动，介绍了化工设备中常用的几种传动装置的工作原理、失效形式、结构和设计计算方法。

本书适用学时为 48～64 学时，可作为高等院校化工类及相关专业本科教材，还可用于石油化工、轻工、材料等相关专业的本科教材，亦可作为企业、设计单位的技术人员的参考书。

图书在版编目（CIP）数据

化工设备机械基础/赵军，张有忱，段成红编．—3 版．
北京：化学工业出版社，2016.7（2025.2重印）
普通高等教育"十一五"国家级规划教材
ISBN 978-7-122-26764-1

Ⅰ.①化…　Ⅱ.①赵… ②张… ③段…　Ⅲ.①化工设
备-高等学校-教材　Ⅳ.①TQ05

中国版本图书馆 CIP 数据核字（2016）第 073926 号

责任编辑：程树珍　　　　　　　　　　装帧设计：张　辉
责任校对：边　涛

出版发行：化学工业出版社（北京市东城区青年湖南街 13 号　邮政编码 100011）
印　　装：大厂回族自治县聚鑫印刷有限责任公司
787mm×1092mm　1/16　印张 18　字数 454 千字　　2025 年 2 月北京第 3 版第 14 次印刷

购书咨询：010-64518888　　　　　　　售后服务：010-64518899
网　　址：http://www.cip.com.cn
凡购买本书，如有缺损质量问题，本社销售中心负责调换。

定　　价：49.00 元

前 言

继 1999 年的第 1 版、2007 年的第 2 版，本教材已经使用了 16 年。自第 1 版出版发行以来，有国内数十所高校使用了这本教材，取得了较好的教学效果并得到了一些关于教材内容的反馈意见。教材第 2 版获普通高等教育"十一五"国家级规划教材。

随着生产和工程的进步，教材中的一些内容有些已经略显陈旧，特别是近年来一些新的工业标准的颁布和实施使得本书有重新修订的必要。由于第一篇和第三篇属于传统内容，内容改变不大，只做了必要的修改。第二篇的编排顺序不变，但所有内容均依据最新颁布的标准进行了重新编写。为了方便阅读和区分，本次修订中增加了部分符号表。

为了兼顾通常习惯及相应国家标准中新的符号规定，本次修订对一些符号在不同章节作了分别的处理，最主要体现在关于力学性能指标的表示。如屈服强度在第二篇中改用 R_{el} 表示，抗拉强度改用 R_m 表示等。

本次修订主要由赵军、张有忱负责。北京化工大学蔡纪宁教授对本书的第二篇内容提出很多建设性的意见并对部分内容做了具体的修改。北京化工大学李慧芳博士、魏鹤琳博士也对本书的修订提出了中肯的修改意见。为了能更好地结合工程实际，作者约请部分从事压力容器设计的技术人员审读了部分稿件并提出了修改意见，他们是：中国昆仑工程公司的孟令岩高级工程师，中国寰球工程公司的李清娟高级工程师，中国石油华东设计院北京分院的潘成云高级工程师，山东三维石化工程股份有限公司的夏宁工程师，惠生工程有限公司的唐艳芳工程师。另外，在教材编写审稿会上，郑州大学的刘敏珊教授，浙江大学的郑津洋教授，四川大学的黄卫星教授、闫康平教授，西安交通大学的张早校教授、李云教授，华东理工大学的王志文教授、蔡仁良教授，沈阳化工大学吴剑华教授等专家学者对本书的编写提出了许多指导性的意见。在此表示由衷的感谢。

尽管已经是书稿的第三次修订，尽管作者努力避免错误和不当，但限于学识和水平，内容难免挂一漏万，敬请读者批评指正。

编者

2016 年 3 月

第 1 版前言

本书是为高等工科院校化工工艺类各专业"化工设备机械基础"课程编写的教材。根据教育部面向 21 世纪高等院校教学改革的精神,为体现新教材特点,妥善处理学时少、内容多的矛盾,本教材按如下原则编写:

1. 本课程的宗旨是在化学工程师和机械工程师的相关理论之间建立桥梁和纽带,因而书中强调了机械基础的基本理论和实际应用,而对较复杂的强度计算和设计计算没有做更多的赘述;

2. 力求体现最新的科研成果,在编写时我们尽可能地采用了当前最新的科研成果以及根据这些成果颁布的最新标准;

3. 兼顾各专业需求,增强学时弹性,本书的适用学时为 50~70 学时。

在编写过程中参考了国内多种同类教材,考虑到大多数院校工艺类专业学生在学习本课程之前,已经先行学习过有关金属材料及金属工艺学的内容,因此本书不再单独介绍有关金属材料方面的知识。另外,对其他必需的内容进行了整合,并按照本课程的特点重新编排。

本书第一篇及第二篇的第七、第八、第十一章由赵军编写;第三篇由张有忱编写;第二篇的第九、第十、第十二章由段成红编写;北京化工大学徐鸿教授主审。北京化工大学崔文勇教授、陈广异教授审读了部分章节,并提出了许多建设性的意见,李凤金老师绘制了部分插图。在此一并表示诚挚的谢意。

作为本课程的配套教材,我们还编写了《化工设备机械基础课程设计指导书》亦将于近日出版。

本书由北京化工大学"化新教材建设基金"赞助出版。

编者
1999 年 8 月

第 2 版前言

本书第 1 版自 2001 年出版发行以来，在国内多所高等工科院校得到使用。使用过程中，兄弟院校的教师提出了许多建设性的意见，对提高本书的质量以及有针对性地教学起到了积极的作用。

在国家大力发展具有自主知识产权的技术，发展装备制造业的大环境下，高等工科院校工艺类的学生掌握机械基础知识显得尤为重要。本书第 2 版的编写宗旨与第 1 版相同，即通过本书的学习，使工艺类学生掌握有关机械设备的基础知识和基本设计思想，架设起工艺工程师与机械工程师之间的桥梁，培养既了解工艺流程又掌握机械设备设计方法的复合型人才。

本次修订的主要工作是对全书的术语、符号、文字作了统一和规范，力争用最新的标准表述。比如：所有力的符号根据国家标准均用 F 表示，不同性质的力用下标进行区分；对过去的各种无量纲的量做了系数和因数的明确区分；又比如，在第二篇中根据 GB 150—1998 的第一号修订将 Q235A 从压力容器用钢中删除等。

本书的编排体系与第 1 版相同，全书共分为三篇，课程的适用学时为 48～64 学时，教师可根据不同的教学专业进行适当的取舍。

本版的修订工作主要由赵军、张有忱负责，北京化工大学硕士研究生夏宁演算了部分例题和习题。

尽管作者自认为编写过程已经十分认真，但限于水平和能力，书中一定还有不尽如人意之处，恳请读者批评指正。

本书第 2 版继续得到了北京化工大学"化新教材建设基金"的资助。

编者
2007 年 6 月于北京化工大学

CONTENTS

化工设备机械基础

目录

第一篇　工程力学基础 1

概述 1
第一章　物体的受力分析和静力平衡方程 2
　第一节　静力学基本概念 2
　第二节　约束和约束反力 3
　第三节　分离体和受力图 5
　第四节　力的投影　合力投影定理 6
　第五节　力矩　力偶 7
　第六节　力的平移 8
　第七节　平面力系的简化　合力矩定理 8
　第八节　平面力系的平衡方程 11
　第九节　空间力系 15
　习题 17
第二章　拉伸、压缩与剪切 20
　第一节　轴向拉伸与压缩的概念和实例 21
　第二节　轴向拉伸或压缩时横截面上的内力 21
　第三节　轴向拉伸或压缩时横截面上的应力 22
　第四节　轴向拉伸与压缩时的变形 23
　第五节　材料在拉伸和压缩时的力学性能 25
　第六节　拉伸和压缩的强度计算 29
　第七节　应力集中的概念 32
　第八节　剪切和挤压的实用计算 33
　习题 36
第三章　扭转 38
　第一节　扭转的概念和实例 38
　第二节　扭转时外力和内力的计算 38
　第三节　纯剪切 40
　第四节　圆轴扭转的应力 41
　第五节　圆轴扭转的强度条件 43
　第六节　圆轴扭转的变形和刚度条件 45
　习题 46
第四章　弯曲 48
　第一节　弯曲的概念和实例 48
　第二节　剪力和弯矩 49
　第三节　剪力图和弯矩图 50
　第四节　纯弯曲时梁横截面上的正应力 54

　　第五节　惯性矩的计算 ……………………………………………………… 57
　　第六节　弯曲正应力的强度条件 ………………………………………… 60
·　第七节　梁弯曲时的切应力 ………………………………………………… 63
　　第八节　弯曲变形 …………………………………………………………… 66
　　第九节　提高梁弯曲强度和刚度的措施 ……………………………… 71
　　习题 ……………………………………………………………………………… 73

第五章　应力状态分析　强度理论　组合变形 ………………………… 76
　　第一节　应力状态的概念 ……………………………………………… 76
　　第二节　平面应力状态分析 ……………………………………………… 77
　　第三节　三向应力状态简介　广义胡克定律 ……………………… 80
　　第四节　强度理论简介 …………………………………………………… 81
　　第五节　组合变形的强度计算 ………………………………………… 84
　　习题 ……………………………………………………………………………… 90

第六章　疲劳 ……………………………………………………………………… 92
　　第一节　交变应力的概念 ……………………………………………… 92
　　第二节　疲劳的概念 ……………………………………………………… 93
　　第三节　持久极限 ………………………………………………………… 94
　　第四节　提高构件疲劳强度的措施 ………………………………… 95

第二篇　化工设备设计基础　　　　　　　　　　　　　　　97

第七章　概述 ……………………………………………………………………… 97
　　第一节　容器的结构和分类 ……………………………………………… 97
　　第二节　压力容器设计的基本要求 ………………………………… 100
　　第三节　压力容器的标准化设计 …………………………………… 101
　　第四节　化工容器常用金属材料的基本性能 ……………………… 103
　　习题 ……………………………………………………………………………… 106

第八章　内压薄壁容器设计基础 …………………………………………… 107
　　第一节　回转壳体的几何特性 ………………………………………… 107
　　第二节　回转壳体薄膜应力分析 …………………………………… 108
　　第三节　典型回转壳体的应力分析 ………………………………… 112
　　第四节　内压圆筒的边缘应力 ………………………………………… 118
　　习题 ……………………………………………………………………………… 120

第九章　内压薄壁圆筒和球壳设计 ……………………………………… 122
　　第一节　概述 ……………………………………………………………… 122
　　第二节　内压薄壁圆筒和球壳的强度计算 ……………………… 122
　　第三节　容器的耐压试验和泄漏试验 ……………………………… 131
　　习题 ……………………………………………………………………………… 135

第十章　内压容器封头的设计 ……………………………………………… 136
　　第一节　凸形封头 ………………………………………………………… 136
　　第二节　锥形封头 ………………………………………………………… 139
　　第三节　平板封头 ………………………………………………………… 141

第四节　封头的结构特性及选择 ……………………………………………… 144
习题 ………………………………………………………………………………… 146

第十一章　外压容器设计基础 ………………………………………………… 147
第一节　概述 ……………………………………………………………………… 147
第二节　临界压力 ………………………………………………………………… 148
第三节　外压容器设计方法及要求 ……………………………………………… 151
第四节　外压球壳与凸形封头的设计 …………………………………………… 157
第五节　加强圈的作用与结构 …………………………………………………… 160
习题 ………………………………………………………………………………… 160

第十二章　容器零部件 ………………………………………………………… 162
第一节　法兰连接 ………………………………………………………………… 162
第二节　容器支座 ………………………………………………………………… 172
第三节　容器的开孔补强 ………………………………………………………… 178
第四节　容器附件 ………………………………………………………………… 180
习题 ………………………………………………………………………………… 185

第三篇　机械传动　　186

第十三章　带传动 ……………………………………………………………… 186
第一节　带传动的类型、结构和特点 …………………………………………… 186
第二节　带传动的工作特性分析 ………………………………………………… 190
第三节　普通 V 带传动的设计计算 …………………………………………… 193
习题 ………………………………………………………………………………… 199

第十四章　齿轮传动 …………………………………………………………… 200
第一节　齿轮传动的特点和分类 ………………………………………………… 200
第二节　齿廓啮合基本定律 ……………………………………………………… 201
第三节　渐开线及渐开线齿廓 …………………………………………………… 202
第四节　齿轮各部分名称及标准直齿圆柱齿轮的基本尺寸 …………………… 204
第五节　渐开线齿轮的正确啮合条件和连续传动条件 ………………………… 206
第六节　轮齿的根切现象及最少齿数 …………………………………………… 207
第七节　轮齿的失效和齿轮材料 ………………………………………………… 209
第八节　直齿圆柱齿轮的强度计算 ……………………………………………… 211
第九节　斜齿圆柱齿轮传动 ……………………………………………………… 221
习题 ………………………………………………………………………………… 224

第十五章　蜗杆传动 …………………………………………………………… 226
第一节　蜗杆传动的组成、特点及类型 ………………………………………… 226
第二节　蜗杆传动的主要参数和几何尺寸计算 ………………………………… 226
第三节　蜗杆传动的主要失效形式、常用材料和结构 ………………………… 229
第四节　蜗杆传动的强度计算简介 ……………………………………………… 231
习题 ………………………………………………………………………………… 232

第十六章　轮系和减速器 ……………………………………………………… 233
第一节　轮系 ……………………………………………………………………… 233

第二节　减速器 …………………………………………………………………… 236
习题 ……………………………………………………………………………… 238

第十七章　轴、键和联轴器 ……………………………………………………… 239
第一节　概述 …………………………………………………………………… 239
第二节　轴的材料 ……………………………………………………………… 239
第三节　轴的结构设计 ………………………………………………………… 240
第四节　轴的强度计算 ………………………………………………………… 242
第五节　平键连接 ……………………………………………………………… 247
第六节　联轴器 ………………………………………………………………… 248
习题 ……………………………………………………………………………… 251

第十八章　轴承 …………………………………………………………………… 253
第一节　概述 …………………………………………………………………… 253
第二节　非液体摩擦滑动轴承 ………………………………………………… 255
第三节　滚动轴承 ……………………………………………………………… 260
习题 ……………………………………………………………………………… 273

部分符号表 ………………………………………………………………………… 275
参考文献 …………………………………………………………………………… 277

第一篇
工程力学基础

概　述

　　工程力学是一门研究物体机械运动规律以及构件强度、刚度和稳定性的科学。本篇包含工程力学两个基础部分的内容：静力学和材料力学。

　　力是物体间相互的机械作用。作用在物体上的力会引起两种效应：一是引起物体机械运动状态的改变，称为外效应；二是引起物体的变形，称为内效应。

　　静力学主要研究力的外效应中的平衡规律。本篇第一章为静力学的基本内容。

　　工程结构物、机器和设备都是由构件组成的，若要这些构件在外力的作用下能够安全可靠地进行工作，则需要满足以下力学条件。

　　(1) 强度条件　强度是指构件抵抗破坏的能力。构件在外力的作用下发生断裂或显著不可恢复的变形均属于强度失效。构件应具有足够的强度。

　　(2) 刚度条件　刚度是指构件抵抗变形的能力。一些构件对变形有一定的要求，在这些构件上若存在较大变形会造成刚度失效。因此，构件要有必要的刚度。

　　(3) 稳定性条件　稳定性是指构件保持原有平衡状态的能力。如细长直杆、薄壁外压容器等构件，在所受压缩外力过大时会突然压弯而失去原有的直的平衡状态。因此，构件要具有足够的稳定性。

　　工程结构物、机器和设备中构件的几何形状是多种多样的。但就其几何特征来看，可将其归纳为杆、板、块三种。其中杆的力学分析较为简单，同时也是分析其他类型构件的基础。

　　材料力学研究杆的强度、刚度和稳定性问题。在本篇中，仅讨论等截面直杆在基本变形和组合变形下的强度、刚度计算，而将稳定性问题放到第二篇第十一章"外压容器设计基础"中进行研究。

　　在材料力学中，实验方法占有重要的地位。通过实验，可以了解各种材料的力学性能，验证各种计算理论和方法，解决一些理论上尚未解决的问题。

第一章
物体的受力分析和静力平衡方程

静力学主要研究以下两个内容。

（1）力系的简化 同时作用在刚体上的一群力称为力系。若作用在刚体上的力系可用另一力系代替而不改变其对刚体的作用效果，则称这两个力系为等效力系。力系的简化是用一个简单的等效力系代替作用在刚体上一个较复杂的力系，以便对刚体的受力情况进行进一步的分析。

（2）刚体的平衡条件 刚体的平衡条件是指刚体处于平衡状态时作用于刚体上的力系应满足的条件。根据平衡条件，可以求出作用在平衡刚体上的某些未知力。

第一节　静力学基本概念

一、力的概念及作用形式

力是物体间相互的机械作用。力的大小、方向、作用点是力的三要素。在国际单位制中，力的单位为牛顿（N）或千牛顿（kN）。力是既有大小又有方向的量，也就是说力是矢量，力可以用表示矢量的方法来表示。沿力的方位画出的直线 mn（图 1-1），称为力的作用线。线段 AB 的长度代表力的大小，线段始端 A 或末端 B 表示力的作用点，矢量 AB 表示力的大小和方向，称为力矢。力矢常用黑体字母如 F 表示，而白体字母 F 则表示力矢的大小。

作用在物体上的力按作用方式，可分为体积力和表面力两类。分布在物体内部各点的力是体积力，如重力、电磁力等。作用在物体表面上的力为表面力，如接触力、建筑物受到的风力、水坝受到的水压力等。

当力的作用面面积很小时，可以近似认为力是作用在一点上，这种力称为集中力。如图 1-2(a)。当力的作用范围比较大时称为分布力。如均质直杆的自重可简化为沿轴线作用的线分布力，其大小用分布力集度 $q(x)$（单位长度力的大小）表示，如图 1-2(b)，常用单位为千牛/米(kN/m)，当 $q(x)$ 为常数时称为均布力或均布载荷，如图 1-2(c)。

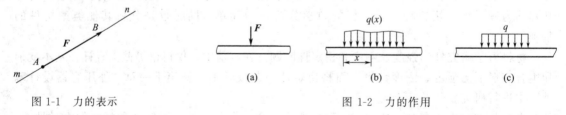

图 1-1　力的表示　　　　　　　　　　　　图 1-2　力的作用

二、刚体的概念

在物体受力后变形相对很小的条件下研究物体受力的外效应时，为了使问题简化，可以忽略物体的变形，将原物体用一理想化的模型——刚体来代替。所谓刚体就是在力作用下不发生变形的物体。刚体是一抽象化的概念，通过这一概念可以更容易地揭示物体受力运动的客观规律。应该指出，采用刚体模型时要注意研究问题的条件和范围。如果在研究的问题中，物体的变形成为主要因素时，就不能将物体看作刚体，而必须视为变形体。静力学中研究的是力系的简化和平衡条件，不涉及物体的变形问题，因此讨论的对象均可视为刚体。

三、平衡的概念

若物体相对于地球静止或做匀速直线运动，则称该物体处于平衡状态，并将作用于该物体上的力系称为平衡力系。显然，平衡是物体机械运动的特殊情形。

（1）二力平衡原理　若刚体只受两个力的作用而处于平衡状态，其必要且充分条件是：这两个力一定大小相等，方向相反，并作用在同一直线上（等值、反向、共线）。如图1-3所示，杆 AB 受到两个力 F_A 和 F_B 处于平衡状态时，则一定有 $F_A = -F_B$。F_A、F_B 称为作用在同一物体上的一对平衡力。

只受两个力作用而处于平衡的构件称为二力构件。根据二力平衡原理可以断定，这两个力的方位必定沿两个作用点的连线（图1-4）。

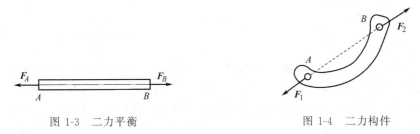

图 1-3　二力平衡　　　　　　　　　　图 1-4　二力构件

（2）加减平衡力系原理　在刚体上加上或减去一个平衡力系，并不改变原力系对刚体的作用效果。根据这一原理可以推出，作用在刚体上的力可以沿其作用线移至刚体内任一点而不改变该力对刚体的作用效果，此推论即所谓力的可传性原理。由此，对刚体而言，力的作用点已不是决定力作用效果的要素，而可以用力的作用线代替。必须注意，加减平衡力系原理和力的可传性原理都只适用于刚体。

四、作用力和反作用力定律

力是物体间的相互机械作用。设有两个相互作用的物体 A 和 B，物体 A 对物体 B 有一作用力时，物体 B 对物体 A 必有一反作用力。作用力和反作用力必定同时出现，且大小相等、方向相反、作用于同一条直线上。这就是作用和反作用定律。应当注意，作用力与反作用力不是作用在同一物体上，不能与二力平衡原理中的一对平衡力相混淆。

作用和反作用定律是一个普遍性的定律，对刚体和非刚体系统均适用。在研究由几个物体构成的系统的受力时，常常要用到这一定律。

第二节　约束和约束反力

凡能主动引起物体运动状态改变或使物体有运动状态改变趋势的力，称为主动力。例如物体所受的重力、风力等。工程中常把主动力称为载荷。

能在空间不受限制任意运动的物体称为自由体。如果物体受到某些条件的限制，在某些方向不能运动，则这种物体称为非自由体。限制非自由体运动的装置或设施称为约束。例如钢轨是火车的约束，支座是桥梁的约束，起重钢索是起重物的约束等。

由于约束阻碍了物体在某些方向的运动，受主动力作用的物体在其运动受阻方向就要对约束产生作用力。根据作用力反作用力定律，约束同时会对被约束物体产生反作用力，称为约束反力，简称反力。约束反力的大小取决于主动力的作用情况，约束反力的方向则与它所阻碍的物体运动方向相反，而约束反力的作用点为物体与约束的接触点。常见的典型平面约束有以下几种。

（1）柔索约束　绳子、链条、皮带、钢丝等柔性物体，只能阻止物体沿柔索伸长方向的运动，而不能阻止其他任何方向的运动。所以柔索约束反力为沿着其中心线而背离物体的拉力。图 1-5 表示吊索对重物的反力 F_T。

（2）理想光滑面约束　这种约束只能阻止物体沿接触点的公法线而趋向支承面的运动，而不限制物体离开支承面以及沿其切线的运动。所以约束反力应通过接触点并沿该点的公法线方向指向所研究物体，如图 1-6 中的 F_N、F_{NA}、F_{NB} 等。

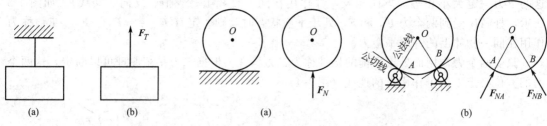

图 1-5　柔索约束　　　　　　　图 1-6　理想光滑面约束

（3）圆柱铰链约束　圆柱形铰链简称圆柱铰或中间铰。它是将两个物体各钻一个圆孔，中间用圆柱形销钉连接而成，如图 1-7(a) 所示，图 1-7(b) 为其简图。当忽略摩擦时，销钉只限制两构件间相对移动，而不限制相对转动。因此，圆柱铰链可以产生通过销钉中心、沿接触点公法线方向的约束反力。通常将其分解为沿水平和垂直方向的约束反力，用 F_x、F_y 表示，如图 1-7(c) 所示。

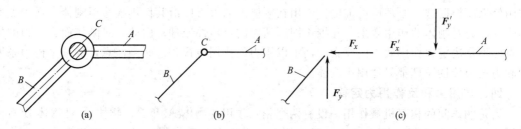

图 1-7　圆柱铰链约束

用圆柱铰将构件与底座连接起来，即构成铰支座，通常有固定铰支座和可动铰支座两种。

① 固定铰支座。底座固定在支承面上的铰支座称为固定铰支座，如图 1-8(a) 所示。图 1-8(b) 为固定铰支座的简图及反力表示法。

② 可动铰支座。底座下面安放辊轴的铰支座称为可动铰支座，如图 1-9(a) 所示。其特点是只能限制物体沿支承面法线方向的运动而不限制沿支承面的运动。所以约束反力的方向垂直于支承面。图 1-9(b) 为可动铰支座及反力的简图。

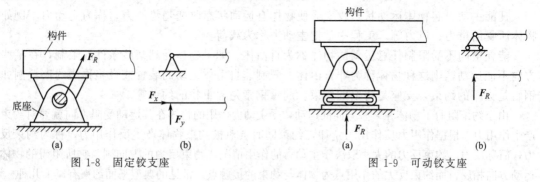

图 1-8　固定铰支座　　　　　　图 1-9　可动铰支座

圆柱铰链在工程上应用很广。如径向轴承与轴的接触、连杆之间的连接、梁的支座等。除以上几种约束外，还有一种常见的固定端约束，将在后面介绍。

第三节　分离体和受力图

解决力学问题首先要选取研究对象。研究对象确定后，就要对研究对象进行受力分析。首先将研究对象从与其有联系的物体中分离出来（使之成为自由体），称之为分离体。然后将所受的全部主动力和约束反力画在分离体上。表示分离体及其受力的图形称为受力图。画受力图是解决工程力学问题的一个重要步骤，对此应熟练掌握。下面通过例题说明受力图的画法。

【例 1-1】　梁 AB 两端为铰支座，在 C 处受载荷 F 作用，如图 1-10(a) 所示。不计梁的自重，试画出梁的受力图。

解　取 AB 梁为研究对象，主动力为 F、梁的 A 端为固定铰支座，B 端为可动铰支座，其受力图如图 1-10(b) 所示。

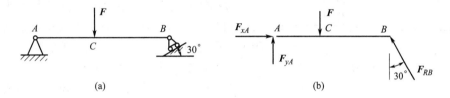

图 1-10　例 1-1 图

【例 1-2】　重力为 G 的管子置于托架 ABC 上。托架的水平杆 AC 在 A 处以支杆 AB 撑住［图 1-11(a)］，A、B、C 三处均可视为圆柱铰链连接，不计水平杆和支杆的自重，试绘下列物体的受力图：(1) 管子；(2) 支杆；(3) 水平杆。

解　管子的受力图如图 1-11(b) 所示。作用力有重力 G 和 AC 杆对管子的约束反力 F_N。支杆的 A 端和 B 端均为圆柱铰链连接，一般地，A、B 处所受的力应分别画成一对互相垂直的力，但在不计自重的情况下，支杆就成为二力构件。由二力构件的特点，F_A 和 F_B 的方位必沿 AB 连线，如图 1-11(c) 所示。

水平杆的受力图，如图 1-11(d) 所示。其中 F'_N 是管子对水平杆的作用力，它与作用在管子上的约束反力 F_N 互为作用力和反作用力。A 处和 C 处虽然皆为圆柱铰链约束，但因作用于 A 端的力 F'_A 是二力构件 AB 对杆 AC 的约束反力，所以 F'_A 沿 AB 连线的方位；因 C 端约束反力的方位不能预先决定，故以互相垂直的反力 F_{xC} 和 F_{yC} 来表示。

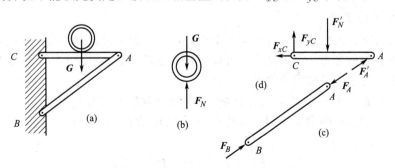

图 1-11　例 1-2 图

下面将受力图的画法和注意事项概述如下：

① 确定研究对象，解除约束，取分离体；

② 先画出作用在分离体上的主动力，再根据约束的性质在解除约束处画出约束反力；

③ 画物体系统中各物体的受力图时，要利用相邻物体间作用力与反作用力之间的关系，当作用力和反作用力其中的一个方向一经确定（或假定），另一个亦随之而定。

第四节　力的投影　合力投影定理

研究力系的简化和平衡一般有几何法和解析法两种。本章仅讨论应用更为广泛的解析法。

一、力的投影概念

从力矢量 F 的两端 A、B 分别向 x 轴作垂线得垂足 a、b，线段 ab 称为力 F 在 x 轴上

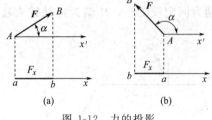

图 1-12　力的投影

的投影。用 F_x 表示（图 1-12），x 轴称为投影轴。

若力 F 与 x 轴正向夹角为 α，则

$$F_x = F\cos\alpha$$

力在轴上的投影是代数量，其符号可直观判断。从 a 到 b 与 x 轴正向一致时投影为正，如图 1-12(a) 所示，反之为负，如图 1-12(b) 所示。

由力在轴上的投影还可看出：

① 一力在互相平行且同向的轴上投影相等；

② 将力平行移动，此力在同一轴上的投影值不变。

二、力在直角坐标轴上投影

将力矢量 F 向平面上直角坐标轴 x、y 投影，已知力的大小及力与 x 轴的夹角 α，则有

$$\left. \begin{array}{l} F_x = F\cos\alpha \\ F_y = F\sin\alpha \end{array} \right\} \tag{1-1}$$

由图 1-13 知，力 F 在两坐标轴上的投影 F_x、F_y，其大小分别与沿两个坐标轴的分力 F_x、F_y 的模相等。但应注意，力的投影是代数量，而分力是矢量。

若已知力的投影 F_x、F_y，则力的大小和方向为

$$\left. \begin{array}{l} F = \sqrt{F_x^2 + F_y^2} \\ \tan\alpha = \dfrac{F_y}{F_x} \end{array} \right\} \tag{1-2}$$

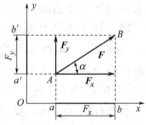

图 1-13　力在直角坐标
轴上的投影

三、合力投影定理

若一个力对刚体的作用效果与一个力系等效，这个力称为该力系的合力，该力系中的各个力称为这个合力的分力。由矢量代数可知，合力在某一轴上的投影等于各分力在同一轴上投影的代数和。这个关系称为合力投影定理。

设有一力系 F_1、F_2…、F_n，其在直角坐标轴上的投影分别为 F_{x1}、F_{x2}、$\cdots$、F_{xn}，F_{y1}、F_{y2}、$\cdots$、F_{yn}，该力系的合力为 F_R，其在直角坐标的投影为 F_{Rx}、F_{Ry}，由合力投影定理，有

$$\left. \begin{array}{l} F_{Rx} = F_{x1} + F_{x2} + \cdots + F_{xn} = \sum F_{xi} \\ F_{Ry} = F_{y1} + F_{y2} + \cdots + F_{yn} = \sum F_{yi} \end{array} \right\} \tag{1-3}$$

第五节 力矩 力偶

一、力矩

作用在刚体上的一个力除了引起物体的移动外，在一定的条件下（例如作用力不通过刚体的质心、刚体上有固定支点等），力还可以使刚体产生转动。以图1-14拧动螺母的扳手为例，在平面问题中，当在扳手上施加一个力 F 来拧紧螺母时，扳手绕螺母的轴线转动（即螺母的中心 O）。实践证明，力 F 使扳手转动的效应不仅取决于力的大小，而且和 O 点到该力作用线的距离 d 有关。因此，可以用乘积 Fd 来度量力 F 使物体绕 O 点的转动效应，称之为力 F 对 O 点的矩，简称力矩，记作 $M_O(F)$，即

$$M_O(F) = \pm Fd \qquad (1\text{-}4)$$

O 点称为力矩中心，简称矩心，d 称为力臂。

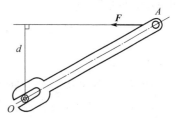

在平面问题中，力对点的矩为代数量，其绝对值等于力的大小与力臂的乘积，其正负号规定为：力使物体绕矩心做逆时针方向转动时力矩为正；反之为负。力矩的单位是牛顿·米（N·m）或千牛顿·米（kN·m）。

力的作用线通过矩心时，力矩为零。

图1-14 力矩举例

二、力偶与力偶矩

作用在同一物体上等值、反向、不共线的一对平行力称为力偶（图1-15），记作 (F, F')。力偶中两力所在平面称为力偶作用面，两力作用线之间的距离称为力偶臂。双手操纵方向盘 [图1-16(a)] 和用丝锥攻丝[图1-16(b)]等都可以近似看作力偶作用。

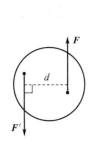

图1-15 力偶

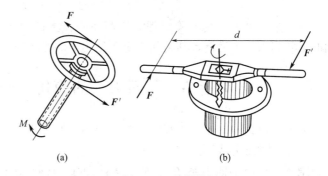

(a)　　　　　(b)

图1-16 力偶举例

力偶对刚体只产生转动效应而没有移动效应，这与一个力单独作用是不同的。因此，力偶不能与一个力等效，也就不能与一个力平衡。

力偶的转动效应分别与力偶中力 F 的大小、力偶臂 d 的大小成正比。力偶中任一力的大小与力偶臂的乘积 Fd，称为力偶矩，记作 $M(F, F')$，或简记为 M。

$$M(F, F') = M = \pm Fd \qquad (1\text{-}5)$$

在平面问题中，力偶矩为代数量，并规定：力偶转向为逆时针时，其力偶矩为正；反之为负。力偶矩的单位同力矩的单位。

力偶中两力对其作用面内任一点的矩的代数和恒等于力偶矩。读者可自行证明。

如果作用在刚体上的两个力偶的力偶矩的大小和转向完全相同，则这两个力偶称为等效

力偶。于是，可以推知作用在刚体上的力偶有如下特性。

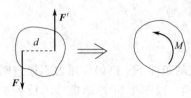

图 1-17　等效力偶

① 只要保持力偶矩的大小和转向不变，力偶可在作用面内任意移动，而不改变对刚体的作用效果；

② 在保持力偶矩大小和转向不变的条件下，可以任意改变力偶中两力的大小和力偶臂的长短，而不改变对刚体的作用效果；

③ 力偶可以移到与其作用面平行的平面内，而不会改变对刚体的作用效果。

由上可知，力偶也有三要素，即力偶矩的大小、力偶的转向和力偶的作用面。因此，可用旋转符号来表示力偶。如图 1-17 所示，旋转符号旁注明力偶矩的大小 M，符号中的箭头即表示力偶的转向。

第六节　力的平移

所谓"力的平移"，就是把作用在刚体上的一个力，从原位置平行移到该刚体上另一位置。

设有一力 F 作用在刚体的 A 点 [图 1-18 (a)]。为将该力平移到任意一点 B，在 B 点加一对平衡力 F_1 和 F_1'，并使 F_1 和 F_1' 的大小与 F 相等，作用线与 F 平行 [图 1-18(b)]。根据加减平衡力系原理，这时力系对刚体的作用效果不会改变。F 和 F_1' 两力组成一个力偶，称为附

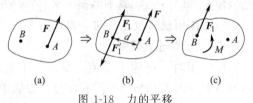

图 1-18　力的平移

加力偶，其力偶臂为 d，力偶矩等于原力 F 对 B 点的矩，即

$$M = M_O(F) = \pm Fd \tag{1-6}$$

综上所述，可得力线平移定理：作用在刚体上的力 F 可以平行移动到刚体上任一点，但同时必须附加一个力偶，其力偶矩等于原力 F 对新作用点的矩。

第七节　平面力系的简化　合力矩定理

若力系中所有力的作用线在同一个平面内，则称该力系为平面力系。

一、平面力系的简化

设刚体上作用平面力系 F_1、F_2、F_3 [图 1-19(a)]，在该力系作用平面内任选一点 O（称为简化中心），将力系中各力分别平移到 O 点，根据力线平移定理，得到一个作用线汇交于 O 点的汇交力系 F_1'、F_2'、F_3' 和一个附加的力偶系 [图 1-19(b)]，其力偶矩分别为原力系中各力对 O 点的矩，即 $M_1 = M_O(F_1)$，$M_2 = M_O(F_2)$，$M_3 = M_O(F_3)$。这样，原力系转化为一个各力作用线汇交于 O 点处的汇交力系和一个力偶系。

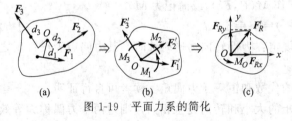

图 1-19　平面力系的简化

分别将汇交力系和附加力偶系合成。该汇交力系中各力按矢量加法相加，可以得到一个作用线过简化中心 O 点的合力 F_R'，F_R' 称为原力系的主矢量；该附加力偶系的合成结果是一力偶，其力偶矩用 M_O 表示，称为原力系对简化中心的主

矩，如图 1-19(c) 所示。

主矢量 $\boldsymbol{F}'_R$ 在 x、y 轴上的投影 F'_{Rx}、F'_{Ry} 可用合力投影定理表示为：

$$F'_{Rx} = F_{x1} + F_{x2} + F_{x3}$$
$$F'_{Ry} = F_{y1} + F_{y2} + F_{y3}$$

对于有 n 个力的情况下，可写为

$$\left. \begin{array}{l} F'_{Rx} = F_{x1} + F_{x2} + \cdots + F_{xn} = \sum_{i=1}^{n} F_{xi} = \sum F_x \\[3mm] F'_{Ry} = F_{y1} + F_{y2} + \cdots + F_{yn} = \sum_{i=1}^{n} F_{yi} = \sum F_y \end{array} \right\} \text{❶} \tag{1-7}$$

式中，F_{x1}、F_{x2}、$\cdots$、F_{xn} 和 F_{y1}、F_{y2}、$\cdots$、F_{yn} 分别表示原力系中各力 $\boldsymbol{F}_1$、$\boldsymbol{F}_2$、$\cdots$、$\boldsymbol{F}_n$ 在 x 轴和 y 轴上的投影。根据力与投影的关系可求得主矢量 $\boldsymbol{F}'_R$ 的大小及与 x 轴正向的夹角 α：

$$\left. \begin{array}{l} F'_R = \sqrt{F'^2_{Rx} + F'^2_{Ry}} = \sqrt{(\sum F_x)^2 + (\sum F_y)^2} \\[3mm] \tan\alpha = \dfrac{F'_{Ry}}{F'_{Rx}} = \dfrac{\sum F_y}{\sum F_x} \end{array} \right\} \tag{1-8}$$

主矩 M_O 等于各附加力偶矩的代数和，即

$$M_O = M_1 + M_2 + M_3 = M_O(\boldsymbol{F}_1) + M_O(\boldsymbol{F}_2) + M_O(\boldsymbol{F}_3)$$

对于有 n 个力的情况下，可写作

$$M_O = M_O(\boldsymbol{F}_1) + M_O(\boldsymbol{F}_2) + \cdots + M_O(\boldsymbol{F}_n) = \sum_{i=1}^{n} M_O(\boldsymbol{F}_i) = \sum M_O(\boldsymbol{F}) \tag{1-9}$$

综上可以得出：平面力系向其作用面内任一点简化的结果是使原力系简化为一个通过简化中心的主矢量 $\boldsymbol{F}'_R$ 和一个对简化中心的主矩 M_O。

作为平面力系在作用面内简化结论的一个应用，现在讨论一种常见的约束类型——固定端约束。

物体的一部分固嵌于另一物体所构成的约束称为固定端约束。例如车床卡盘对工件的约束、基础对电线杆的约束、刀架对车刀的约束等都可以简化为固定端约束 [图 1-20(a)]。这种约束把物体牢牢固定，既限制物体沿任意方向的移动，又限制了物体在约束处的转动。物体在固嵌部分所受的力比较复杂 [图 1-20(b)]，在主动力 $\boldsymbol{F}$ 的作用下，物体嵌入部分每一个与约束接触的点都受到约束反力的作用。根据力系向一点简化的结论，不论这些约束反力如何分布，将其向 A 点简化，得到一个在 A 点的约束反力和一个力偶矩为 M_A 的约束反力

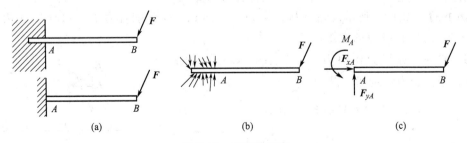

图 1-20　固定端约束

---

❶ 后面将 $\sum_{i=1}^{n} F_{xi}$ 简记为 $\sum F_x$；$\sum_{i=1}^{n} F_{yi} = \sum F_y$；$\sum_{i=1}^{n} M_O(\boldsymbol{F}_i) = \sum M_O(\boldsymbol{F})$

· 9 ·

偶。为便于表示，约束反力可用其水平分力 $\boldsymbol{F}_{xA}$ 和垂直分力 $\boldsymbol{F}_{yA}$ 来代替。显然，固定端的约束反力有三个；限制移动的反力 $\boldsymbol{F}_{xA}$、$\boldsymbol{F}_{yA}$ 与限制绕嵌入点转动的反力偶 M_A，如图 1-20(c) 所示。

二、平面力系简化结果的讨论

平面力系向简化中心 O 点简化后，得到一主矢量 $\boldsymbol{F}'_R$ 和主矩 M_O，简化结果有四种可能。

① $\boldsymbol{F}'_R \neq 0$，$M_O = 0$。这表示原力系简化为一个合力 $\boldsymbol{F}_R = \boldsymbol{F}'_R$，该合力即为作用在简化中心的主矢量。当简化中心刚好选取在原力系作用线上时出现这种情况。

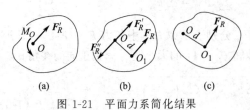

图 1-21　平面力系简化结果

② $\boldsymbol{F}'_R = 0$，$M_O \neq 0$。这表明原力系简化为一力偶。原力系对物体产生在力偶作用面内的转动效应。这个力偶矩等于主矩，与简化中心位置无关。

③ $\boldsymbol{F}'_R \neq 0$，$M_O \neq 0$。如图 1-21(a)。此种情况还可以进一步简化。将主矩 M_O 用力偶（$\boldsymbol{F}_R$，$\boldsymbol{F}''_R$）表示，并使力的大小等于 $\boldsymbol{F}'_R$，则力偶臂为

$$d = \frac{|M_O|}{F_R}$$

令此力偶中一力 $\boldsymbol{F}''_R$ 作用在简化中心 O 并与主矢量 $\boldsymbol{F}'_R$ 取相反方向 ［图 1-21(b)］，于是 $\boldsymbol{F}'_R$ 与 $\boldsymbol{F}''_R$ 作为一对平衡力，可从力系中减去。这样，就剩下作用线通过 O_1 点的力 $\boldsymbol{F}_R$，$\boldsymbol{F}_R$ 为原力系的合力。

④ $\boldsymbol{F}'_R = 0$，$M_O = 0$。这表示原力系是平衡力系，将在第八节进一步讨论。

三、合力矩定理

由图 1-21(c) 可以看出，力系合力 $\boldsymbol{F}_R$ 对简化中心 O 点的矩为

$$M_O(\boldsymbol{F}_R) = \boldsymbol{F}_R d = M_O$$

将式(1-9) 代入，有

$$M_O(\boldsymbol{F}_R) = \sum M_O(\boldsymbol{F}) \tag{1-10}$$

上式表明：平面力系的合力对作用面内任一点的矩，等于各分力对同点之矩的代数和。这就是合力矩定理。

利用合力矩定理，有时可以使力矩的计算得到简化。

【例 1-3】　图 1-22 所示齿轮节圆直径 $D = 160\text{mm}$，受到啮合力 $F_n = 1\text{kN}$，压力角 $\alpha = 20°$，求 F_n 对轮心 O 点的力矩。

解　将 F_n 分解为切向力 $F = F_n\cos\alpha$ 和径向力 $F_r = F_n\sin\alpha$，根据合力矩定理，得

$$M_O(\boldsymbol{F}_n) = M_O(\boldsymbol{F}) + M_O(\boldsymbol{F}_r)$$
$$= -F_n\cos\alpha \times \frac{1}{2}D + 0$$
$$= -1000 \times \cos20° \times 0.16/2 + 0$$
$$= -75.2 \ (\text{N} \cdot \text{m})$$

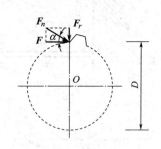

图 1-22　例 1-3 图

负号表示力 F_n 对齿轮的转动效应为顺时针方向。

【例 1-4】 图 1-23 所示水平梁 AB 受线性分布载荷作用，载荷集度的最大值为 $q(\mathrm{N/m})$，梁长为 L。试求分布载荷合力的大小及其作用线位置。

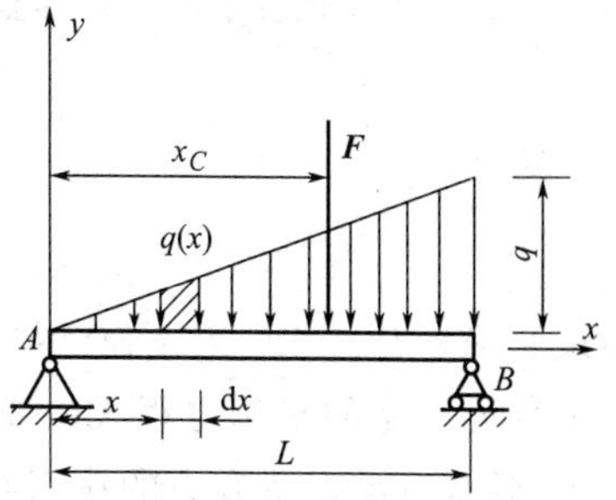

解 取坐标系如图 1-23 所示，设合力 F 距 A 端为 x_C，由于分布载荷均为铅垂向下，合力 F 必为铅垂力。在坐标 x 处取微段 $\mathrm{d}x$，该微段上的载荷集度为 $q(x)=qx/L$，微段上的合力为 $q(x)\mathrm{d}x$，故梁上分布载荷的合力

$$F=\int_0^L q(x)\mathrm{d}x=\int_0^L \frac{qx}{L}\mathrm{d}x=\frac{qL}{2}$$

微段上载荷对 A 点的力矩为 $xq(x)\mathrm{d}x$，由合力矩定理

$$M_A(F)=-\int_0^L xq(x)\mathrm{d}x$$

$$-Fx_C=-\int_0^L xq(x)\mathrm{d}x=-\int_0^L \frac{qx^2}{L}\mathrm{d}x=-\frac{qL^2}{3}$$

因此

$$x_C=\frac{2}{3}L$$

此例表明，线性分布载荷的合力等于载荷图的面积，合力的作用线过载荷图形心。

图 1-23　例 1-4 图

第八节　平面力系的平衡方程

若平面力系向作用面一点简化的结果是主矢量 $\boldsymbol{F}_R'=0$，主矩 $M_O=0$，则说明该力系必是一个平衡力系。所以物体在平面力系作用下处于平衡的必要且充分条件是：作用于该物体上力系的主矢量和该力系对任一点的主矩都等于零。即

$$\left.\begin{array}{l}\boldsymbol{F}_R'=0\\M_O=0\end{array}\right\} \tag{1-11}$$

由式(1-8) 可知，欲使 $\boldsymbol{F}_R'=0$，必须 $\sum F_x=0$ 及 $\sum F_y=0$，同时，将式(1-9) 代入式(1-11)，于是有

$$\left.\begin{array}{l}\sum F_x=0\\\sum F_y=0\\\sum M_O(F)=0\end{array}\right\} \tag{1-12}$$

其中第三式常简写为 $\sum M_O=0$。

式(1-12) 即为平面力系的平衡方程，前两式为投影方程，表示所有力对任选的直角坐标系中每一轴上投影的代数和等于零；第三式为力矩方程，表示所有力对任一点力矩的代数和等于零。由于这三个方程相互独立，故可用来求解三个未知量。

除式(1-12) 外，平面力系的平衡方程还可采用其他形式，如

二矩式
$$\left.\begin{array}{l}\sum F_x=0\\\sum M_A=0\\\sum M_B=0\end{array}\right\} \tag{1-13}$$

其中矩心 A、B 的连线不与 x 轴垂直。

$$三矩式 \qquad \left. \begin{array}{l} \sum M_A = 0 \\ \sum M_B = 0 \\ \sum M_C = 0 \end{array} \right\} \qquad (1\text{-}14)$$

其中矩心 A、B、C 三点不位于同一条直线上。

由平面力系的平衡方程式(1-12)，可以推出几个平面特殊力系的平衡方程。

① 平面力系中所有力的作用线汇交于一点，称为平面汇交力系。平面汇交力系的简化结果为一合力，若取各力的汇交点为简化中心，则式(1-12)中第三式自然满足，平面汇交力系的平衡方程为

$$\left. \begin{array}{l} \sum F_x = 0 \\ \sum F_y = 0 \end{array} \right\} \qquad (1\text{-}15)$$

② 若平面力系中各力学量均为力偶，称该力系为平面力偶系。因为力偶不能简化为合力，则式(1-12)中前两式自然满足，而第三式即为平面力偶系的平衡方程。

③ 若平面力系中所有力的作用线互相平行，则称该力系为平面平行力系。如果选择直角坐标轴时使其中一个与各力平行（如 y 轴），则式(1-12)中第一式自然满足，而后两式为平面平行力系的平衡方程，即

$$\left. \begin{array}{l} \sum F_y = 0 \\ \sum M_O = 0 \end{array} \right\} \qquad (1\text{-}16)$$

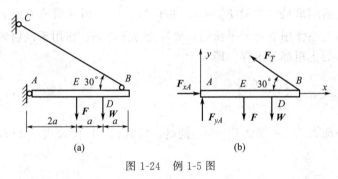

图 1-24 例 1-5 图

从前面可以看到，平面汇交力系独立的平衡方程只有两个，只能求解两个未知量。同理，平面力偶系的平衡方程只可求解一个未知量，而平面平行力系的平衡方程可求解两个未知量。

【例 1-5】 图 1-24（a）所示的简易起重机横梁 AB 的 A 端以铰链固定，B 端有拉杆 BC。起重量为 $W = 10\text{kN}$，AB 梁重 $F = 4\text{kN}$，BC 杆自重忽略不计。试求载荷 W 位于图示位置时 BC 杆的拉力和铰链 A 的约束反力。

解 取 AB 梁为研究对象，画受力图并取坐标轴如图 1-24(b)，列平衡方程有

$$\sum F_x = 0, \quad F_{xA} - F_T \cos 30° = 0$$

$$\sum F_y = 0, \quad F_{yA} + F_T \sin 30° - F - W = 0$$

$$\sum M_A = 0, \quad F_T \sin 30° \times 4a - F \times 2a - W \times 3a = 0$$

可以解出
$$F_T = 19\text{kN}$$

$$F_{xA} = 16.45\text{kN}$$

$$F_{yA} = 4.5\text{kN}$$

计算结果均为正值，表明假设各力方向与实际方向一致。

【**例 1-6**】 起重机的总重量 $G_1 = 12\text{kN}$，吊起重物的重量 $G_2 = 15\text{kN}$（图 1-25），平衡块的重量 $G_3 = 15\text{kN}$。若 $a = 2\text{m}$，$b = 0.5\text{m}$，$c = 1.8\text{m}$，$d = 2.2\text{m}$，求两轮的约束反力 F_{RA}，F_{RB}。又，若使起重机不致翻倒，最大起重量 $G_{\max}$ 为多少？

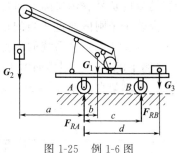

图 1-25　例 1-6 图

解 取起重机整体为研究对象，图中地面约束画以虚线，表示约束已被解除，约束反力为 F_{RA}、F_{RB}。由受力图知，作用于起重机上的各力组成一平面平行力系，由式(1-16)，有

$$\sum F_y = 0, \quad F_{RA} + F_{RB} - G_1 - G_2 - G_3 = 0 \tag{1}$$
$$\sum M_A = 0, \quad F_{RB} \times c + G_2 \times a - G_1 \times b - G_3 \times d = 0 \tag{2}$$

由式(2)得

$$F_{RB} = \frac{G_1 b + G_3 d - G_2 a}{c} = \frac{12 \times 0.5 + 15 \times 2.2 - 15 \times 2}{1.8} = 5 \ (\text{kN})$$

将 F_{RB} 的值代入式(1)，得

$$F_{RA} = G_1 + G_2 + G_3 - F_{RB} = 12 + 15 + 15 - 5 = 37 \ (\text{kN})$$

为求最大起重量 $G_{\max}$，考虑起重机不绕 A 点翻倒，反力必须满足 $F_{RB} \geqslant 0$。

由式(2)解得（此时起重量 G_2 为 G）

$$F_{RB} = \frac{G_1 b + G_3 d - Ga}{c} \geqslant 0$$

$$G \leqslant \frac{G_1 b + G_3 d}{a} = \frac{12 \times 0.5 + 15 \times 2.2}{2} = \frac{6 + 33}{2} = 19.5 \ (\text{kN})$$

当取等号时，即得最大起重量 $G_{\max} = 19.5\text{kN}$。

【**例 1-7**】 车刀的 A 端紧固在刀架上，B 端受到切削刀作用 [图 1-26(a)]，已知 $F_y = 18\text{kN}$，$F_x = 7.2\text{kN}$，$l = 60\text{mm}$，求固定端 A 的约束反力。

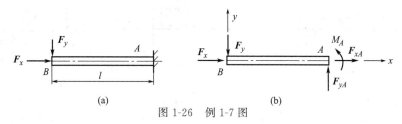

(a) (b)

图 1-26　例 1-7 图

解 取车刀 AB 为研究对象，图中固定端 A 约束已被解除，代之以约束反力 F_{xA}、F_{yA} 及约束反力偶 M_A。

建立坐标系如图 1-26（b）所示，由平衡方程

$$\sum F_x = 0, \quad F_{xA} + F_x = 0$$
$$\sum F_y = 0, \quad F_{yA} - F_y = 0$$
$$\sum M_A = 0, \quad M_A + F_y l = 0$$

解得

$$F_{xA} = -F_x = -7.2 \ \text{kN}$$
$$F_{yA} = F_y = 18 \ \text{kN}$$
$$M_A = -1.08 \ \text{kN} \cdot \text{m}$$

计算结果的负号表示实际方向与假设方向相反。

由若干个刚体通过适当的连接方式所构成的系统称为刚体系。在研究刚体系平衡问题时，不仅要考虑整个系统的平衡，而且要考虑系统内部各单个刚体的平衡问题。

【例 1-8】 三铰刚架如图 1-27(a) 所示。A、B、C 三处均为圆柱铰链连接，尺寸如图所示，设刚架自重不计，试求在水平力 F 作用下刚架在 A、B 两处所受的约束反力。

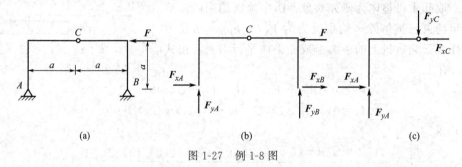

图 1-27 例 1-8 图

解 取刚架整体为研究对象，画受力图并取坐标轴如图 1-27(b)，由平衡方程得

$$\sum F_x = 0, \quad F_{xA} + F_{xB} - F = 0, \quad F_{xA} + F_{xB} = F$$

$$\sum M_A = 0, \quad F_{yB} \times 2a + F \times a = 0, \quad F_{yB} = -F/2$$

$$\sum F_y = 0, \quad F_{yA} + F_{yB} = 0 \quad F_{yA} = F_{yB} = F/2$$

为求得 F_{xA}、F_{xB}，取刚架左半部分 AC 为研究对象，画受力图 [图 1-27(c)]

$$\sum M_C = 0, \quad F_{xA} \times a - F_{yA} \times a = 0$$

$$F_{xA} = F_{yA} = F/2$$

$$F_{xB} = F - F_{xA} = F - F/2 = F/2$$

【例 1-9】 梁 AB、BC 在 B 点通过圆柱铰链连接。A 为可动铰支座，C 处为固定端约束 [图 1-28(a)]。已知 $M = 20\text{kN} \cdot \text{m}$，$q = 15\text{kN/m}$，$a = 1\text{m}$，求 A、B、C 处反力。

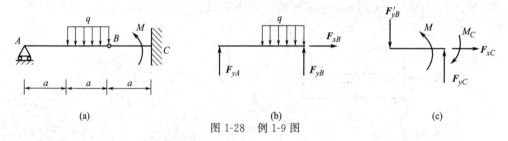

图 1-28 例 1-9 图

解 取梁 AB 为研究对象，画受力图如图 1-28(b) 所示，由平衡方程

$$\sum F_x = 0, \quad F_{xB} = 0$$

$$\sum M_B = 0, \quad -F_{yA} 2a + \frac{qa^2}{2} = 0, \quad F_{yA} = \frac{qa}{4} = 3.75 \ (\text{kN})$$

$$\sum F_y = 0, \quad F_{yA} + F_{yB} - qa = 0, \quad F_{yB} = qa - F_{yA} = 11.25 \ (\text{kN})$$

再取 BC 为研究对象，受力如图 1-28(c) 所示，这里 F'_{yB} 为 AB 集中力 F_{yB} 的反作用力。对 BC 列平衡方程为

$$\sum F_x = 0, \quad F_{xC} = 0$$

$$\sum F_y = 0, \quad F_{yC} - F'_{yB} = 0, \quad F_{yC} = F'_{yB} = 11.25\text{kN}$$

$$\sum M_C = 0, \quad F'_{yB} \times a + M - M_C = 0, \quad M_C = M + F'_{yB} \times a = 20 + 11.25 = 31.25 \ (\text{kN} \cdot \text{m})$$

通过以上例子分析，可以得到求解物体平衡问题的解题方法和步骤。

① 确定研究对象，取分离体，画受力图。这里要注意刚体之间作用力和反作用力的关系。

② 选取合适的坐标轴，列静力平衡方程。为便于计算，坐标轴的方位应尽量与较多的力平行或垂直；矩心尽量选在未知力作用线的交点上。

③ 解平衡方程，求出未知量。

第九节　空间力系

若作用在物体的力系中各力的作用线不在同一平面内，则称该力系为空间力系。

一、力在直角坐标轴上的投影

如果一个力 F 的作用线与直角坐标轴 x、y、z 正向对应的夹角分别为 α、β、γ（称为方向角）（图 1-29），则力 F 在三个坐标轴上的投影为

$$
\left.
\begin{array}{l}
F_x = F\cos\alpha \\
F_y = F\cos\beta \\
F_z = F\cos\gamma
\end{array}
\right\}
\tag{1-17}
$$

$\cos\alpha$、$\cos\beta$、$\cos\gamma$ 称为力 F 的方向余弦，有如下关系

$$
\cos^2\alpha + \cos^2\beta + \cos^2\gamma = 1
\tag{1-18}
$$

式(1-17) 的投影法称为一次投影法。计算力的投影亦可采用二次投影法。先将力 F 投影到 xy 平面得 $F' = F\cos\varphi$（图 1-30），再将 F' 向 x、y 轴投影，于是得。

$$
\left.
\begin{array}{l}
F_x = F\cos\varphi\cos\theta \\
F_y = F\cos\varphi\sin\theta \\
F_z = F\sin\varphi
\end{array}
\right\}
\tag{1-19}
$$

如果将力 F 沿直角坐标轴 x、y、z 分解，分力 F_x、F_y、F_z 的值分别与力 F 在 x、y、z 轴上的投影 F_x、F_y、F_z 的大小相等。

合力投影定理同样适用于空间力系。

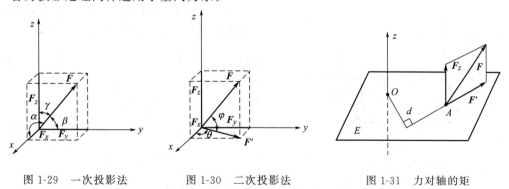

图 1-29　一次投影法　　　　图 1-30　二次投影法　　　　图 1-31　力对轴的矩

二、力对轴的矩

工程中常遇到刚体绕定轴转动的情况。为了度量力对刚体绕定轴的转动效应，引入力对轴的矩的概念。

设有一力 F 作用于 A 点，其作用线既不与 z 平行，亦不与 z 相交（图 1-31）。要计算力 F 对 z 轴的矩，可将 F 分解为平行于 z 轴的分力 F_z 和位于与 z 轴垂直且通过 A 点的平面 E

内的分力 $\boldsymbol{F}'$。显然，由于 $\boldsymbol{F}_z$ 平行于 z 轴，对 z 轴无转动效应，只有力 $\boldsymbol{F}'$ 才能使物体产生绕 z 轴的转动。于是，求力 $\boldsymbol{F}$ 对 z 轴之矩转化为求力 $\boldsymbol{F}'$ 对与 z 轴交点 O 的矩。即

$$M_z(\boldsymbol{F}) = M_O(\boldsymbol{F}') = \pm F'd \tag{1-20}$$

可将 $M_z(\boldsymbol{F})$ 简记为 M_z。正负号由右手螺旋规则决定。即若以右手四个手指的弯曲方向表示力 $\boldsymbol{F}'$ 绕 z 轴的转向，则拇指方向与 z 轴正向一致时力对轴的矩为正，反之为负。

合力矩定理亦适用于空间力系。可叙述为，合力对某轴的矩等于各分力对同一轴之矩的代数和。即

$$M_z(\boldsymbol{F}_R) = \sum M_z(\boldsymbol{F}) \tag{1-21}$$

三、空间力系的平衡方程

与求平面一般力系的平衡条件和平衡方程相似，经过分析推导，可得空间一般力系的平衡方程

$$\sum F_x = 0, \quad \sum F_y = 0, \quad \sum F_z = 0$$
$$\sum M_x = 0, \quad \sum M_y = 0, \quad \sum M_z = 0 \tag{1-22}$$

即刚体在空间一般力系作用下的平衡条件是各力在三个坐标轴上投影的代数和分别等于零；各力对三轴力矩的代数和也都分别等于零。

对于受空间一般力系作用的物体一共有六个独立的平衡方程，因此可求解六个未知量。

【例 1-10】 图 1-32(a) 所示的传动轴，齿轮 A 的节圆直径为 d，齿轮啮合力 $\boldsymbol{F}$ 与水平线夹角为 α，皮带轮 C 的直径为 $3d$，皮带拉力 $\boldsymbol{F}_{T1} = 2\boldsymbol{F}_{T2}$ 为已知。试求轴承 B、D 的支反力和齿轮啮合力 $\boldsymbol{F}$。

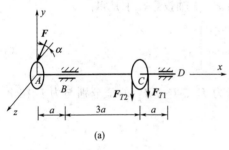

(a)

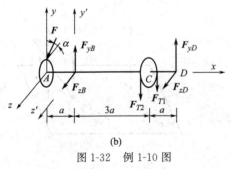

(b)

图 1-32　例 1-10 图

解　以整个传动轴为研究对象并建立坐标系。由于轴承的约束只限制轴在平行于 yz 平面的方向移动，因此支反力必平行于 yz 平面。设支反力分别为 F_{yB}、F_{zB}、F_{yD}、F_{zD}，作受力图如图 1-32(b) 所示。

由于全部力在 x 轴上的投影都为零，所以平衡方程 $\sum F_x = 0$ 自动满足。

为避免解联立方程，可适当安排平衡方程的顺序使每个平衡方程只含有一个未知量。

$$\sum M_x = 0, \quad F\cos\alpha \times \frac{d}{2} + F_{T2} \times \frac{3d}{2} - F_{T1}\frac{3d}{2} = 0$$

得

$$F = \frac{3F_{T2}}{\cos\alpha}$$

$$\sum M_{y'} = 0, \quad F\cos\alpha \times a - F_{zD} \times 4a = 0$$

得

$$F_{zD} = \frac{3}{4}F_{T2}$$

$$\sum F_z = 0, \quad F_{zB} + F_{zD} + F\cos\alpha = 0$$

得

$$F_{zB} = -\frac{15}{4}F_{T2}$$

$$\sum M_{z'} = 0, \quad F\sin\alpha \times a - (F_{T1} + F_{T2}) \times 3a + F_{yD} \times 4a = 0$$

得

$$F_{yD} = \frac{3}{4}F_{T2}(3 - \tan\alpha)$$

$$\sum F_y = 0, \qquad F_{yB} + F_{yD} - F\sin\alpha - F_{T1} - F_{T2} = 0$$

得
$$F_{yB} = \frac{3}{4}F_{T2}(1+5\tan\alpha)$$

所得结果中，正号表示支反力方向与假设方向一致，负号则表示相反。

习 题

1-1 两球自重为 G_1 和 G_2，以绳悬挂如图 1-33 所示。试画：①小球、②大球、③两球合在一起的受力图。

1-2 某工厂用卷扬机带动加料车 C 沿光滑的斜轨上升到炉顶倒料，见图 1-34。已知料自重为 G，斜轨倾角为 α，试画加料车（连轮 A 及 B）的受力图。

1-3 如图 1-35 所示，试画出 AB 杆的受力图。

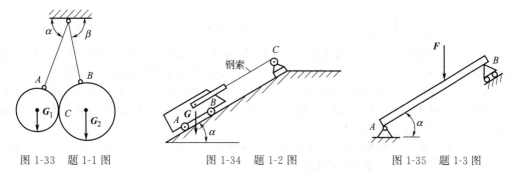

图 1-33 题 1-1 图   图 1-34 题 1-2 图   图 1-35 题 1-3 图

1-4 棘轮装置如图 1-36 所示。通过绳子悬挂重量为 G 的物体，AB 为棘轮的止推爪，B 处为平面铰链。试画出棘轮的受力图。

1-5 塔器竖起的过程如图 1-37 所示。下端搁在基础上，在 C 处系以钢绳并用绞盘拉住，上端在 B 处系以钢绳通过定滑轮 D 连接到卷扬机 E。设塔重为 G，试画出塔器的受力图。

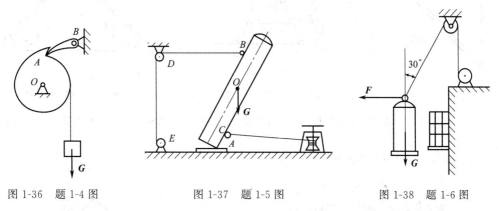

图 1-36 题 1-4 图   图 1-37 题 1-5 图   图 1-38 题 1-6 图

1-6 化工厂中起吊反应器时为了不致破坏栏杆，施加一水平力 F，使反应器与栏杆相离开（图 1-38）。已知此时牵引绳与铅垂线的夹角为 30°，反应器重量 G 为 30kN，试求水平力 F 的大小和绳子的拉力 F_T。

1-7 重量为 $G=2$kN 的球搁在光滑的斜面上，用一绳把它拉住（图 1-39）。已知绳子与铅直墙壁的夹角为 30°，斜面与水平面的夹角为 15°，求绳子的拉力和斜面对球的约束反力。

1-8 用三轴钻床在水平工件上钻孔时，每个钻头对工件施加一个力偶（图 1-40）。已知三个力偶的矩分别为：$M_1=1$kN·m；$M_2=1.4$kN·m；$M_3=2$kN·m，固定工件的两螺栓 A 和 B 与工件成光滑面接触，两螺栓的距离 $l=0.2$m，求两螺栓受到的横向力。

1-9 塔器的加热釜以侧塔的形式悬挂在主塔上，侧塔在 A 处搁在主塔的托架上，并用螺栓垂直固定；在 B 处顶在主塔的水平支杆上，并用水平螺栓作定位连接（图 1-41）。已知侧塔重 $G=20$kN，尺寸如图所示。试求支座 A、B 对侧塔的约束反力。

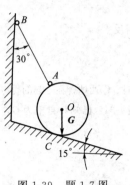

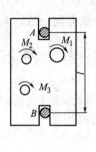

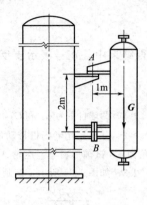

图 1-39 题 1-7 图　　　　　图 1-40 题 1-8 图　　　　　图 1-41 题 1-9 图

1-10 如图 1-42 所示，有一管道支架 ABC。A、B、C 处为理想的圆柱形铰链约束。已知该支架承受的两管道的重量均为 $G=4.5kN$，图中尺寸均为 mm。试求管架中梁 AB 和杆 BC 所受的力。

1-11 活动梯子放在光滑的水平地面上，如图 1-43 所示。梯子由 BC 及 AC 两部分组成，每部分各重 150N，彼此用铰链 C 及绳子 EF 连接。今有一人，重为 $G=600N$，站在 D 处，尺寸如图所示。试求绳子 EF 的拉力及 A、B 两处的约束反力。

1-12 支架 ABC 由均质等长杆 AB 和 BC 组成，如图 1-44 所示。杆重均为 G。A、B、C 三处均用平面铰链连接。试求 A、B、C 处的约束反力。

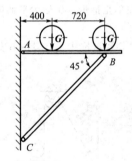

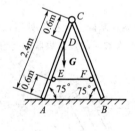

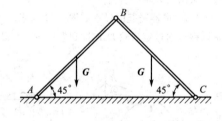

图 1-42 题 1-10 图　　　　图 1-43 题 1-11 图　　　　图 1-44 题 1-12 图

1-13 如图 1-45 所示结构，B、E、C 处均为铰接。已知 $F=1kN$，试求的 A 处反力以及杆 EF 和杆 CG 所受的力。

1-14 求图 1-46 所示桁架中各杆所受的力。

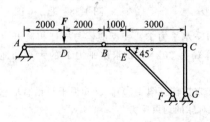

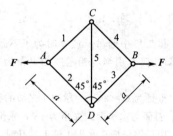

图 1-45 题 1-13 图　　　　　　　图 1-46 题 1-14 图

1-15 重物 $G=10kN$，借皮带轮传动而匀速上升。皮带轮半径 $R=200mm$，鼓轮半径 $r=100mm$，皮带紧边张力 F_{T1} 与松边张力 F_{T2} 之比为 $F_{T1}/F_{T2}=2$。皮带张力如图 1-47 所示。求皮带张力及 A、B 轴承的约束反力。

1-16 图 1-48 所示水平传动轴上装有两个皮带轮 C 和 D，半径分别为 $r_1 = 200\text{mm}$ 和 $r_2 = 250\text{mm}$，C 轮上皮带是水平的，两边张力为 $F_{T1} = 2F'_{T1} = 5\text{kN}$，$D$ 轮上皮带与铅直线夹角 $\alpha = 30°$，两边张力为 $F_{T2} = 2F'_{T2}$。当传动轴匀速转动时，试求皮带张力 F_{T2}、F'_{T2} 和轴承 A、B 的反力。

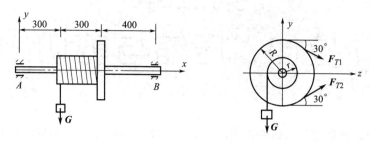

图 1-47 题 1-15 图

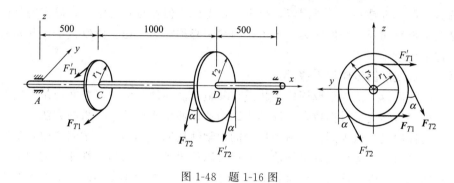

图 1-48 题 1-16 图

第二章
拉伸、压缩与剪切

在第一章中，将研究的物体看作刚体，即假定受力后物体的几何形状和尺寸是不变的。实际上，刚体是不存在的，任何物体在外力作用下都将发生变形。在静力学中，构件的微小变形对静力平衡分析是一个次要因素，故可不加考虑；但在材料力学中，研究的是构件的强度、刚度及稳定性问题，变形成为一个主要因素，必须加以考虑。所以自本章开始所研究的一切物体都是变形体。

材料力学对变形固体作如下假设。

（1）连续性假设　认为组成固体的物质在其整个固体体积的几何空间内是密实的和连续的。这样，可将力学变量看作位置坐标的连续函数，便于应用数学分析的方法。

（2）均匀性假设　认为固体材料各部分的力学性能完全相同。由于固体的力学性能反映的是各组成部分力学性能的统计平均值，所以可以认为各部分的力学性能是均匀的。

（3）各向同性假设　认为固体材料沿各个方向的力学性能完全相同。工程中使用的大多数金属材料均具有宏观各向同性性质。

（4）小变形假设　认为构件因外力作用而产生的变形远小于构件的原始几何尺寸。这样，在研究平衡问题时，可以忽略构件的变形而按其原始尺寸进行分析，使得计算得到简化，而引起的误差非常微小。

物体在外力作用下会产生变形。当外力卸除后，物体能完全或部分恢复其原有的形态。随外力卸除而消失的变形称为弹性变形，不能消失的变形称为塑性变形或残余变形。在材料力学中，主要研究材料在弹性范围内的受力性质。

材料力学以杆件为主要研究对象。杆件是指长度方向的尺寸远大于其他两个方向尺寸的构件。垂直于杆长度方向的截面称为杆的横截面；杆的各个横截面形心的连线称为杆的轴线。轴线是直线的杆称为直杆，各横截面均相同的直杆称为等截面直杆，简称等直杆。

在外力的作用下，杆件可以产生下列几种基本变形形式。

① 轴向拉伸或轴向压缩，如图 2-1 (a)、(b) 所示；

② 剪切，如图 2-1(c) 所示；

③ 扭转，如图 2-1(d) 所示；

④ 弯曲，如图 2-1(e) 所示。

在材料力学中，力的符号不用黑体字母表示，改用白体字母表示。

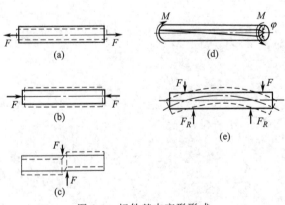

图 2-1　杆件基本变形形式

第一节　轴向拉伸与压缩的概念和实例

工程实际中，很多构件在忽略自重后可看作是承受拉伸或压缩的构件。如内燃机的连杆 [图 2-2(a)] BC 可视为受压 [图 2-2(b)]，图 2-3 (a) 所示简易吊车的 BC 杆可视为受拉，而 AB 杆受压 [图 2-3(b)]。图 2-4(a) 所示千斤顶的顶杆可视为压杆，图 2-4(b) 为其计算简图。

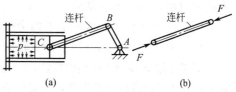

图 2-2　受压缩的连杆

这些受拉或受压的杆件虽外形各有差异，加载方式也并不相同，但其受力图均可简化为图 2-1(a)、(b) 所示的简图（图中虚线表示变形后的形状）。因此，轴向拉伸或压缩杆件的受力特点是：外力合力的作用线与杆的轴线重合。其变形特点是：杆件沿轴线方向伸长或缩短。杆件的这种变形形式称为轴向拉伸或压缩。

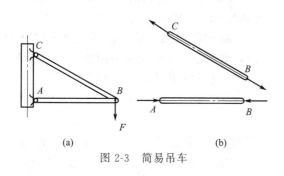

图 2-3　简易吊车

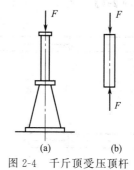

图 2-4　千斤顶受压顶杆

第二节　轴向拉伸或压缩时横截面上的内力

一、内力的概念

物体受外力作用产生变形时，其内部各部分之间因相对位置改变而引起的相互作用力称为内力。实际上，在不受外力作用时，物体内部的各质点间也存在着相互作用的力。材料力学中的内力是指在外力作用下，上述相互作用力的变化量，是一种因外力而引起的附加相互作用力，即附加内力。这样的内力随外力的增加而加大，到达某一限度时就会引起构件破坏，因而它与构件的承载能力密切相关。

二、截面法　轴力

为了显示受轴向拉伸（压缩）杆横截面上的内力 [图 2-5(a)]，可假想沿横截面 m-m 将杆截成两部分，取一部分为研究对象，如取左段 [图 2-5(b)]，弃去另一部分。这时，在左段上作用有外力 F，欲使该部分保持平衡，则在横截面上必有一个力 F_N 的作用，它表示了右段对左段的作用，是一个内力。这个内力是分布在整个横截面上的，F_N 表示这个分布力系的合力。其大小可由左段的平衡方程求得：

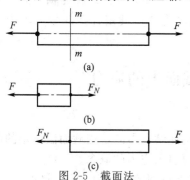

图 2-5　截面法

$$\sum F_x = 0, \quad F_N - F = 0$$

$$F_N = F$$

根据作用与反作用定律，左段必然也以大小相等，方向相反的力作用于右段，如图 2-5(c)。

因此，求内力时，可取截面两侧的任一部分来研究。上述这种用假想截面把构件截开后求内力的方法称为截面法。它是求内力的基本方法，其步骤如下。

（1）截　欲求某一截面上的内力时，就沿该截面假想地把构件分成两部分，取一部分作为研究对象，弃去另一部分；

（2）代　用作用于截面上的内力代替弃去部分对留下部分的作用；

（3）求　对留下部分用平衡方程求解内力。

对于受轴向拉伸或压缩的杆件，因为外力 F 的作用线与杆件轴线重合，内力的合力 F_N 的作用线也必然与杆件的轴线重合，所以称 F_N 为轴力。通常规定离开横截面的轴力为正，称为拉力，指向横截面的轴力为负，称为压力。拉力引起杆件轴向伸长，压力引起杆件轴向缩短。

若杆件作用多个轴向力时，不同横截面上的轴力不尽相同，这时仍可用截面法求杆件任一横截面上的内力。

【例 2-1】　试求图 2-6（a）所示杆横截面 1-1 和 2-2 上的轴力，已知 $F_1 = 26\text{kN}$，$F_2 = 14\text{kN}$，$F_3 = 12\text{kN}$。

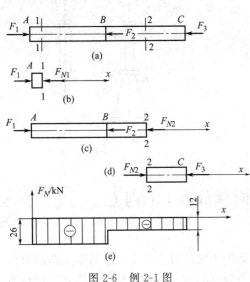

图 2-6　例 2-1 图

解　使用截面法，沿截面 1-1 将杆分成两段，取出左段并画出受力图 2-6（b），用 F_{N1} 表示右段对左段的作用，由平衡方程 $\sum F_x = 0$，得

$$F_1 - F_{N1} = 0$$

$$F_{N1} = F_1 = 26 \ (\text{kN}) \ (\text{压})$$

同理，可以计算横截面 2-2 上的轴力 F_{N2}，由截面 2-2 左段 ［图 2-6（c）］ 的平衡方程 $\sum F_x = 0$，得

$$F_1 - F_2 - F_{N2} = 0$$

$$F_{N1} = F_1 - F_2 = 12 \ (\text{kN}) \ (\text{压})$$

若研究截面 2-2 的右段 ［图 2-6（d）］，由 $\sum F_x = 0$，得

$$F_{N2} - F_3 = 0$$

$$F_{N2} = F_3 = 12 \ (\text{kN}) \ (\text{压})$$

所得结果与前面相同，计算却比较简单。

上述结果表明，拉（压）杆任一横截面上的轴力，数值上等于该截面任一侧所有外力的代数和。

若选取一个坐标系，用横坐标表示杆件横截面的位置，纵坐标表示相应横截面上的轴力，便可用一条几何图线表示不同横截面上轴力的变化规律。这条几何图线称为轴力图。图 2-6（e）为例 2-1 中杆的轴力图。图中负号表示杆受压。从轴力图可确定杆上的最大轴力及所在横截面的位置。

第三节　轴向拉伸或压缩时横截面上的应力

一、应力的概念

只根据轴力并不能判断杆件是否有足够的强度。内力是连续分布的，用截面法确定的内力是这种分布内力的合力，为了描述内力的分布情况，需要引入应力的概念。

在截面某一点 C 处取一微小面积 ΔA ［图 2-7（a）］，其上作用的内力为 ΔF，定义

$$p_m = \frac{\Delta F}{\Delta A}$$

称 p_m 为作用在面积 ΔA 上的平均应力。随着 ΔA 的逐渐缩小，p_m 的大小和方向都将逐渐变化，当 ΔA 趋于零时，有

$$p = \lim_{\Delta A \to 0} p_m = \lim_{\Delta A \to 0} \frac{\Delta F}{\Delta A} \quad (2\text{-}1)$$

p 称为 C 点的应力，它是分布力系在 C 点的集度。p 是一个矢量，一般说既不

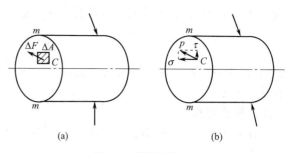

图 2-7　截面上的应力

与截面垂直，也不与截面平行。通常把应力 p 分解成垂直于截面的分量 σ 和平行于截面的分量 τ ［图 2-7(b)］。σ 称为正应力，τ 称为切应力。应力的单位是帕斯卡（Pascal），简称帕（Pa）。$1\text{Pa} = 1\text{N/m}^2$，工程中常用的应力单位为兆帕（MPa），$1\text{MPa} = 10^6\text{Pa}$。

二、轴向拉伸（压缩）时横截面上的应力

杆件受到轴向拉伸（压缩）时，由于轴力 F_N 垂直于杆的横截面，所以在横截面上存在正应力 σ。

为求得 σ 的分布规律，需要研究杆件的变形几何关系。变形前，在杆件表面画垂直于轴线的直线 ab 和 cd（图 2-8），变形后，发现 $a'b'$ 和 $c'd'$ 仍为直线，且仍然垂直于轴线，这说明各纵向线的伸长是相同的。由此可作假设：杆件变形前的各横截面在变形后仍保

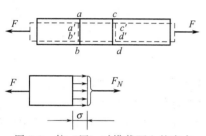

图 2-8　拉（压）时横截面上的应力

持为平面且垂直于杆的轴线。这个假设称为平面假设，已为弹性力学和现代实验力学证实。

由平面假设可以推断，拉杆所有纵向纤维的伸长是相等的，由材料的均匀性假设，可知所有纵向纤维的受力是一样的。所以，横截面上各点的正应力 σ 相等，根据静力学关系

$$F_N = \int_A \sigma \mathrm{d}A = \sigma A$$

因此拉杆横截面上任一点的正应力为

$$\sigma = \frac{F_N}{A} \quad (2\text{-}2)$$

A 为杆件横截面面积，σ 称为工作应力，其正负号与轴力 F_N 相同，即拉应力为正，压应力为负。

第四节　轴向拉伸与压缩时的变形

直杆在轴向拉力作用下，将引起轴向尺寸的伸长和横向尺寸的缩短。反之，在轴向压力作用下，将引起轴向尺寸的缩短和横向尺寸的增大。

一、纵向变形

设等直杆原长为 l，在两端受轴向拉力 F 的作用下，长度变为 l_1。杆的轴向伸长为（图 2-9）

$$\Delta l = l_1 - l$$

Δl 称为杆的绝对变形，其正负号与轴力 F_N 相同。正值表示伸长，负值表示缩短。杆件的绝对变形与杆的原长有关。因此，为了消除杆件原长度的影响，用

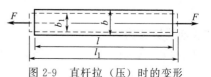

图 2-9　直杆拉（压）时的变形

Δl 除以 l，即用单位长度的变形量来反映杆的变形大小，有

$$\varepsilon = \frac{\Delta l}{l} \qquad (2\text{-}3)$$

ε 表示杆的相对变形，称为纵向线应变。线应变 ε 是无量纲量，一般规定：伸长时 ε 为正，缩短时 ε 为负。

二、胡克定律

实验研究指出，在轴向拉伸或压缩中，当应力不超过材料的某一限度时，应力和应变成正比，即

$$\sigma \propto \varepsilon$$

引入比例常数 E，可得

$$\sigma = E\varepsilon \text{ 或 } \varepsilon = \frac{\sigma}{E} \qquad (2\text{-}4)$$

上式称为胡克定律。

将式(2-2)和式(2-3)代入式(2-4)，可以得到

$$\Delta l = \frac{F_N l}{EA} \qquad (2\text{-}5)$$

这是胡克定律的另一表达形式。它表明，当应力不超过某一限度时，杆件的伸长 Δl 与轴力 F_N 和杆件的原长 l 成正比，与横截面面积 A 成反比。比例常数 E 称为材料的弹性模量。它表示在拉压时材料抵抗变形的能力。因为应变 ε 没有量纲，故 E 的量纲与 σ 相同，常用单位是吉帕（GPa），$1\text{GPa}=10^9\text{Pa}$。由式(2-5)可见，对长度相等，受力相同的杆件，EA 越大，则杆件纵向绝对变形 Δl 就越小，故 EA 称为杆件的抗拉（或抗压）刚度。

弹性模量 E 的值随材料而不同，通常用实验方法测定。几种常用材料的 E 值已列入表2-1中。

表 2-1　几种常用材料在常温下 E、G、μ 的近似值

材 料 名 称	E/GPa	G/GPa	μ
碳钢	196～216	78.5～79.4	0.24～0.28
合金钢	186～206	78.5～79.4	0.25～0.30
灰铸铁	78.5～157	44.1	0.23～0.27
铜及其合金	72.6～128	34.4～48.0	0.31～0.42
铝合金	70	26.5	0.33
混凝土	15.2～36	—	0.16～0.18
橡胶	0.008～0.67		0.47

三、横向变形

实验指出，在轴向拉伸或压缩时，杆件不但有纵向变形，同时，横向也发生变形。当纵向伸长时，横向就缩短；而在纵向缩短时，横向就增大。

如图2-9所示的杆件，在拉力 F 作用下，纵向伸长为

$$\Delta l = l_1 - l$$

横向收缩为

$$\Delta b = b_1 - b$$

则横向线应变为

$$\varepsilon' = \frac{\Delta b}{b} = \frac{b_1 - b}{b}$$

实验指出，在弹性范围内，横向线应变与纵向线应变之比的绝对值为一常数。即

$$\left|\frac{\varepsilon'}{\varepsilon}\right| = \mu \tag{2-6}$$

μ 称为泊松比，为无量纲量。因为 ε' 与 ε 的符号总是相反，所以又可写作

$$\varepsilon' = -\mu\varepsilon \tag{2-7}$$

和弹性模量 E 一样，泊松比也是材料固有的弹性常数。表 2-1 给出了几种常用材料的 μ 值。

【例 2-2】 求图 2-10（a）所示阶梯状圆截面钢杆的轴向变形，钢的弹性模量 $E=200\text{GPa}$。

解 （1）内力计算

用截面法分别计算 AB 段和 BC 段的内力并作杆的轴力图［图 2-10（b）］。

$$F_{N1} = -40 \text{（kN）（压）}$$

$$F_{N2} = 40 \text{（kN）（拉）}$$

（2）各段变形计算

AB、BC 两段的轴力为 F_{N1}、F_{N2}，横截面面积 A_1、A_2，长度 l_1、l_2 均不相同，变形计算应分别进行。

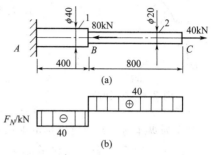

图 2-10 例 2-2 图

AB 段：$\Delta l_1 = \dfrac{F_{N1}l_1}{EA_1} = \dfrac{-40\times10^3\times400\times10^{-3}}{200\times10^9\times\frac{\pi}{4}\times40^2\times10^{-6}} = -0.637\times10^{-4}\text{（m）}=-0.064\text{（mm）}$

BC 段：$\Delta l_2 = \dfrac{F_{N2}l_2}{EA_2} = \dfrac{40\times10^3\times800\times10^{-3}}{200\times10^9\times\frac{\pi}{4}\times20^2\times10^{-6}} = 5.093\times10^{-4}\text{（m）}=0.509\text{（mm）}$

（3）总变形计算

$$\Delta l = \Delta l_1 + \Delta l_2 = -0.064 + 0.509 = 0.445 \text{（mm）}$$

计算结果表明，AB 段缩短 0.064mm，BC 段伸长 0.509mm，全杆伸长 0.445mm。

第五节　材料在拉伸和压缩时的力学性能

材料的力学性能是指材料在外力作用下表现出的变形、破坏等方面的特性。研究材料的力学性能是建立强度条件和计算变形所不可缺少的。

材料的轴向拉伸和压缩试验是测定材料力学性能的基本试验。试验在常温（室温）下进行，加载方式为静载，即载荷值由零开始，缓慢增加，直至所需数值。试验结果由试验机自动记录。

一、材料在拉伸时的力学性能

为了便于比较不同材料受到拉伸后的试验结果，对试件的形状、加工精度、加载速度、试验环境等，国家标准都有统一规定。在试件上取长为 l 的一段（图 2-11）作为试验段，l

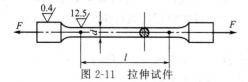

图 2-11　拉伸试件

称为标距，对圆截面试件，标距 l 与直径 d 有两种比例，即

$$l=5d \text{ 和 } l=10d$$

工程上常用的材料品种很多，下面以低碳钢

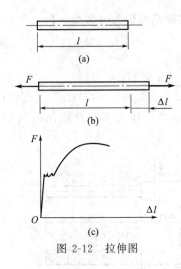

图 2-12 拉伸图

和铸铁为主要代表，介绍材料拉伸时的力学性能。

1. 低碳钢拉伸时的力学性能

低碳钢是指含碳量在 0.3％ 以下的碳素结构钢。这类钢材在工程中使用较广，同时在拉伸试验中表现出的力学性能也最为典型。

试件装在试验机上，受到缓慢增加的拉力作用。对应着每一个拉力 F，试件标距 l 有一个伸长量 Δl。记录 F 和 Δl 关系的曲线称为拉伸图或 $F\text{-}\Delta l$ 曲线，如图 2-12 所示。试件尺寸的不同，会引起拉伸图数据不同。为了消除试件尺寸的影响，把拉力 F 除以试件横截面原始面积 A，得 $\sigma = \dfrac{F}{A}$；同时，将伸长量 Δl 除以标距的原始长度 l，得 $\varepsilon = \dfrac{\Delta l}{l}$，称此时的 σ 为名义正应力，ε 为名义线应变。经这种变换后，以 σ 为纵坐标，ε 为横坐标的曲线称为应力-应变图或 $\sigma\text{-}\varepsilon$ 曲线（图 2-13）。

根据应力应变图表示的试验结果，低碳钢拉伸过程可分成四个阶段。

（1）弹性阶段 在拉伸的初始阶段，σ 与 ε 的关系是通过原点的斜直线 Oa，表示在这一阶段内，应力 σ 与应变 ε 成正比。直线部分的最高点 a 所对应的应力称为比例极限，用 σ_p 表示。显然，只有应力低于比例极限时，应力与应变才成正比，材料服从胡克定律。Q235 钢的比例极限 $\sigma_p \approx 200\text{MPa}$。

图 2-13 中直线 Oa 的斜率为

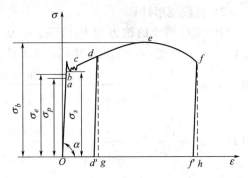

图 2-13 低碳钢的 $\sigma\text{-}\varepsilon$ 曲线

$$\tan \alpha = \frac{\sigma}{\varepsilon} = E \tag{2-8}$$

即直线 Oa 的斜率等于材料的弹性模量。

超过比例极限后，从 a 点到 b 点，σ 与 ε 之间的关系不再是直线，但解除拉力后变形仍可完全消失，这种变形称为弹性变形。b 点所对应的应力 σ_e 是材料只出现弹性变形的极限值，称 σ_e 为弹性极限。在 $\sigma\text{-}\varepsilon$ 曲线上，a、b 两点非常接近，所以工程上对弹性极限和比例极限并不严格区分。因此，在工程中，只要应力不超过弹性极限 σ_e，都可认为材料服从胡克定律。此时的材料称作线弹性材料。

在应力大于弹性极限后，如再解除拉力，则试件变形的一部分随之消失，这就是上面提到的弹性变形。但还遗留下一部分不能消失的变形，称之为塑性变形或残余变形。

图 2-14 低碳钢试件表面

（2）屈服阶段 当试件的应力超过 σ_e 后，$\sigma\text{-}\varepsilon$ 曲线接近为一条水平直线。正应力 σ 仅作微小波动而线应变 ε 急剧增加，这说明材料暂时丧失了抵抗变形的能力，这种现象称作屈服或流动，这一阶段称为屈服阶段或流动阶段。其最低点 c 对应的应力称为材料的屈服极限或流动极限，用 σ_s 表示。对 Q235 钢，$\sigma_s \approx 235\text{MPa}$。

屈服时，磨光的试件表面会出现与轴线大致成 $45°$ 角的条纹（图2-14），称为滑移线。它表明材料内部晶格之间出现了相对滑移。

材料屈服时出现显著的塑性变形,这是一般工程结构所不允许的。因此屈服极限 σ_s 是衡量材料强度的一个重要指标。

(3) 强化阶段 过屈服阶段后,材料恢复了抵抗变形的能力,要使试件继续变形,必须增大应力。这种现象称为强化。在图 2-13 中,强化阶段最高点 e 所对应力 σ_b 是材料所能承受的最大应力,称为强度极限或抗拉强度。它是衡量材料强度的另一重要指标。对 Q235 钢,$\sigma_b \approx 375\mathrm{MPa}$。

若在强化阶段某点 d 逐渐卸除拉力,应力和应变关系将沿着与弹性阶段 Oa 几乎平行的直线 dd' 下降。这说明,在卸载过程中,应力和应变遵循线性规律,这就是卸载定律。完全卸载后,应力应变曲线中 $d'g$ 表示消失了的弹性应变,记作 ε_e。而 Od' 表示不能消失的塑性应变,记作 ε_p。因此,d 点的应变包含了弹性应变和塑性应变两部分,即

$$\varepsilon = \varepsilon_e + \varepsilon_p$$

卸载后,如在短期内重新加载,则应力和应变大致上沿卸载时的斜直线 $d'd$ 变化,直到 d 点后,又沿曲线 def 变化。与没有卸过载的试件相比,卸过载的试件其比例极限有所提高,塑性有所降低。这种现象称作冷作硬化。冷作硬化有其有利的一面,也有不利的一面。工程上经常利用冷作硬化来提高其弹性极限。如起重用的钢索和建筑用的钢筋,常用冷拔工艺以提高强度。但经过初加工的机械零件因冷作硬化会给下一步加工造成困难。

(4) 局部变形阶段 过 e 点后,试件某一局部范围内,横向尺寸突然急剧缩小,这种现象称为颈缩(图 2-15)。由于在颈缩部分横截面面积迅速减小,使试件继续伸长所需要的拉力也相应减少,名义应力降低,σ-ε 曲线呈下降,到 f 点时,试件在横截面最小处拉断。

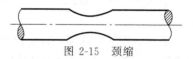

图 2-15 颈缩

试件拉断后,由于保留了塑性变形,试件长度由原来的 l 变为 l_1,用百分比表示比值

$$\delta = \frac{l_1 - l}{l} \times 100\% \tag{2-9}$$

称为断后伸长率。试件的塑性变形越大,δ 也就越大。因此,断后伸长率是衡量材料塑性的指标。Q235 钢的断后伸长率约为 26%。

工程材料按断后伸长率分成两大类:$\delta > 5\%$ 的称为塑性材料,如碳钢、黄铜、铝合金等;$\delta < 5\%$ 的称为脆性材料,如灰铸铁、陶瓷等。

断面收缩率 Ψ 是衡量材料塑性的另一个指标,其定义为

$$\Psi = \frac{A - A_1}{A} \times 100\% \tag{2-10}$$

式中,A_1 表示断口处横截面面积;A 为原始横截面尺寸。对 Q235 钢,$\Psi \approx 60\%$。

2. 其他塑性材料拉伸时的力学性能

图 2-16 所示是锰钢、镍钢和青铜拉伸试验的 σ-ε 曲线。这些材料的最大特点是,在弹性阶段后,没有明显的屈服阶段,而是由直线部分直接过渡到曲线部分。对于这类能发生较大塑性变形,而又没有明显屈服阶段的材料,通常规定取试件产生 0.2% 塑性应变所对应的应力作为屈服极限,称为名义屈服极限,用 $\sigma_{0.2}$ 表示(图 2-17)。

3. 铸铁拉伸时的力学性能

灰口铸铁是比较典型的脆性材料,其 σ-ε 曲线是一段微弯曲线,如图 2-18 所示,没

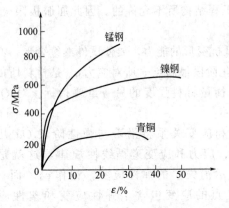

图 2-16 锰钢、镍钢、青铜拉伸试验的 σ-ε 曲线

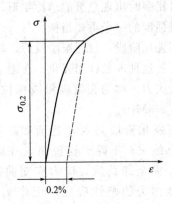

图 2-17 名义屈服极限

有明显的直线部分，没有屈服和颈缩现象，拉断前的应变很小，断后伸长率也很小。强度极限 σ_b 是其唯一的强度指标。铸铁等脆性材料的抗拉强度很低，所以不宜作为受拉零件的材料。

在低应力下铸铁可看作近似服从胡克定律。通常取 σ-ε 曲线的割线代替这段曲线（图 2-18），并以割线的斜率作为弹性模量，称为割线弹性模量。

二、材料在压缩时的力学性能

金属材料的压缩试件一般制成很短的圆柱，以免被压弯。圆柱高度约为直径的 1.5～3 倍。

低碳钢压缩时的 σ-ε 曲线如图 2-19 所示。试验表明：低碳钢压缩时的弹性模量 E 和屈服极限 σ_s，都与拉伸时大致相同。应力超过屈服阶段以后，试件越压越扁，呈鼓形，横截面面积不断增大，试件抗压能力也继续增高。因而得不到压缩时的强度极限。因此，低碳钢的力学性能一般由拉伸试验确定，通常不必进行压缩试验。

对大多数塑性材料也存在上述情况。少数塑性材料，如铬钼硅合金钢，压缩与拉伸时的屈服极限不相同，这种情况需做压缩试验。

图 2-20 表示铸铁压缩时的 σ-ε 曲线。试件仍然在较小的变形下突然破坏，破坏断面的法线与轴线大致成 $50°$～$55°$ 的倾角。铸铁的抗压强度极限比它的抗拉强度极限高 4～5 倍。因此，铸铁广泛用于机床床身、机座等受压零部件。

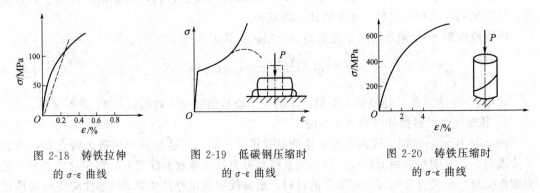

图 2-18 铸铁拉伸   图 2-19 低碳钢压缩时   图 2-20 铸铁压缩时
的 σ-ε 曲线   的 σ-ε 曲线   的 σ-ε 曲线

材料的力学性能受环境温度、变形速度、加载方式、热处理等条件的影响，应用时需注意具体条件。

表 2-2 列出了几种常用材料在常温静载下的 σ_s、σ_b 和 δ 的数值。

表 2-2　几种常用材料在常温静载下的 σ_s、σ_b 和 δ 的数值

材　料　名　称	牌　号	σ_s/MPa	σ_b/MPa	$\delta_5/\%$
普通碳素钢	Q235	216~235	373~461	25~27
	Q275	255~275	490~608	19~21
优质结构钢	45	353	598	16
普通低合金结构钢	Q345	274~343	471~510	19~21
合金结构钢	40Cr	785	980	9
铝合金	3003	115	145~195	4
灰铸铁	HT150		120~175	

注：表中 δ_5 是指 $l=5d$ 的试件的断后伸长率。

第六节　拉伸和压缩的强度计算

在对拉伸和压缩时的应力和材料在拉伸与压缩时的力学性能两个方面进行了研究之后，就可以对拉伸和压缩时杆件的强度计算以及与之相关的许用应力和安全因数等进行具体的讨论了。

一、安全因数和许用应力

对拉伸和压缩的杆件，塑性材料以屈服为破坏标志，脆性材料以断裂为破坏标志，因此，应选择不同的强度指标作为材料所能承受的极限应力 σ^0，即

$$\sigma^0 = \begin{cases} \sigma_s(\sigma_{0.2}) & \text{对塑性材料} \\ \sigma_b & \text{对脆性材料} \end{cases}$$

考虑到材料缺陷、载荷估计误差、计算公式误差、制造工艺水平以及构件的重要程度等因素，设计时必须有一定的强度储备。因此应将材料的极限应力除以一个大于 1 的因数，所得的结果称为许用应力，用 $[\sigma]$ 表示，即

$$[\sigma] = \frac{\sigma^0}{n} \tag{2-11}$$

式中，n 称作安全因数。安全因数的选取是个较复杂的问题，要考虑多个方面的因素。一般机械设计中 n 的选取范围大致为

$$n = \begin{cases} 1.2~1.5 & \text{对塑性材料} \\ 2.0~4.5 & \text{对脆性材料} \end{cases}$$

脆性材料的安全因数一般取得比塑性材料要大一些。这是由于脆性材料的失效表现为脆性断裂，而塑性材料的失效表现为塑性屈服，两者的危险性显然不同。因此对脆性材料有必要多一些强度储备。

多数塑性材料拉伸和压缩时的 σ_s 相同，因此许用应力 $[\sigma]$ 对拉伸和压缩可以不加区别。

对脆性材料，拉伸和压缩的 σ_b 不相同，因而许用应力亦不相同。通常用 $[\sigma_t]$ 表示许用拉应力，用 $[\sigma_c]$ 表示许用压应力。

二、拉伸和压缩时的强度条件

为保证轴向拉伸（压缩）杆件的正常工作，必须使杆件的最大工作应力不超过材料的许用应力。因此，杆件受轴向拉伸（压缩）时的强度条件为

图 2-21 例 2-3 图

$$\sigma = \frac{F_N}{A} \leqslant [\sigma] \qquad (2\text{-}12)$$

根据式(2-12)，可以解决强度校核、截面设计、确定许用载荷等三类工程中的强度计算问题。

【例 2-3】 一个总重为 700N 的电动机，采用 M8 吊环螺钉，螺纹根部的直径为 6.4mm，如图 2-21 所示。其材料的许用应力为 $[\sigma] = 40\text{MPa}$。问起吊电动机时，吊环螺钉是否安全（设圆环部分有足够的强度）。

解 螺纹根部横截面上的轴力为 $F_N = G = 700\text{N}$，则正应力为

$$\sigma = \frac{F_N}{A} = \frac{700}{\frac{\pi}{4} \times (6.4)^2 \times 10^{-6}} = 21.76 \ (\text{MPa})$$

由强度条件

$$\sigma = 21.76 \ (\text{MPa}) < [\sigma]$$

可见吊环螺钉是安全的。

【例 2-4】 图 2-22(a)为简易旋臂或吊车，由三角架构成。斜杆由两根 5 号等边角钢组成，每根角钢的横截面面积 $A_1 = 4.80\text{cm}^2$；水平横杆由两根 10 号槽钢组成，每根槽钢的横截面面积 $A_2 = 12.74\text{cm}^2$。材料的许用应力为 $[\sigma] = 120\text{MPa}$，整个三角架能绕 O_1-O_2 轴转动，电动葫芦能沿水平横梁移动。当电动葫芦在图示位置时，求能允许起吊的最大重量。包括电动葫芦重量在内（不计各杆自重）。

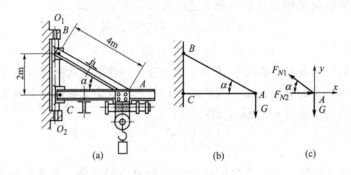

图 2-22 例 2-4 图

解 各杆两端均认为是圆柱铰链约束，取节点 A 为分离体，设斜杆 AB 受轴向拉力 F_{N1}，横杆 AC 受轴向压力 F_{N2}。G 为包括电动葫芦在内的起吊重量，其受力图如图 2-22(c)所示。

（1）内力计算

由平衡方程

$$\sum F_x = 0, \quad F_{N2} - F_{N1}\cos\alpha = 0 \qquad (1)$$

$$\sum F_y = 0, \quad F_{N1}\sin\alpha - G = 0 \qquad (2)$$

由图 2-22(a)知 $\alpha = 30°$，由式(b)式

$$F_{N1} = \frac{G}{\sin 30°} = \frac{G}{1/2} = 2G \qquad (3)$$

代入式(1)

$$F_{N2} = F_{N1}\cos 30° = \sqrt{3}\,G \qquad (4)$$

（2）求允许起吊的最大重量

根据强度条件式(2-12)，AB 杆有

$$\sigma = \frac{F_{N1}}{2A_1} \leqslant [\sigma]$$

$$F_{N1} \leqslant 2[\sigma]A_1 = 2 \times 120 \times 10^6 \times 4.8 \times 10^{-4} = 115 \ (\text{kN})$$

AC 杆的强度条件为

$$\sigma = \frac{F_{N2}}{2A_2} \leqslant [\sigma]$$

$$F_{N2} \leqslant 2[\sigma]A_2 = 2 \times 120 \times 10^6 \times 12.74 \times 10^{-4} = 305 \ (\text{kN})$$

将 F_{N1} 和 F_{N2} 分别代入式(3)、式(4) 得

$$F_{N1} = 2G \leqslant 115 \ (\text{kN}) \tag{5}$$

$$F_{N2} = \sqrt{3}G \leqslant 305 \ (\text{kN}) \tag{6}$$

由式（5）

$$G \leqslant \frac{115}{2} = 57.5 (\text{kN})$$

由式（6）

$$G \leqslant \frac{305}{\sqrt{3}} = 176 (\text{kN})$$

比较上两式，由不等式的传递性，得出允许起吊的最大重量不得超过 57.5kN。这一重量是根据斜杆 AB 的强度条件得到的。

【**例 2-5**】 图 2-23（a）所示结构中，1、2 两杆均为圆截面钢杆，许用应力 $[\sigma] = 115\text{MPa}$。C 点悬挂重物 $F = 30\text{kN}$，试求两杆的直径 d_1、d_2。

解 （1）内力计算，取结点 C 为研究对象，受力如图 2-23(b) 所示。列平衡方程

$$\sum F_x = 0 \qquad -F_{N1}\sin30° + F_{N2}\sin45° = 0$$

$$\sum F_y = 0 \quad F_{N1}\cos30° + F_{N2}\cos45° - F = 0$$

解得 $F_{N1} = 0.732F$，$F_{N2} = 0.518F$

（2）求两圆杆截面直径

由 1 杆的强度条件

$$\sigma = \frac{F_{N1}}{A_1} = \frac{0.732F}{A_1} \leqslant [\sigma]$$

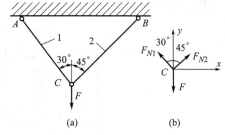

图 2-23 例 2-5 图

得 $A_1 \geqslant \dfrac{0.732F}{[\sigma]}$，而 $A_1 = \dfrac{\pi d_1^2}{4}$

$$d_1 \geqslant \sqrt{\frac{4 \times 0.732F}{\pi[\sigma]}} = \sqrt{\frac{4 \times 0.732 \times 30 \times 10^3}{\pi \times 115 \times 10^6}} = 15.6 \ (\text{mm})$$

同理对 2 杆，有

$$\sigma = \frac{F_{N2}}{A_2} = \frac{0.518F}{A_2} \leqslant [\sigma]$$

得 $A_2 \geqslant \dfrac{0.518F}{[\sigma]}$，而 $A_2 = \dfrac{\pi d_2^2}{4}$

$$d_2 \geqslant \sqrt{\frac{4 \times 0.518F}{\pi[\sigma]}} = \sqrt{\frac{4 \times 0.518 \times 30 \times 10^3}{\pi \times 115 \times 10^6}} = 13.1 \ (\text{mm})$$

第七节　应力集中的概念

等截面直杆受轴向拉伸或压缩时，横截面上的应力是均匀分布的。在工程实际中，有些构件往往有切口、切槽、螺纹、圆孔等，以致在这些部位上截面尺寸发生突然变化。实验结果和理论分析表明，在零件尺寸突然改变的横截面上，应力并不是均匀分布的。以图 2-24 中间开有圆孔的受拉板为例，在距离小孔较远的 I-I 截面上，正应力是均匀分布的，记为 σ，但在小孔中心所在的 II-II 截面上，正应力分布则不均匀，在孔边附近的局部区域内，应力将急剧增加。但在离开圆孔稍远处，应力就迅速降低而趋于均匀。这种因构件截面尺寸突然变化而引起局部应力急剧增大的现象，称为应力集中。

设发生应力集中的截面上的最大应力为 $\sigma_{\max}$，同一截面上的平均应力为 σ，则比值

$$k = \frac{\sigma_{\max}}{\sigma} \tag{2-13}$$

称为理论应力集中因数。它反映了应力集中的程度。实验结果表明：截面尺寸改变得越急剧，角越尖，孔越小，应力集中的程度就越严重。因此，构件应尽可能地避免带尖角的孔和槽，在阶梯轴的轴肩处要用圆弧过渡。

各种材料对应力集中的敏感程度并不相同。塑性材料有屈服阶段，当局部的最大应力 $\sigma_{\max}$ 达到屈服极限 σ_s 时，该处材料的变形可以继续增长，而应力却不再增大。如外力继续增加，增加的力就由截面上尚未屈服的材料来承担，使截面上其他点的应力相继增大到屈服极限，如图 2-25 所示。这就使截面上的应力逐渐趋于平均，降低了应力不均匀程度，也限制了最大应力 $\sigma_{\max}$ 的数值。由此可见，用塑性材料制成的零件在静载作用下，可以不考虑应力集中的影响。

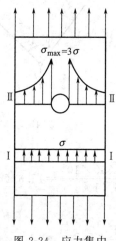

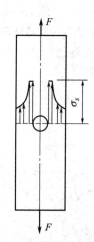

图 2-24　应力集中　　　　　图 2-25　进入塑性的孔边应力

对组织均匀的脆性材料，由于材料没有屈服阶段，当载荷增加时，应力集中处的最大应力 $\sigma_{\max}$ 一直领先，首先达到强度极限 σ_b，并在该处首先断裂从而迅速导致整个截面破坏。所以对脆性材料制成的零件，应力集中的危害性显得严重。因此，即使在静载下，对脆性材料也必须注意应力集中的影响。

对于组织粗糙的脆性材料如铸铁，其内部的不均匀性和缺陷往往是产生应力集中的主要因素，而孔、槽等外形改变所引起的应力集中就成为次要因素，它对构件的承载能力没有明

显的影响。

当零件受周期性变化的应力或受冲击载荷时，不论是塑性材料还是脆性材料，应力集中对构件的强度都有严重影响。这将在第六章中讨论。

第八节　剪切和挤压的实用计算

剪切是杆件的另一种基本变形形式。剪切和挤压的实用计算，与轴向拉伸和压缩并无实质上的联系。但在形式上有些相似，故放在本章最后进行讨论。

一、剪切的实用计算

在工程实际中常遇到剪切问题，例如连接轴与轮的键［图 2-26（a）］、牵引车挂钩的销钉［图 2-27（a）］、受剪钢杆［图 2-28（a）］等，都是工程中常见的受剪切的实例。其受力情况如图 2-26（b）、图 2-27（b）和图 2-28（b）所示。可见，剪切构件的受力特点是：作用在构件两侧的横向外力方向相反，作用线相距很近。在这样的外力作用下，其变形特点是：两力间的横截面发生相对错动或相对错动趋势。构件两部分发生相对错动的面称为剪切面（图中的 n-n、m-m 面）。

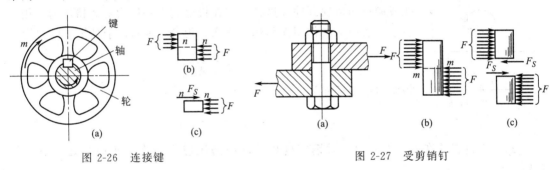

图 2-26　连接键　　　　　　　　　　　图 2-27　受剪销钉

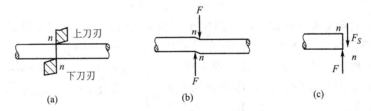

图 2-28　受剪钢杆

为了研究剪切构件的内力，用截面法将构件沿剪切面截开，并以一部分为研究对象，如图 2-28（c）所示。为了保持平衡，在剪切面内必然有与外力 F 大小相等、方向相反的内力存在，这个与截面相切的内力称为剪力，用 F_S 表示。

在杆件轴向拉伸和压缩时，用正应力 σ 表示垂直于截面的内力集度。同样，对于剪切构件，也可以用单位面积上平行于截面的内力来衡量内力的集度，称为切应力，用 τ 表示。其单位同正应力一样，为 MPa。

在剪切面上，切应力的实际分布比较复杂。实用计算中，假设切应力 τ 均匀地分布在剪切面上，即有

$$\tau = \frac{F_S}{A} \tag{2-14}$$

式中，A 为剪切面的面积。

由式(2-14)算出的切应力基于切应力在剪切面上均匀分布这一假设，与实际切应力有出入，故称为名义切应力，实际上是剪切面上的平均切应力。

为保证构件剪切时能安全可靠地工作，要求其工作时的切应力必须小于许用切应力。由此得到构件的剪切强度条件为

$$\tau = \frac{F_S}{A} \leqslant [\tau] \tag{2-15}$$

式中，$[\tau]$ 为材料的许用切应力。它可由直接剪切破坏试验得到的材料极限切应力 τ_b 除以安全因数 n 得到。根据试验积累的数据，一般情况下，钢制构件的许用切应力 $[\tau]$ 与许用正应力 $[\sigma]$ 之间有以下关系

$$[\tau] = (0.6 \sim 0.8)[\sigma]$$

二、挤压的实用计算

在外力作用下，剪切构件除受到剪切作用外，还常常受到挤压的作用。例如图 2-29 中通过铆钉连接的钢板在受到剪切的同时，铆钉和钢板的接触表面相互压紧，这就可能把铆钉或钢板的铆钉孔在接触处压得发生局部塑性变形，使铆钉孔成为长圆孔或铆钉成为扁圆柱。这种作用在接触面上的压力称为挤压力，用 F 表示。挤压力的作用面称作挤压面，用 A_p 表示，于是挤压应力为

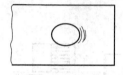

图 2-29　挤压

$$\sigma_p = \frac{F}{A_p}$$

相应的强度条件为

$$\sigma_p = \frac{F}{A_p} \leqslant [\sigma_p] \tag{2-16}$$

$[\sigma_p]$ 为材料的许用挤压应力。对钢制构件，许用挤压应力与许用正应力之间有如下关系

$$[\sigma_p] = (1.5 \sim 2.5)[\sigma]$$

挤压面实际上就是外力的作用面。当挤压面为平面时，挤压面 A_p 就是接触面的面积。而当挤压面为圆柱面时，挤压应力的分布情况大致如图 2-30(a) 所示，最大应力在圆柱面的中点。在实用计算中，用圆柱面的正投影作为挤压面面积，称作计算挤压面面积 [图 2-30(b)]。如此得到的挤压应力与实际最大挤压应力接近。

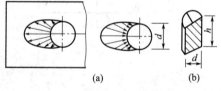

图 2-30　挤压面

【例 2-6】 图 2-31(a) 表示齿轮用平键与轴连接，已知轴直径 $d = 70\text{mm}$，键的尺寸为 $\delta \times h \times l = 20\text{mm} \times 12\text{mm} \times 100\text{mm}$，传递的扭转力偶矩 $M = 2\text{kN} \cdot \text{m}$，键的许用切应力 $[\tau] = 60\text{MPa}$，$[\sigma_p] = 100\text{MPa}$，试校核键的强度。

解　先校核键的剪切强度。将平键沿 $n\text{-}n$ 截面分成两部分，并把 $n\text{-}n$ 以下部分和轴作为一个整体来考虑 [图 2-31(b)]，对轴心取矩，由平衡方程 $\sum M_O = 0$，得

$$F_S \frac{d}{2} = M, \quad F_S = \frac{2M}{d} = 57.14 \ (\text{kN})$$

剪切面面积为 $A = \delta l = 20 \times 100 = 2000 \ (\text{mm}^2)$，有

$$\tau = \frac{F_S}{A} = \frac{57.14 \times 10^3}{2000 \times 10^{-6}} = 28.6 \ (\text{MPa}) < [\tau]$$

可见平键满足剪切强度条件。

其次校核键的挤压强度。考虑键在 n-n 截面以上部分的平衡 [图 2-31(c)]，则挤压力 $F = F_S = 57.14\text{kN}$，挤压面面积 $A_p = \dfrac{hl}{2}$，有

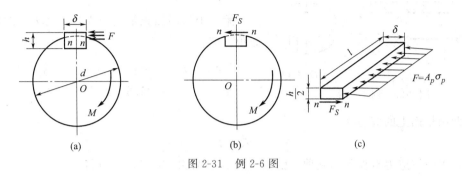

图 2-31   例 2-6 图

$$\sigma_p = \frac{F}{A_p} = \frac{57.14 \times 10^3}{6 \times 100 \times 10^{-6}} = 95.3 \text{ (MPa)} < [\sigma_p]$$

故平键也满足挤压强度条件。

【例 2-7】   图 [2-32(a)] 所示为两块钢板用两条边焊缝搭接连接在一起。钢板的厚度分别为 $t = 10\text{mm}$，$t_1 = 8\text{mm}$，设拉力 $F = 150\text{kN}$，焊缝许用应力 $[\tau_{焊}] = 110\text{MPa}$。试计算焊缝的长度 l。

解   实践和实验表明，边焊缝是沿着最弱的截面，即沿 45° 的斜面剪切破坏的 [图 2-32(a)、(b) 的 AB 面]。由于焊缝的横截面可以认为是一个等腰直角三角形，故沿 45° 的两个斜面的面积为

$$A = 2tl\sin 45°$$

则边焊缝的强度条件为

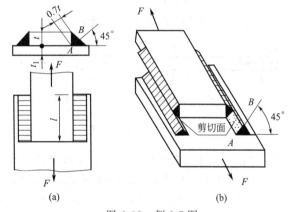

图 2-32   例 2-7 图

$$\tau = \frac{F}{2tl\sin 45°} \leqslant [\tau_{焊}]$$

于是有

$$l \geqslant \frac{F}{2t[\tau_{焊}]\sin 45°} = \frac{150 \times 10^3}{2 \times 10 \times 10^{-3} \times 110 \times 10^6 \times 0.707} = 0.096 \approx 0.1 \text{ (m)}$$

实际上，因每条焊缝在其两端的强度较差，通常须加长 10mm，所以取 $l = 110\text{mm}$。

以上所述，皆为保证剪切构件强度的问题。但有时在工程实际中，也会遇到与上述问题相反的情况。如用冲床冲剪钢板时，就要使钢板发生剪切破坏而得到所需要的形状。对这类问题所要求的破坏条件为

$$\tau = \frac{F_S}{A} \geqslant \tau_b \tag{2-17}$$

式中，τ_b 为剪切强度极限。

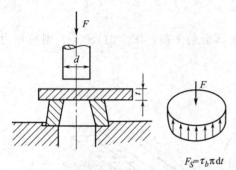

【例 2-8】 如图 2-33 所示，已知钢板的厚度 $t=5\text{mm}$，钢板的剪切强度极限 $\tau_b=320\text{MPa}$，试计算至少需要多大的冲力才能在钢板上冲出直径 $d=15\text{mm}$ 的圆孔。

解 剪切面面积是直径为 d、高为 t 的圆柱面面积，即：

$$A=\pi dt=3.14\times15\times10^{-3}\times5\times10^{-3}$$
$$=235.6\times10^{-6}\ (\text{m}^2)$$

$F_S=\tau_b\pi dt$

图 2-33　例 2-8 图

分布于此圆柱面上的剪力为

$$F_S=F$$

冲孔时，工作切应力至少须达到剪切强度极限 τ_b，故由式(2-17)，可得

$$F\geqslant\tau_b\times A=320\times10^6\times235.6\times10^{-6}=75.4\ (\text{kN})$$

因此冲力 F 至少需要 75.4kN。

习　题

2-1　试求图 2-34 所示各杆 1-1、2-2 及 3-3 截面上的轴力，并作轴力图。

2-2　试求图 2-35 所示钢杆各段内横截面上的应力和杆的总变形。钢的弹性模量 $E=200\text{GPa}$。

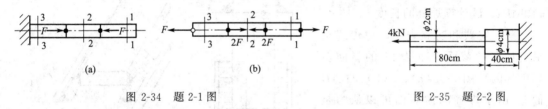

図 2-34　题 2-1 图　　　　　　　　　　　　　图 2-35　题 2-2 图

2-3　图 2-36 所示三角形支架，杆 AB 及 BC 都是圆截面的。杆 AB 直径 $d_1=20\text{mm}$，杆 BC 直径 $d_2=40\text{mm}$，两杆材料均为 Q235 钢。设重物的重量 $G=20\text{kN}$，$[\sigma]=160\text{MPa}$。问此支架是否安全。

2-4　蒸汽机的汽缸如图 2-37 所示，汽缸的内径 $D=400\text{mm}$，工作压力 $p=1.2\text{MPa}$。汽缸盖和汽缸用直径为 18mm 的螺栓连接。若活塞杆材料的许用应力为 50MPa，螺栓材料的许用应力为 40MPa，试求活塞杆的直径及螺栓的个数。

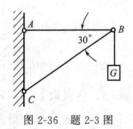
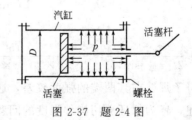

图 2-36　题 2-3 图　　　　　　　　　　　図 2-37　题 2-4 图

2-5　三角形支架 ABC 如图 2-38 所示，在 C 点受到载荷 F 的作用。已知：杆 AC 由两根 10 号槽钢所组成，$[\sigma]_{AC}=160\text{MPa}$；杆 BC 是 20a 号工字钢所组成，$[\sigma]_{BC}=100\text{MPa}$。试求最大许可载荷 F。

2-6　图 2-39 所示结构中梁 AB 的变形及重量可忽略不计。杆 1 为钢制圆杆，直径 $d_1=20\text{mm}$，$E_1=200\text{GPa}$；杆 2 为铜制圆杆，直径 $d_2=25\text{mm}$，$E_2=100\text{GPa}$。试问：（1）载荷 F 加在何处，才能使梁 AB 受力后仍保持水平？（2）若此时 $F=30\text{kN}$，求两拉杆内横截面上的正应力。

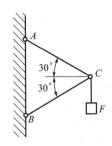

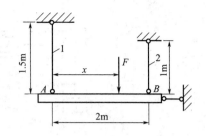

图 2-38　题 2-5 图　　　　　　　　图 2-39　题 2-6 图

2-7　图 2-40 所示销钉连接，已知 $F=18\text{kN}$，板厚 $t_1=8\text{mm}$，$t_2=5\text{mm}$，销钉与板的材料相同，许用切应力 $[\tau]=60\text{MPa}$，许用挤压应力 $[\sigma_p]=200\text{MPa}$。试设计销钉直径 d。

2-8　如图 2-41 所示，齿轮与轴用平键连接，已知轴直径 $d=70\text{mm}$，键的尺寸 $b\times h\times l=20\text{mm}\times 12\text{mm}\times 100\text{mm}$，传递的力偶矩 $M=2\text{kN}\cdot\text{m}$；键材料的许用应力 $[\tau]=80\text{MPa}$，$[\sigma_p]=200\text{MPa}$，试校核键的强度。

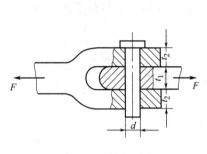

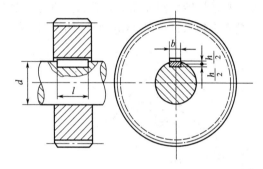

图 2-40　题 2-7 图　　　　　　　　图 2-41　题 2-8 图

第三章
扭 转

第一节 扭转的概念和实例

扭转是杆件的又一种基本变形形式。在工程实际中，尤其是在机械工程中的许多构件，其主要变形是扭转。例如图 3-1 所示为汽车的转向轴，轴的上端受到由方向盘传来的力偶作用，下端则受到来自转向器的阻抗力偶作用。图 3-2 所示的传动轴也是杆件受到扭转的例子。

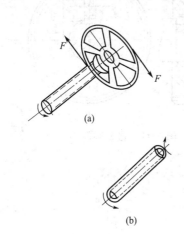

图 3-1 受扭转的转向轴

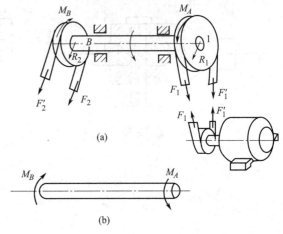

图 3-2 受扭转的传动轴

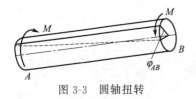

图 3-3 圆轴扭转

从上面例子可以看出，扭转杆件的受力特点是：作用在杆件上的外力主要是一组外力偶，这些力偶的作用面都垂直于杆件的轴线。其变形特点是：杆件的任意两个横截面绕轴线相对转过一个角度，这个角称作相对扭转角。图 3-3 中的 φ_{AB} 表示截面 B 对截面 A 的相对扭转角。

工程上将以扭转变形为主的杆件称为轴。本章主要讨论圆轴扭转问题。

第二节 扭转时外力和内力的计算

在研究扭转的应力和变形之前，先讨论作用于轴上的外力偶矩及横截面上的内力。

一、外力偶矩的计算

在工程实际中，作用于轴上的外力偶矩 M_e 往往不直接给出，经常是给出轴所传递的功

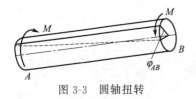

率 P 和轴的转速 n，因此，外力偶矩 M_e 就要根据 P 和 n 来计算。令 n 代表轴每分钟的转数，则作用在轴上的外力偶矩 M_e 每分钟所做的功为

$$W = 2\pi n M_e$$

已知功率的单位为千瓦（kW）（1kW＝1kN·m/s）。令 P 代表千瓦数，则每分钟所做的功为

$$W = 60P$$

由上两式可得到外力偶矩 M_e 的计算公式为

$$M_e = 9550 \frac{P}{n} \ (\text{N·m}) \tag{3-1}$$

二、扭矩和扭矩图

知道了作用在轴上的外力偶矩后，就可以用截面法计算轴的内力。以图 3-4(a) 所示圆轴为例，假想地将圆轴沿 n-n 截面分成两部分，并取左部分作为研究对象 [图 3-4(b)]。由于 A 端作用一个矩为 M_e 的力偶，为保持平衡，在截面 n-n 上必然存在一个与它平衡的内力偶 T，由平衡条件 $\sum M_x = 0$ 可以求出

$$T - M_e = 0$$
$$T = M_e$$

T 称为 n-n 截面上的扭矩，它是左、右两部分在 n-n 截面上相互作用的分布内力系的合力偶矩（工程上也称 T 为转矩）。

如取轴的右部分为研究对象，可得到同样的结果，其方向则与用左部分求出的扭矩相反。为了使从两部分求得的同一截面上的扭矩正负号相同，规定扭矩 T 的符号如下：采用右手螺旋法则，以右手四指表示扭矩的转向，如果拇指的指向与该扭矩所作用的截面的外法线方向一致，则扭矩为正，反之为负。根据这一规定，图 3-4 中 n-n 截面上的扭矩无论对左部分还是右部分来说，都是正的。

当轴上同时有几个外力偶作用时，各截面上的扭矩则须分段求出。与拉伸（压缩）问题中的轴力图一样，可用图线来表示各横截面上扭矩沿轴线变化的情况。图中用横坐标表示横截面的位置，纵坐标表示相应截面上的扭矩，这种图线称为扭矩图。

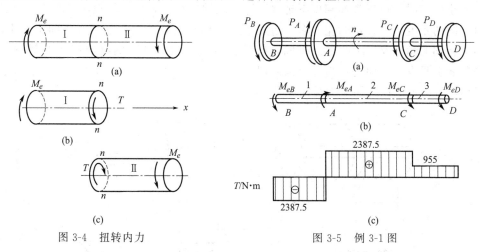

图 3-4 扭转内力   图 3-5 例 3-1 图

【例 3-1】 图 3-5(a) 所示传动轴的转速 $n = 300 \text{r/min}$，主动轮传递功率 $P_A = 150 \text{kW}$，从动轮 B、C、D 传递功率分别为 $P_B = 75 \text{kW}$、$P_C = 45 \text{kW}$、$P_D = 30 \text{kW}$。试作该轴扭矩图。

解 （1）扭转外力偶矩的计算由式(3-1)计算各轮的扭转外力偶矩为

$$M_{eA} = 9550 \frac{P_A}{n} = 9550 \frac{150}{300} = 4775 \ (\text{N·m})$$

$$M_{eB} = 9550 \frac{P_B}{n} = 9550 \frac{75}{300} = 2387.5 \ (\text{N} \cdot \text{m})$$

$$M_{eC} = 9550 \frac{P_C}{n} = 9550 \frac{45}{300} = 1432.5 \ (\text{N} \cdot \text{m})$$

$$M_{eD} = 9550 \frac{P_D}{n} = 9550 \frac{30}{300} = 955 \ (\text{N} \cdot \text{m})$$

（2）作轴的计算简图

轴的计算简图见图 3-5(b)。

（3）各段扭矩计算

BA 段 $\qquad T_1 = -M_{eB} = -2387.5(\text{N} \cdot \text{m})$

AC 段 $\qquad T_2 = M_{eA} - M_{eB} = 4775 - 2387.5 = 2387.5(\text{N} \cdot \text{m})$

CD 段 $\qquad T_3 = 955(\text{N} \cdot \text{m})$

（4）作扭矩图

根据上面计算结果画出扭矩图，见图 3-5(c)。

从上面例题的计算结果可以得出计算扭矩的一般规律，即：轴上任一横截面上的扭矩，数值上等于该截面一侧所有外力偶矩的代数和，其转向与外力偶矩的合力偶矩的转向相反。

第三节 纯 剪 切

为了分析圆轴扭转变形的情况及应力与变形的关系，先考察薄壁圆筒的扭转。

一、薄壁圆筒扭转时的切应力

图 3-6(a) 所示为一等厚薄壁圆筒，在其表面用圆周线和纵向线画成方格。在圆筒两端垂直于圆筒轴线的平面内施加一对转向相反的力偶 M_e，使其产生扭转变形，如图 3-6(b) 所示。当小变形时，可以观察到以下现象：圆周线的形状、大小及间距均未改变，只是绕轴线转过不同的角度，使方格的左、右两边发生相对错动；各纵向线的尺寸、间距也未改变，但倾斜了相同的角度 γ。由此可以推断，圆筒横截面和包含轴线的纵向截面上都没有正应力，横截面上只有在截面内且沿各点圆周切线方向的切应力 τ〔图 3-6(c)〕。由于筒壁的厚度 t 很小，可以近似认为切应力沿筒壁厚度均匀分布。

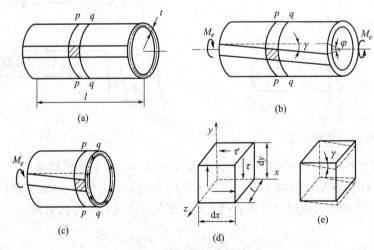

图 3-6 薄壁圆筒扭转

二、切应力互等定理

用相邻两个横截面和纵向面自圆筒中取出边长分别为 dx、dy 和 t 的正六面体，称为单元体［图 3-6(d)］。其左、右两侧面是圆筒横截面的一部分，其上只有切应力的作用，大小相等，方向相反，于是组成一个矩为 $(\tau t dy)dx$ 的力偶。为保持平衡，单元体的上、下两个侧面上一定有切应力存在，并由它们组成另一个力偶以保持单元体的平衡。由平衡方程 $\sum M_z = 0$，得

$$(\tau' t dx)dy - (\tau t dy)dx = 0$$
$$\tau = \tau' \tag{3-2}$$

规定切应力的符号为：使单元体产生顺时针方向转动趋势时的切应力为正，使单元体产生逆时针方向转动趋势时的切应力为负。于是式(3-2)可以叙述为：在相互垂直的两个截面上，切应力成对出现，且数值相等；两者都垂直于两个平面的交线，方向同时指向或同时背离截面交线。这一规律称为切应力互等定理。

三、切应变　剪切胡克定律

在图 3-6(d) 所示单元体的上、下、左、右四个侧面上，只有切应力而无正应力，这种情况称为纯剪切。纯剪切单元体在切应力的作用下，单元体的直角将发生微小的改变，如图 3-6(e) 所示，这个直角的改变量 γ 称为切应变。

利用薄壁圆筒的扭转，可以实现纯剪切试验。试验的结果表明，当切应力不超过材料的剪切比例极限时，切应力与切应变成正比（图 3-7）。这就是剪切胡克定律，可以写作

$$\tau = G\gamma \tag{3-3}$$

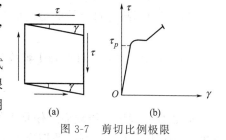

图 3-7　剪切比例极限

式中，G 为比例常数，称为材料的切变模量。单位与弹性模量 E 相同。

第四节　圆轴扭转的应力

为了研究圆轴扭转横截面上的应力，需要从圆轴扭转时的变形几何关系、材料的应力应变关系（又称物理关系）以及静力平衡关系等三个方面进行综合考虑。这种研究方法也是材料力学中通用的研究方法。

一、变形几何关系

为了观察圆轴的扭转变形，与薄壁圆筒受扭一样，在圆轴表面上作圆周线和纵向线（图 3-8 中，变形前的纵向线用虚线表示）。在扭转力偶 M_e 的作用下，得到与薄壁圆筒受扭时相似的现象。即：圆周线的形状和大小不变，两相邻圆周线之间的距离不变，仅发生相对的转动；纵向线仍为直线，只是倾斜了一个角度 γ，圆轴表面上的方格变成菱形。

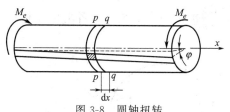

图 3-8　圆轴扭转

根据观察的现象，可做以下假设：圆轴的各横截面在扭转变形后保持为平面，且形状、大小及间距都不变。这一假设称为圆轴扭转的平面假设。它相当于把圆轴的各横截面看成是刚性平面，扭转变形就是这些刚性平面绕轴线转过不同的角度。由此可以推论，由于纵横方向没有尺寸变化，所以圆轴扭转变形时横截面上

不存在正应力，只有切应力 τ，其方向与所在半径垂直，与扭矩 T 的转向一致。

沿距离为 dx 的两横截面和相邻两个过轴线的纵截面取楔形分离体［图 3-9(a)］，并将

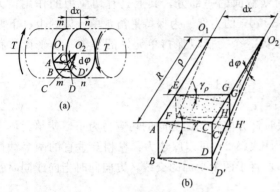

图 3-9　扭转变形几何关系分析

其放大为图 3-9(b)。左右两横截面相对扭转角为 $d\varphi$。小变形时，圆轴表面的切应变 γ 为

$$\gamma = \frac{CC'}{AC} = R\frac{d\varphi}{dx}$$

同样，距轴线为 ρ 处的切应变为

$$\gamma_\rho = \rho\frac{d\varphi}{dx} \qquad (3\text{-}4a)$$

对于给定的横截面，$\dfrac{d\varphi}{dx}$ 为一常数。因此式 (3-4a) 表明，切应变 γ_ρ 与该处到轴线的距离 ρ 成正比。

二、应力应变关系

当切应力不超过材料的剪切比例极限时，切应力与切应变服从剪切胡克定律，即

$$\tau = G\gamma$$

将式 (3-4a) 代入，可得到距轴线为 ρ 处的切应力为

$$\tau_\rho = G\gamma_\rho = G\rho\frac{d\varphi}{dx} \qquad (3\text{-}4b)$$

式 (3-4b) 表明，横截面上任意点的切应力 τ_ρ 与该点到圆心的距离成正比，在横截面外表面处切应力最大，在圆心处切应力为零。切应力的分布如图 3-10 所示。

三、静力学关系

为了计算切应力的数值，还要考虑静力学关系。

设距圆心 ρ 处的切应力为 τ_ρ，如在此处取一微面积 dA，此微面积上的微剪力为 $\tau_\rho dA$，如图 3-11 所示。整个横截面上各微剪力对圆心 O 点的力矩之和应等于该截面上的扭矩，即

$$T = \int_A \rho\tau_\rho dA \qquad (3\text{-}4c)$$

将式 (3-4b) 代入式 (3-4c)，得

$$T = \int_A G\rho^2\frac{d\varphi}{dx}dA$$

式中，切变模量 G 是一个常数，在给定截面上，$\dfrac{d\varphi}{dx}$ 也是一个常数。二者均可以移到积分号外，有

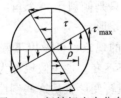

图 3-10　扭转切应力分布

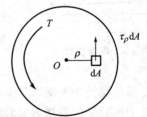

图 3-11　扭转切应力的静力学关系

$$T = G \frac{\mathrm{d}\varphi}{\mathrm{d}x} \int_A \rho^2 \, \mathrm{d}A \qquad (3\text{-}4\mathrm{d})$$

记
$$I_p = \int_A \rho^2 \, \mathrm{d}A$$

I_p 称为横截面对圆心的极惯性矩。这样式(3-4d) 可写作

$$\frac{\mathrm{d}\varphi}{\mathrm{d}x} = \frac{T}{GI_p} \qquad (3\text{-}4\mathrm{e})$$

将上式代入式(3-4b) 得

$$\tau_\rho = \frac{T\rho}{I_p} \qquad (3\text{-}5)$$

这就是圆轴扭转横截面上任一点的切应力计算公式。显然，在圆截面边缘，即 $\rho = D/2$ 处。切应力有最大值

$$\tau_{\max} = \frac{T(D/2)}{I_p} \qquad (3\text{-}6)$$

引入记号 $W_t = \dfrac{I_p}{D/2}$，称 W_t 为抗扭截面系数，式(3-6) 可写作

$$\tau_{\max} = \frac{T}{W_t} \qquad (3\text{-}7)$$

极惯性矩 I_p 和抗扭截面系数 W_t 是反映圆轴横截面几何性质的量。对实心圆截面，令 $\mathrm{d}A = 2\pi\rho\,\mathrm{d}\rho$，则

$$I_p = \int_A \rho^2 \, \mathrm{d}A = \int_0^{D/2} \rho^2 2\pi\rho\,\mathrm{d}\rho = 2\pi \int_0^{D/2} \rho^3 \, \mathrm{d}\rho = \frac{1}{2}\pi\rho^4 \Big|_0^{D/2}$$

$$= \frac{\pi D^4}{32} \qquad (3\text{-}8)$$

$$W_t = \frac{I_p}{D/2} = \frac{\pi D^3}{16} \qquad (3\text{-}9)$$

对内径为 d、外径为 D 的空心圆截面，如图 3-12 所示，只要将积分下限由零变为 $\dfrac{d}{2}$，可得

$$I_p = \frac{\pi}{32}(D^4 - d^4) = \frac{\pi D^4}{32}(1 - \alpha^4) \qquad (3\text{-}10)$$

$$W_t = \frac{I_p}{D/2} = \frac{\pi D^3}{16}(1 - \alpha^4) \qquad (3\text{-}11)$$

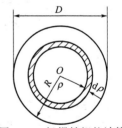

图 3-12　极惯性矩的计算

式中，$\alpha = \dfrac{d}{D}$。

第五节　圆轴扭转的强度条件

前面已经得到，圆轴扭转时横截面上的最大切应力在截面的周边上。为保证轴安全地工作，要求轴内的最大切应力必须小于材料的许用扭转切应力，于是，得圆轴扭转的强度条件为

$$\tau_{\max} = \frac{T}{W_t} \leqslant [\tau] \qquad\qquad (3\text{-}12)$$

式中，许用扭转切应力 $[\tau]$，是根据扭转试验并考虑适当的安全因数确定的，它与许用拉应力 $[\sigma]$ 有如下近似关系。

$$对于塑性材料 \quad [\tau] = (0.5\sim0.6)[\sigma]$$
$$对于脆性材料 \quad [\tau] = (0.8\sim1.0)[\sigma]$$

因此也可利用拉伸时的许用应力 $[\sigma]$ 来估计许用切应力 $[\tau]$。

同拉、压强度条件一样，圆轴扭转的强度条件（3-12）可用于强度校核、截面设计和确定许用载荷三方面的计算。

【例 3-2】 由无缝钢管制成的汽车传动轴 AB（图 3-13），外径 $D = 90\text{mm}$，壁厚 $t = 2.5\text{mm}$，传递的最大扭矩 $T = 1930\text{N} \cdot \text{m}$，材料的许用切应力 $[\tau] = 70\text{MPa}$，试校核 AB 轴的扭转强度。

解 （1）计算 AB 轴的抗扭截面系数

$$\alpha = \frac{d}{D} = \frac{(90 - 2 \times 2.5)}{90} = 0.944$$

$$W_t = \frac{\pi D^3}{16}(1 - \alpha^4) = \frac{\pi \times 90^3}{16}(1 - 0.944^4) = 29400 \; (\text{mm}^3)$$

（2）强度校核，由强度条件式（3-12），得

$$\tau_{\max} = \frac{T}{W_t} = \frac{1930}{29400 \times 10^{-9}} = 65.6\text{MPa} < [\tau]$$

所以 AB 轴满足强度条件。

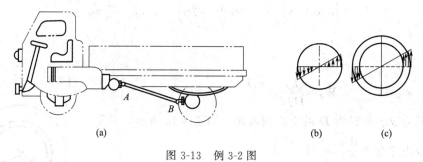

图 3-13 例 3-2 图

【例 3-3】 如把上例中的传动轴改为实心轴 D_1，要求它与原来的空心轴强度相同，试确定实心轴的直径，并比较实心轴和空心轴的质量。

解 因为要求与前例的空心轴强度相同，故实心轴的最大切应力应为 65.6MPa，即

$$\tau_{\max} = \frac{T}{W_t} = \frac{1930}{\dfrac{\pi D_1^3}{16}} = 65.6 \times 10^6$$

$$D_1 = \sqrt[3]{\frac{1930 \times 16}{\pi \times 65.6 \times 10^6}} = 0.0531 \; (\text{m})$$

实心轴横截面面积是

$$A_1 = \frac{\pi D_1^2}{4} = \frac{\pi \times 0.0531^2}{4} = 22.2 \times 10^{-4} \; (\text{m}^2)$$

例 3-2 中空心轴的横截面面积为

$$A_2 = \frac{\pi}{4}(D^2 - d^2) = \frac{\pi}{4}(90^2 - 85^2) \times 10^{-6} = 6.87 \times 10^{-4} \quad (\text{m}^2)$$

在两轴长度相同、材料相同的情况下，两轴的质量比等于横截面面积比

$$\frac{A_2}{A_1} = \frac{6.87}{22.2} = 0.31$$

可见在载荷相同的条件下，强度相同的空心轴的质量不到实心轴质量的 1/3，即耗费的材料要少得多。

可以用圆轴扭转时横截面上的应力分布说明采用空心截面节省材料的原因。圆轴扭转时横截面上的切应力沿半径方向按线性分布，图 3-13(b) 圆心附近的应力很小，材料没有充分发挥作用。如果将圆心附近的材料移到离圆心较远的位置，使其变为空心轴，让材料充分地发挥作用 [图 3-13(c)]，这样就大大提高了轴的承载能力。

第六节　圆轴扭转的变形和刚度条件

一、圆轴扭转的变形

圆轴扭转变形的标志是两个横截面间的相对扭转角。由式(3-4e)，可得到相距 $\mathrm{d}x$ 的两横截面间的相对扭转角为

$$\mathrm{d}\varphi = \frac{T}{GI_p}\mathrm{d}x$$

GI_p 称为圆轴的抗扭刚度。相距为 l 的两横截面之间的相对扭转角 φ 可由上式积分得到

$$\varphi = \int_l \mathrm{d}\varphi = \int_0^l \frac{T}{GI_p}\mathrm{d}x$$

若扭矩 T 和抗扭刚度 GI_p 在 l 段内为常数时，则有

$$\varphi = \frac{Tl}{GI_p} \tag{3-13}$$

二、圆轴扭转的刚度条件

对于受扭转的圆轴来说，除了需要满足强度条件外，有时还需满足刚度方面的要求，否则将不能正常地工作。例如机器中的轴受扭时若产生过大的变形，就会影响机器的精密度，或者使机器在运转中产生较大的振动。因此，对某些轴的扭转变形也要加以一定的限制，通常要求轴在单位长度上的扭转角不能超过某一规定的许用值。轴在单位长度上的扭转角为

$$\varphi' = \frac{\mathrm{d}\varphi}{\mathrm{d}x} = \frac{T}{GI_p}$$

单位是弧度/米（rad/m）。

扭转的刚度条件就是限定 φ' 的最大值不得超过规定的许用值 $[\varphi']$，即

$$\varphi'_{\max} = \frac{T_{\max}}{GI_p} \leqslant [\varphi'] \tag{3-14}$$

工程中，习惯用度/米(°/m)作为 $[\varphi']$ 的单位，这样，将上式中的弧度换算成度，得

$$\varphi'_{\max} = \frac{T_{\max}}{GI_p} \times \frac{180}{\pi} \leqslant [\varphi'] \tag{3-15}$$

式(3-15)为圆轴扭转的刚度条件，单位长度许用扭转角 $[\varphi']$ 是根据载荷性质和工作条件等因素决定的，可从有关规范和手册中查到。一般规定

精密机器的轴 $\qquad [\varphi'] = (0.25° \sim 0.5°)/m$

一般传动轴 $\qquad [\varphi'] = (0.5° \sim 1.0°)/m$

较低精度的轴 $\qquad [\varphi'] = (2° \sim 4°)/m$

【例3-4】 一传动轴如图3-14(a)所示，已知传动轴转速 $n = 300 r/min$，主动轮 A 输入的功率 $P_A = 36.7 kW$，从动轮 B、C、D 的输出功率分别为 $P_B = 14.7 kW$, $P_D = P_C = 11 kW$。材料的切变模量 $G = 80 GPa$，$[\tau] = 50 MPa$，$[\varphi'] = 1°/m$。试设计轴的直径 d。

解 (1) 扭转外力偶矩的计算，根据式(3-1)

$$M_{eA} = 9550 \frac{P_A}{n} = 9550 \times \frac{36.7}{300} = 1170 \ (N \cdot m)$$

$$M_{eD} = M_{eC} = 9550 \frac{P_D}{n} = 9550 \times \frac{11}{300} = 351 \ (N \cdot m)$$

$$M_{eB} = 9549 \frac{P_B}{n} = 9550 \times \frac{14.7}{300} = 468 \ (N \cdot m)$$

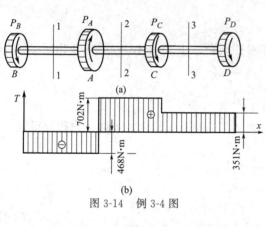

图3-14 例3-4图

(2) 内力计算

作扭矩图如图3-14(b)所示，最大扭矩数值为

$$T_{max} = 702 \ (N \cdot m)$$

(3) 按强度条件设计轴的直径

由强度条件

$$\tau_{max} = \frac{T_{max}}{W_t} = \frac{16 T_{max}}{\pi d^3} \leqslant [\tau]$$

得

$$d \geqslant \sqrt[3]{\frac{16 T_{max}}{\pi [\tau]}} = \sqrt[3]{\frac{16 \times 702}{\pi \times 50 \times 10^6}} = 41.5 \ (mm)$$

(4) 按刚度条件设计轴的直径

由刚度条件

$$\varphi'_{max} = \frac{T_{max}}{G I_p} \times \frac{180}{\pi} = \frac{32 T_{max}}{G \pi d^4} \times \frac{180}{\pi} \leqslant [\varphi']$$

得

$$d \geqslant \sqrt[4]{\frac{32 T_{max}}{G \pi [\varphi']} \times \frac{180}{\pi}} = \sqrt[4]{\frac{32 \times 702 \times 180}{80 \times 10^9 \times \pi^2 \times 1}} = 47.6 \ (mm)$$

经比较后，取 $d = 47.6 mm$。

显然，该传动轴的直径大小是由刚度条件而不是强度条件确定的。

习 题

3-1 作出图3-15所示各轴的扭矩图。

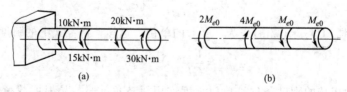

图3-15 题3-1图

3-2 图 3-16 所示实心圆轴的直径 $d=100$mm，长 $l=1$m，两端受力偶矩 $M_e=14$kN·m 作用，设材料的切变模量 $G=80$GPa，求：（1）最大切应力 τ_{max} 及两端截面间的相对扭转角 φ；（2）图示截面上 A、B、C 三点切应力的数值及方向。

3-3 一圆轴以 300r/min 的转速传递 331kW 的功率。如 $[\tau]=40$MPa，$[\varphi']=0.5°/$m，$G=80$GPa，求轴的直径。

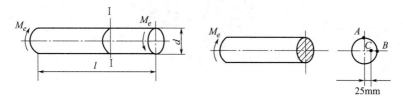

图 3-16 题 3-2 图

3-4 一根钢轴，直径为 20mm，如 $[\tau]=100$MPa，求此轴能承受的扭矩。如转速为 100r/min，求此轴能传递多少 kW 的功率。

3-5 如图 3-17 所示，在一直径为 75mm 的等截面圆轴上，作用着外力偶矩：$M_{e1}=1$kN·m，$M_{e2}=0.6$kN·m，$M_{e3}=0.2$kN·m，$M_{e4}=0.2$kN·m。（1）求作轴的扭矩图。（2）求出每段内的最大切应力。（3）求出轴的总扭转角。设材料的切变模量 $G=80$GPa。（4）若 M_{e1} 和 M_{e2} 的位置互换，问在用料方面有何增减？

3-6 如图 3-18 所示汽车方向盘外径 $\phi=500$mm，驾驶员每只手加在方向盘上的力 $F=300$N，方向盘轴为空心圆轴，其内外径之比 $\alpha=d/D=0.8$，材料的许用应力 $[\tau]=60$MPa。试求方向盘轴的内外直径。

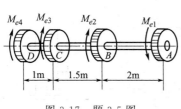

图 3-17 题 3-5 图

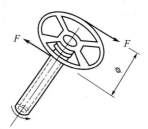

图 3-18 题 3-6 图

第四章
弯　曲

第一节　弯曲的概念和实例

弯曲是工程实际中最常见的一种基本变形形式。例如工厂中常用的单梁吊车［图 4-1(a)］，在自重和被吊物体的重力作用下发生弯曲变形。卧式容器受到自重和内部物料重量的作用［图 4-2(a)］，塔器受到水平方向风载荷的作用［图 4-3(a)］等，也都要发生弯曲变形。这些弯曲杆件的共同特点为：作用在杆件上的外力垂直于杆的轴线，使原为直线的轴线变形后成为曲线。以弯曲变形为主的杆件习惯上称为梁。

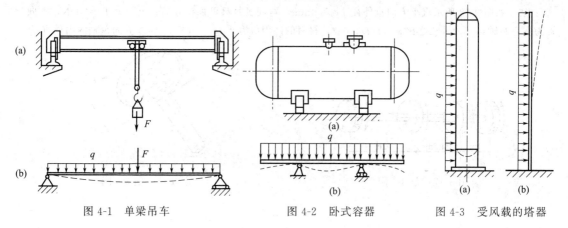

图 4-1　单梁吊车　　　　　图 4-2　卧式容器　　　　图 4-3　受风载的塔器

工程问题中，绝大部分受弯杆件的横截面都有一个对称轴，如图 4-4 所示。梁的轴线和横

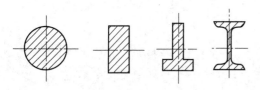

图 4-4　梁的横截面形状

截面对称轴所确定的平面称为纵向对称面。若梁上所有外力均垂直于梁的轴线并作用在纵向对称面内，变形后梁的轴线在纵向对称面内弯曲成一条平面曲线（图 4-5），这种弯曲变形称为平面弯曲。平面弯曲是弯曲问题中最常见的情况。在本章（书）中仅讨论平面弯曲的问题。

在对弯曲构件进行受力分析时，可以暂不考虑其横截面的具体形状并忽略一些构造上的枝节，往往用梁的轴线代表梁。

作用在梁上的外力可简化为集中力、集中力偶和分布载荷三种形式。

梁的约束方式一般有固定铰支座、可动铰支座和固定端约束三种。

如果梁的支座反力仅利用静力平衡方程便可全部求出，这样的梁称为静定梁。常见的静定梁有以下三种形式：

（1）简支梁　梁的一端为固定铰支座，另一端为可动铰支座，如图 4-6(a) 所示；

（2）外伸梁 简支梁的一端或两端伸出支座之外，见图4-6(b)、(c) 所示；
（3）悬臂梁 梁的一端固定，另一端自由，如图4-6(d) 所示。

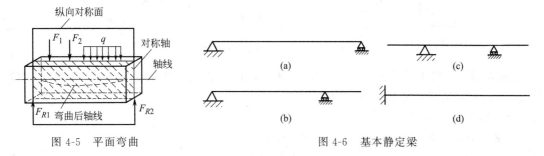

图 4-5 平面弯曲　　　　　　　　　　　图 4-6 基本静定梁

在经过对构件、载荷、支座的简化后，图4-1(a) 中的吊车，图4-2(a) 的卧式容器，图4-3(a) 的塔器可分别用梁的受力简图 ［图4-1(b)，图4-2(b)，图4-3(b)］ 表示。

第二节 剪力和弯矩

根据平衡方程，可以求得静定梁在载荷作用下的支座反力，于是作用于梁上的外力皆为已知量。当梁上所有外力均为已知时，可用截面法研究各横截面上的内力。

设有一简支梁 AB，受集中载荷 F_1、F_2、F_3 的作用 ［图4-7(a)］，现求距 A 端 x 处横截面 m-m 上的内力。为此，先求出梁的支座反力 F_{RA} 和 F_{RB}；为显示出横截面上的内力，用截面法沿截面 m-m 假想地把梁分成两部分，并取左半部分为研究对象 ［图4-7(b)］。由于原来的梁处于平衡状态，所以梁的左段仍应处于平衡状态。由于作用在左段梁上的外力 F_{RA} 和 F_1 在垂直方向一般并不自相平衡，在横截面 m-m 上必然存在一个平行于横截面上的内力 F_S；由于左段梁上各外力对截面形心 O 的力矩一般并不互相抵消，为保持该段梁不发生转动，在横截面上必然存在一个位于载荷平面内的内力偶，其力偶矩用 M 表示。可见梁弯

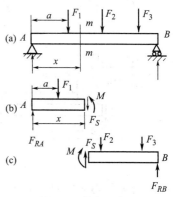

图 4-7 剪力和变矩

曲时横截面上一般存在两个内力元素，其中力 F_S 称为剪力，力偶矩 M 称为弯矩。对静定梁而言，其剪力和弯矩的大小、方向或转向由平衡方程确定。对图4-7(b)，

$$\sum F_y = 0, \quad F_{RA} - F_1 - F_S = 0$$

得

$$F_S = F_{RA} - F_1$$

由

$$\sum M_O = 0, \quad -F_{RA}x + F_1(x-a) + M = 0$$

得

$$M = F_{RA}x - F_1(x-a)$$

在 $\sum M_O = 0$ 中，所取矩心为横截面的形心。

如果取右段梁为研究对象如图4-7(c) 所示，用同样的方法也可得到截面 m-m 上的剪力 F_S 和弯矩 M。其值与取左段梁为研究对象时求得的 F_S 和 M 相等，但方向（转向）相反。因为它们是作用和反作用的关系。为使两段梁在同一横截面上剪力和弯矩的正负号一致，可根据梁的变形规定它们的符号。为此，在梁上截取一微段梁，规定：使该微段梁发生左侧截面向上，右侧截面向下的相对错动时，横截面上的剪力为正 ［图4-8(a)］，反之为负 ［图4-8(b)］；使该微段梁弯曲成凹形时的弯矩为正 ［图4-8(c)］，弯曲成凸形时的弯矩为负 ［图4-8(d)］。依此规定，对同一截面，无论取左段或右段梁为研究对象，剪力或弯矩的符号总是一致的。

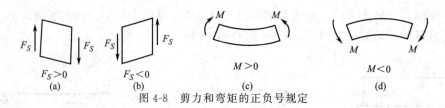

$$F_S > 0 \qquad F_S < 0 \qquad M > 0 \qquad M < 0$$
(a)   (b)   (c)   (d)

图 4-8 剪力和弯矩的正负号规定

【例 4-1】 一简支梁 AB，如图 4-9(a) 所示，在 C 点处作用一集中力 $F = 10\text{kN}$，求距左端 0.8m 处截面 $n\text{-}n$ 上的剪力和弯矩。

解 （1）求支反力

由平衡方程 $\sum M_A = 0$，$F_{RB} \times 4 - F \times 1.5 = 0$

$$F_{RB} = \frac{1.5}{4}F = \frac{1.5 \times 10}{4} = 3.75 \ (\text{kN})$$

$$\sum F_y = 0, \ F_{RA} + F_{RB} - F = 0$$

$$F_{RA} = F - F_{RB} = 10 - 3.75 = 6.25 \ (\text{kN})$$

（2）求 $n\text{-}n$ 截面上的剪力和弯矩

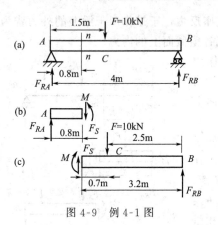

图 4-9 例 4-1 图

将 $n\text{-}n$ 截面截开，取左段梁为研究对象，假设截面上剪力 F_S 和弯矩 M 为正 [图 4-9(b)]，由平衡方程：

$$\sum F_y = 0, \ F_{RA} - F_S = 0$$

得

$$F_S = F_{RA} = 6.25\text{kN}$$

由

$$\sum M_O = 0, \ -F_{RA} \times 0.8 + M = 0$$

得

$$M = F_{RA} \times 0.8 = 6.25 \times 0.8 = 5 \ (\text{kN} \cdot \text{m})$$

所得结果均为正值，说明所设的剪力和弯矩的方向（转向）与实际相同。

若取右段梁为研究对象 [图 4-9(c)] 来计算 F_S 和 M，也会得到同样的结果。

从剪力和弯矩的符号规定可知：对水平梁的某一指定截面来说，在其左侧的向上外力，或右侧的向下外力，将产生正的剪力；反之产生负的剪力。在其左侧外力对截面形心的力矩为顺时针，或右侧外力对截面形心的力矩为逆时针，将产生正的弯矩，反之产生负的弯矩。可以将这个规则归纳为一个简单的口诀："左上右下，剪力为正；左顺右逆，弯矩为正"。

由上例结果，可得如下结论：

① 梁任意横截面上的剪力，数值上等于该截面一侧所有外力的代数和；

② 梁任意横截面上的弯矩，数值上等于该截面一侧所有外力对该截面形心力矩的代数和。

根据以上结论，在实际计算中可以不再通过截面法截取研究对象并通过平衡方程求剪力和弯矩，而可以直接根据截面左侧或右侧梁上的外力来求之。

第三节 剪力图和弯矩图

在一般情况下，梁横截面上的剪力和弯矩随截面位置的不同而变化。若以梁的轴线为 x 轴，坐标 x 表示横截面的位置，则可将梁各横截面上的剪力和弯矩表示为坐标 x 的函数，即

$$F_S = F_S(x)$$

$$M = M(x)$$

以上两个函数表达式分别称为剪力方程和弯矩方程。根据这两个方程，仿照轴力图和扭矩图的作法，画出剪力和弯矩沿梁轴线变化的图线，这样的图形称作剪力图和弯矩图。

利用剪力图和弯矩图很容易确定梁的最大剪力和最大弯矩，以及梁危险截面的位置。因此，画剪力和弯矩图是梁的强度和刚度计算中的重要环节。

【例 4-2】 悬臂梁 AB 如图 4-10(a) 所示。在自由端受集中力 F 的作用，作此梁的剪力图和弯矩图

解 （1）列剪力方程和弯矩方程

取梁的左端 A 为坐标原点，根据 x 截面左侧梁上的外力，可写出剪力方程和弯矩方程分别为

$$F_S(x) = -F \qquad (0 < x < l) \tag{1}$$
$$M(x) = -Fx \qquad (0 \leqslant x < l) \tag{2}$$

（2）作剪力图和弯矩图

式(1)表明剪力 F_S 不随 x 变化，为一常数，故剪力图为 x 轴下方的一条水平线 [图 4-10(b)]。式(2)表明弯矩 M 是 x 的一次函数，故弯矩图为一斜直线，只需确定该直线上两个点便可画出。如在 $x=0$ 处，$M=0$；$x=l$ 处，$M=-Fl$。弯矩图如图 4-10(c) 所示。由图可见，绝对值最大的弯矩位于固定端 B 处，$|M|_{max}=Fl$。

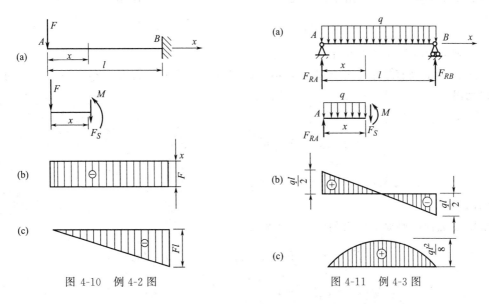

图 4-10　例 4-2 图　　　　　图 4-11　例 4-3 图

【例 4-3】 一简支梁 AB 受集度为 q 的均布载荷作用 [图 4-11(a)]，作此梁的剪力图和弯矩图。

解 （1）求支反力

根据载荷及支座的对称性，可得

$$F_{RA} = F_{RB} = \frac{ql}{2}$$

（2）列剪力方程和弯矩方程

取梁左端 A 点为坐标原点，根据 x 截面左侧梁上的外力可写出剪力方程和弯矩方程为

$$F_S(x) = F_{RA} - qx = \frac{ql}{2} - qx \qquad (0 < x < l) \tag{1}$$

$$M(x) = F_{RA}x - qx\,\frac{x}{2} = \frac{ql}{2}x - \frac{q}{2}x^2 \qquad (0 \leqslant x \leqslant l) \tag{2}$$

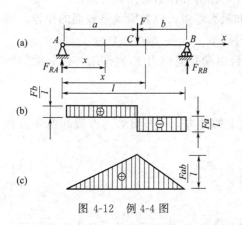

图 4-12　例 4-4 图

（3）作剪力图和弯矩图

式（1）表明剪力图为一斜直线，由两点（$x=0$ 处，$F_S=ql/2$；$x=l$ 处，$F_S=-ql/2$）作出剪力图 [图 4-11(b)]；式（2）表明弯矩 M 是 x 的二次函数，故弯矩图为二次抛物线，在 $x=0$ 和 $x=l$ 处，$M=0$；在 $x=l/2$ 处，$M=ql^2/8$，可作出弯矩图 [图 4-11(c)]。

由剪力图和弯矩图可见，在靠近两支座的横截面上剪力的绝对值最大，其值为 $|F_S|_{\max}=ql/2$；在梁的中间横截面上，剪力 $F_S=0$，弯矩最大，其值为 $M_{\max}=ql^2/8$。

【例 4-4】　图 4-12(a) 所示简支梁，在 C 截面处作用一集中力 F，作此梁的剪力图和弯矩图。

解　（1）求支反力

以整个梁为研究对象，由平衡方程 $\sum F_y=0$，$\sum M_A=0$，可求得

$$F_{RA} = \frac{Fb}{l}, \qquad F_{RB} = \frac{Fa}{l}$$

（2）列剪力方程和弯矩方程

由于 C 截面处有集中力 F 的作用，故 AC 段和 CB 段的剪力方程和弯矩方程不同，需要分段列出。

AC 段

$$F_S(x) = F_{RA} = \frac{Fb}{l} \qquad (0 < x < a) \tag{1}$$

$$M(x) = F_{RA}x = \frac{Fb}{l}x \qquad (0 \leqslant x \leqslant a) \tag{2}$$

CB 段

根据 x 截面右侧梁上外力列剪力和弯矩方程

$$F_S(x) = -F_{RB} = -\frac{Fa}{l} \qquad (a < x < l) \tag{3}$$

$$M(x) = F_{RB}(l-x) = \frac{Fa}{l}(l-x) \qquad (a \leqslant x \leqslant l) \tag{4}$$

如果根据 x 截面左侧梁上外力列剪力和弯矩方程，可以得到同样的结果。

（3）作剪力图和弯矩图

由式（1）、式（3）知，AC 和 BC 两段梁的剪力图均为水平线；由式（2）、式（4）知，这两段梁的弯矩图均为斜直线。因此，可作出梁的剪力图和弯矩图如图 4-12(b)、(c) 所示。

由图 4-12(b) 可见，在集中力 F 作用处剪力图发生突变，突变值等于该集中力的大小。在 $a>b$ 的情况下，CB 段剪力的绝对值最大，$|F_S|_{\max}=\dfrac{Fa}{l}$。

由图 4-12(c) 可见，在集中力 F 作用处，弯矩图出现斜率改变的转折点，此截面上有弯矩的最大值 $M_{\max}=\dfrac{Fab}{l}$。

【例 4-5】 图 4-13(a) 所示简支梁，在 C 截面处作用一矩为 M_e 的集中力偶，作此梁的剪力图和弯矩图。

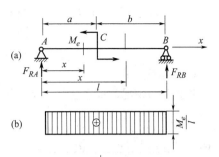

解 (1) 求支反力

由梁的平衡方程求得支反力

$$F_{RA} = \frac{M_e}{l} \qquad F_{RB} = -\frac{M_e}{l}$$

负号表示与假设方向相反。

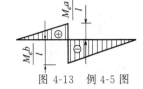

图 4-13 例 4-5 图

(2) 列剪力方程和弯矩方程

梁的剪力方程为

$$F_S(x) = F_{RA} = \frac{M_e}{l} \qquad (0 < x < l) \qquad (1)$$

弯矩方程为

$$M(x) = \begin{cases} F_{RA}x = \dfrac{M_e}{l}x & (0 \leqslant x < a) \qquad (2) \\[2mm] F_{RA}x - M_e = \dfrac{M_e}{l}x - M_e = \dfrac{M_e}{l}(x-l) & (a < x \leqslant l) \qquad (3) \end{cases}$$

(3) 作剪力图和弯矩图

由式(1)可知，剪力在全梁各横截面为常数，故剪力图为一水平线〔图 4-13(b)〕。由式(2)、式(3)知两段梁的弯矩均为 x 的线性函数，故弯矩图为斜直线〔图 4-13(c)〕。若 $a < b$，绝对值最大的弯矩位于 C 的右邻截面上，其值为 $|M|_{max} = \dfrac{M_e b}{l}$。由弯矩图还可看到，在集中力偶作用的 C 截面处，弯矩图发生突变，其突变值等于该集中力偶矩的大小。

由以上各例，可以看出剪力图和弯矩图有以下一些规律：

① 若梁上某段无均布载荷，则剪力图为水平线，弯矩图为斜直线；

② 若梁上某段有均布载荷，则剪力图为斜直线，弯矩图为二次抛物线；

③ 若梁上有集中力，则在集中力作用处，剪力图有突变，突变值即为该处集中力的大小，弯矩图在此处有折角；

④ 若梁上有集中力偶，剪力图无变化，而在集中力偶作用处弯矩图有突变，突变值即为该处集中力偶的力偶矩；

⑤ 在剪力 $F_S = 0$ 的地方，弯矩取极值。

利用上述规律，可以检查所作的剪力图和弯矩图的形状是否正确；也可以利用这些规律，直接作梁在各种载荷作用下的剪力图和弯矩图，而不必要再列出相应的内力方程。这使得剪力图和弯矩图的作法得到简化。

【例 4-6】 一外伸梁受均布载荷和集中力偶作用，如图 4-14(a) 所示，试作此梁的剪力图和弯矩图。

解 (1) 求支反力

取全梁为研究对象，由平衡方程

$$\sum M_A = 0, \quad \frac{qa^2}{2} + M_e + F_{RB} \times 2a = 0$$

$$F_{RB} = -\frac{qa}{4} - \frac{M_e}{2a} = -\frac{20 \times 1}{4} - \frac{20}{2 \times 1} = -15 \text{ (kN)}$$

负号表示 F_{RB} 实际方向与假设方向相反，即向下。

$$\sum F_y = 0, \ F_{RA} + F_{RB} - qa = 0$$
$$F_{RA} = qa - F_{RB} = 20 \times 1 - (-15) = 35 \ (\text{kN})$$

（2）作剪力图

根据外力情况，将梁分为三段，自左至右。CA 段有均布载荷，剪力图为斜直线（c 处剪力为零）。AD 和 DB 段为同一条水平线（集中力偶作用处剪力图无变化）。A 截面左邻的剪力 $F_{SA左} = -20\text{kN}$，其右邻的剪力 $F_{SA右} = 15\text{kN}$，C 截面上剪力 $F_{SC} = 0$，可得剪力图如图 4-14(b) 所示。由图可见，在 A 截面左邻横截面上剪力的绝对值最大，$|F_S|_{\max} = 20\text{kN}$。

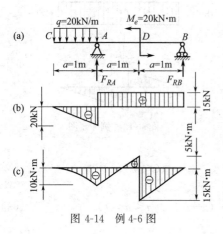

图 4-14　例 4-6 图

（3）作弯矩图

CA 段有向下的均布载荷，弯矩图为二次抛物线；在 C 处截面的剪力 $F_{SC} = 0$，故抛物线在 C 截面处取极值，又因为 $M_C = 0$，故抛物线在 C 处应与横坐标轴相切。AD、DB 两段为斜直线；在 A 截面处因有集中力 F_{RA}，弯矩图有一折角；在 D 处有集中力偶，弯矩图有突变，突变值即为该处集中力偶的力偶矩。计算出 $M_A = -qa^2/2 = -10(\text{kN} \cdot \text{m})$，$M_{D左} = M_e + F_{RB}a = 20 - 15 \times 1 = 5(\text{kN} \cdot \text{m})$，$M_{D右} = F_{RB}a = -15 \times 1 = -15 \ (\text{kN} \cdot \text{m})$，$M_B = 0$，根据这些数值，可作出弯矩图如图 4-14(c) 所示。由图可见，在 D 截面右邻弯矩的绝对值最大，$|M|_{\max} = 15(\text{kN} \cdot \text{m})$。

第四节　纯弯曲时梁横截面上的正应力

一般情况下，梁受外力而弯曲时，其横截面上有弯矩 M 和剪力 F_S，弯矩由分布于横截面上的法向内力元素 $\sigma\text{d}A$ 所组成；剪力 F_S 则由切向内力元素 $\tau\text{d}A$ 所组成。故梁横截面上将同时存在正应力 σ 和切应力 τ。但当梁比较细长时，正应力往往是决定梁是否破坏的主要因素，切应力为次要因素。因此，本书着重讨论梁横截面上的正应力分布且仅限于平面弯曲的情况。

设一简支梁如图 4-15(a) 所示，其上作用两个对称的集中力 F。此时梁在靠近支座的 AC、DB 两段内，各横截面上同时有弯矩 M 和剪力 F_S，这种情况的弯曲，称为横力弯曲或剪切弯曲；在中段 CD 内的各横截面上，只有弯矩 M，而无剪力 F_S，这种情况的弯曲，称为纯弯曲。为了更集中地分析正应力 σ 与弯矩 M 的关系，取纯弯曲的一段梁来研究。采用的分析方法与分析圆轴扭转应力相似，即综合考虑几何、物理和静力学等三方面的关系。

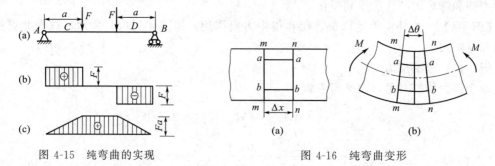

图 4-15　纯弯曲的实现　　　　　图 4-16　纯弯曲变形

一、平面假设和变形几何关系

在图 4-15(a) 所示的梁中取一段纯弯曲的梁来分析。未加载荷以前，在梁的侧面分别画上与轴线相垂直的横向线 mm 和 nn 以及与梁轴线相平行的纵向线 aa 和 bb［图 4-16(a)］。梁在纯弯曲变形后，可以观察到以下现象［图 4-16(b)］：

① 纵向线 aa 和 bb 变为弧线 $\overset{\frown}{aa}$、$\overset{\frown}{bb}$；

② 横向线 mm、nn 仍保持为直线且仍与变为弧线的纵向线垂直，只是相对转动了一个角度。

根据梁表面的上述变形现象，可得如下推测：横截面在梁变形后仍保持为平面，且仍然垂直于变形后的梁轴线。这一推测为弯曲变形的平面假设。

设想梁由众多纵向纤维组成，发生弯曲变形后，梁一侧的纵向纤维伸长，另一侧则缩短。由于变形的连续性，在伸长纤维和缩短纤维之间，必然存在一层既不伸长也不缩短的纤维层，这层纤维称为中性层。中性层与横截面的交线称为中性轴（图 4-17）。梁在平面弯曲时，由于外力作用在纵向对称面内，故变形后的形状也应对称于此平面，因此，中性轴与横截面的对称轴垂直。

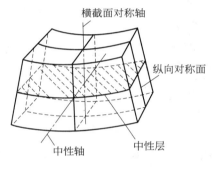

图 4-17 中性层

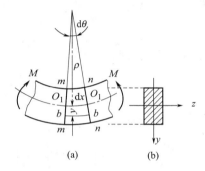

图 4-18 纯弯曲的变形几何关系

此外，根据实验观察，还可作出纵向纤维之间互不挤压的假设。

自梁中取长为 $\mathrm{d}x$ 的一段梁，以梁横截面的对称轴为 y 轴，且向下为正，以中性轴为 z 轴，具体位置尚待确定（图 4-18 所示）。根据平面假设，变形前相距为 $\mathrm{d}x$ 的两个横截面，变形后各自绕中性轴 z 相对转过了一个角度 $\mathrm{d}\theta$，若以 ρ 代表变形后中性层 O_1O_1 的曲率半径，则因中性层在梁弯曲变形前后的长度不变，有

$$\overset{\frown}{O_1O_1} = \rho\,\mathrm{d}\theta = \mathrm{d}x$$

距中性层为 y 的纤维变形前的长度为

$$\overline{bb} = \mathrm{d}x = \overline{O_1O_1} = \rho\,\mathrm{d}\theta$$

变形后为

$$\overset{\frown}{bb} = (\rho + y)\,\mathrm{d}\theta$$

根据应变的定义，纤维 bb 的线应变为

$$\varepsilon = \frac{(\rho + y)\,\mathrm{d}\theta - \rho\,\mathrm{d}\theta}{\rho\,\mathrm{d}\theta} = \frac{y}{\rho} \tag{4-1a}$$

可见，梁横截面上任一点处纵向纤维的线应变与该点至中性轴的距离成正比。

二、物理关系和应力分布

根据纵向纤维互不挤压的假设，可认为每一纤维都是单向拉伸或压缩。因此，当应力不超过材料的比例极限时胡克定律成立，即

$$\sigma = E\varepsilon$$

将式（4-1a）代入，得

$$\sigma = E\frac{y}{\rho} \qquad\qquad (4\text{-}1b)$$

此式表明横截面上任一点的正应力与该点到中性轴的距离成正比，距中性轴等距的各点上正应力相等。由于中性轴 z 的位置及中性层的曲率半径 ρ 均未确定，因此还不能利用式（4-1b）计算正应力的数值。

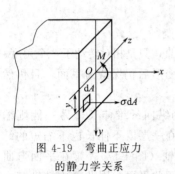

图 4-19　弯曲正应力
的静力学关系

三、静力学关系

从纯弯曲的梁中截开一个横截面如图 4-19 所示。在截面中取一微面积 dA，作用于其上的只有法向内力元素 σdA，整个横截面上各处的法向内力元素构成一个空间平行力系。

由于梁弯曲时横截面上没有轴向内力，所以这些内力元素的合力在 x 方向的分量为零，即

$$\int_A \sigma dA = 0$$

将式（4-1b）代入，得

$$\int_A \frac{E}{\rho} y\, dA = \frac{E}{\rho}\int_A y\, dA = 0$$

因为 $\dfrac{E}{\rho} \neq 0$，为满足上式，必有

$$\int_A y\, dA = y_c A = 0$$

积分 $\displaystyle\int_A y\, dA$ 称为整个横截面面积对中性轴 z 的静矩，y_c[1] 表示该截面形心的坐标。因 $A \neq 0$，则 $y_c = 0$，即，中性轴必通过横截面的形心。这样，就确定了中性轴的位置。

内力元素 σdA 对 z 轴之矩的总和组成了横截面上的弯矩，即

$$\int_A y\sigma\, dA = M$$

将式（4-1b）代入，得

$$\int_A y\left(\frac{E}{\rho}y\right) dA = \frac{E}{\rho}\int_A y^2\, dA = M \qquad\qquad (4\text{-}1c)$$

式中，积分 $\displaystyle\int_A y^2\, dA$ 是一个仅与横截面形状和尺寸有关的几何量，称为横截面对 z 轴的惯性矩。用 I_z 表示，则式（4-1c）可写作

$$\frac{1}{\rho} = \frac{M}{EI_z} \qquad\qquad (4\text{-}1d)$$

式中，$1/\rho$ 为弯曲变形后梁的曲率。在指定的截面处，曲率 $1/\rho$ 与该截面上的弯矩成正比，与 EI_z 成反比。也就是说，EI_z 愈大，则曲率愈小，梁愈不易变形。因此，EI_z 称为梁的抗弯刚度。

将式（4-1d）代入（4-1b）式，即得纯弯曲时梁横截面上任一点处正应力计算公式为

---

❶　关于静矩和形心的定义与计算，可查阅有关教科书。如刘鸿文著《材料力学》上册。

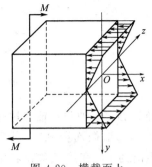

图 4-20　横截面上
正应力分布

$$\sigma = \frac{My}{I_z} \qquad (4\text{-}2)$$

式中，M 为横截面上的弯矩，y 为所求点到中性轴的距离，I_z 为横截面对中性轴 z 的惯性矩。

式 (4-2) 表明，正应力沿截面高度线性分布，在中性轴上各点的正应力为零，在中性轴两侧，一侧受拉，另一侧受压，如图 4-20 所示，离中性轴愈远处的正应力愈大。

应用式 (4-2) 时，只要将 M 和 y 的正负号代入，即可确定应力的正负。但在实际计算中，往往只用 M 和 y 的绝对值来计算正应力的数值，再根据梁的变形情况直接判断 σ 的正负。即以中性轴为界，梁变形后凸出一侧受拉应力，凹入一侧受压应力。

由式 (4-2) 知，在横截面的上下边缘处弯曲正应力最大，用 $y_{\max}$ 表示横截面边缘到中性轴的距离，则横截面上的最大弯曲正应力为

$$\sigma_{\max} = \frac{M}{I_z} y_{\max}$$

令

$$W_z = \frac{I_z}{y_{\max}}$$

则

$$\sigma_{\max} = \frac{M}{W_z} \qquad (4\text{-}3)$$

W_z 称为抗弯截面系数。

对于矩形、工字形等截面，中性轴为横截面的对称轴，截面上的最大拉应力与最大压应力的绝对值相等。对于不对称于中性轴的截面，如 T 形、槽形等截面，则必须用中性轴两侧不同的 $y_{\max}$ 值计算抗弯截面系数。

式 (4-2) 是由纯弯曲的情况得到的。梁横力弯曲时，平面假设与纵向纤维互不挤压假设均不再成立。但根据精确的理论分析和实验证实，当梁的跨度 l 与横截面高度 h 之比大于 5 时，采用纯弯曲时的正应力式 (4-2) 计算的结果与实际应力误差很小，可以满足工程精度的要求。应当指出，式 (4-2) 只有当梁的材料服从胡克定律时才能成立。

第五节　惯性矩的计算

为了应用式 (4-2) 计算梁弯曲时的正应力，须先计算出梁横截面的惯性矩 I_z。为此，有必要讨论惯性矩的一些计算方法。

一、简单截面图形的惯性矩

1. 矩形截面

设矩形截面高和宽分别为 h 和 b，取截面的对称轴为 y 轴和 z 轴（图 4-21），求对 z 轴的惯性矩时，取平行于 z 轴的狭长条微面积 dA，即取 $dA = b \, dy$，则由惯性矩的定义，有

$$I_z = \int_A y^2 \, dA = \int_{-h/2}^{h/2} y^2 b \, dy = b \left. \frac{y^3}{3} \right|_{-h/2}^{h/2} = \frac{bh^3}{12} \qquad (4\text{-}4\text{a})$$

同理可得对 y 轴的惯性矩

$$I_y = \frac{hb^3}{12} \qquad (4\text{-}4\text{b})$$

图 4-21　矩形截面
惯性矩的计算

根据式(4-4a) 可求得抗弯截面系数 W_z

$$W_z = \frac{I_z}{y_{\max}} = \frac{\dfrac{bh^3}{12}}{\dfrac{h}{2}} = \frac{bh^2}{6} \qquad (4\text{-}5)$$

2. 圆形及圆环形截面

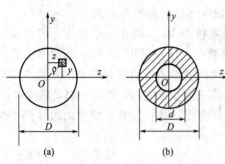

图 4-22　圆截面惯性矩的计算

设圆形截面的直径为 D，y 轴和 z 轴通过圆心 O，如图 4-22(a) 所示。取微面积 $\mathrm{d}A$，其坐标为 y 和 z，至圆心距离为 ρ，在第三章扭转中曾经得到，圆形截面对其圆心的极惯性矩 $I_p = \dfrac{\pi D^4}{32}$，因为 $\rho^2 = y^2 + z^2$，可得

$$I_p = \int_A \rho^2 \mathrm{d}A = \int_A (y^2 + z^2)\mathrm{d}A = I_z + I_y$$

又因为 y 和 z 轴皆为通过圆截面直径的轴，故 $I_y = I_z$，因此

$$I_p = 2I_z = 2I_y$$

于是得到圆形截面对 y 轴或 z 轴的惯性矩为

$$I_z = I_y = \frac{I_p}{2} = \frac{\pi D^4}{64} \qquad (4\text{-}6)$$

抗弯截面系数为

$$W_z = W_y = \frac{\pi D^3}{32} \qquad (4\text{-}7)$$

对于外径为 D、内径为 d 的圆环形截面 [图 4-22(b)]，用同样的方法可以得到

$$I_z = I_y = \frac{I_p}{2} = \frac{\pi}{64}(D^4 - d^4) \qquad (4\text{-}8a)$$

或

$$I_z = I_y = \frac{\pi D^4}{64}(1 - \alpha^4) \qquad (4\text{-}8b)$$

$$\alpha = d/D$$

抗弯截面系数为

$$W_z = W_y = \frac{\pi D^3}{32}(1 - \alpha^4) \qquad (4\text{-}9)$$

二、组合截面的惯性矩　平行移轴公式

工程中常见的组合截面是由矩形、圆形等简单图形或由几个型钢截面组成的。设组合截面的面积为 A，A_1、A_2、……为各组成部分的面积，根据惯性矩的定义，则有

$$I_z = \int_A y^2 \mathrm{d}A = \int_{A_1} y^2 \mathrm{d}A + \int_{A_2} y^2 \mathrm{d}A + \cdots$$

$$= I_{z_1} + I_{z_2} + \cdots$$

$$= \sum_{i=1}^{n} I_{z_i} \qquad (4\text{-}10)$$

显然，组合截面对 z 轴的惯性矩等于各个组成部分对同一轴惯性矩的和。

平行移轴公式　截面图形对同一平面内相互平行的各轴的惯性矩有着内在联系，当其中一轴是形心轴时，这种关系比较简单，可以用来简化复杂截面图形的惯性矩的计算。

设有一任意截面图形的面积为 A （图 4-23），z 轴通过截面的形心（称为形心轴）并已知截面对 z 轴的惯性矩为 I_z，现有一 z_1 轴与 z 轴平行，两轴间的距离为 a，求截面对 z_1 轴的惯性矩 I_{z_1}。

由图 4-23 可见 $\qquad y_1 = y + a$

整个截面对 z_1 轴的惯性矩可写作

$$I_{z_1} = \int_A y_1^2 \mathrm{d}A = \int_A (y+a)^2 \mathrm{d}A = \int_A (y^2 + 2ay + a^2) \mathrm{d}A$$

$$= \int_A y^2 \mathrm{d}A + 2a \int_A y \mathrm{d}A + a^2 \int_A \mathrm{d}A$$

$$= I_z + 2aAy_c + a^2 A$$

由于 z 轴通过截面的形心 c，故 $y_c = 0$，于是有

$$I_{z_1} = I_z + a^2 A \qquad\qquad (4\text{-}11\mathrm{a})$$

同理可得 $\qquad\qquad\qquad I_{y_1} = I_y + b^2 A \qquad\qquad (4\text{-}11\mathrm{b})$

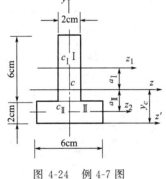

图 4-23　平行移轴公式

上式称为平行移轴公式。它表示截面对任一轴的惯性矩，等于它对平行于该轴的形心轴的惯性矩，加上截面面积与两轴间距离平方的乘积。

【例 4-7】　求 T 形截面（图 4-24）对其中性轴 z 的惯性矩，其中形心轴 z 到坐标轴 z' 的距离为 3cm。

解　将 T 形截面看作是由两个矩形 Ⅰ 和 Ⅱ 组成，它们对其形心轴 z_1 和 z_2 的惯性矩分别为 $I_{z_1} = \dfrac{20 \times 60^3}{12}$ 及 $I_{z_2} = \dfrac{60 \times 20^3}{12}$，由平行移轴公式，分别求出每个矩形对 z 轴的惯性矩，然后求其和，就得到 T 形截面对 z 轴的惯性矩 I_z。由式(4-10)：

图 4-24　例 4-7 图

$$I_z = I_{z_1} + I_{z_{\mathrm{II}}}$$

$$= \left(\frac{20 \times 60^3}{12} + 20^2 \times 20 \times 60 \right) + \left(\frac{60 \times 20^3}{12} + 20^2 \times 20 \times 60 \right)$$

$$= 84 \times 10^4 + 52 \times 10^4$$

$$= 136 \times 10^4 \ (\mathrm{mm}^4)$$

$$= 136 \times 10^{-8} \ (\mathrm{m}^4)$$

为便于组合截面惯性矩的计算，表 4-1 给出了一些简单图形的形心位置及其对形心轴的惯性矩。型钢的惯性矩则可直接由型钢规格表中查得。

表 4-1　常用截面的几何性质

简　图	面　积 A	惯　矩 I	抗弯截面系数 W	形心位置
	$A = bh$	$I_z = \dfrac{bh^3}{12}$ $I_y = \dfrac{hb^3}{12}$	$W_z = \dfrac{bh^2}{6}$ $W_y = \dfrac{hb^2}{6}$	$y_c = \dfrac{h}{2}$ $z_c = \dfrac{b}{2}$

简　图	面　积 A	惯　矩 I	抗弯截面系数 W	形心位置
	$A=b(H-h)$	$I_z=\dfrac{b(H^3-h^3)}{12}$ $I_y=\dfrac{b^3(H-h)}{12}$	$W_z=\dfrac{b(H^3-h^3)}{6H}$ $W_y=\dfrac{b^2(H-h)}{6}$	$y_c=\dfrac{H}{2}$ $z_c=\dfrac{b}{2}$
	$A=BH-bh$	$I_z=\dfrac{BH^3-bh^3}{12}$	$W_z=\dfrac{BH^3-bh^3}{6H}$	$y_c=\dfrac{H}{2}$
	$A=\dfrac{\pi}{4}d^2$	$I_z=I_y=\dfrac{\pi d^4}{64}$	$W_z=W_y=\dfrac{\pi d^3}{32}$	$y_c=\dfrac{d}{2}$
	$A=\dfrac{\pi}{4}(D^2-d^2)$	$I=\dfrac{\pi}{64}(D^4-d^4)$ 对薄壁: $I\approx\dfrac{\pi}{8}d^3s$	$W=\dfrac{\pi(D^4-d^4)}{32D}$ 对薄壁: $W\approx\dfrac{\pi}{4}d^2s$	$y_c=\dfrac{D}{2}$
	$A=\dfrac{\pi r^2}{2}$	$I_z=\left(\dfrac{1}{8}-\dfrac{8}{9\pi^2}\right)\pi r^4$ $\approx0.1098r^4$ $I_y=\dfrac{\pi r^4}{8}$	$W_{z1}\approx0.191r^3$ $W_{z2}\approx0.259r^3$ $W_y=\dfrac{\pi r^3}{8}$	$y_c=\dfrac{4r}{3\pi}\approx0.424r$
	$A=\pi ab$	$I_z=\dfrac{\pi}{4}a^3b$ $I_y=\dfrac{\pi}{4}ab^3$	$W_z=\dfrac{\pi}{4}a^2b$ $W_y=\dfrac{\pi}{4}ab^2$	$y_c=a$ $z_c=b$

第六节　弯曲正应力的强度条件

　　等截面直梁受平面弯曲时，弯矩最大的截面为梁的危险截面，最大弯曲正应力发生在危险截面的上、下边缘处。为了保证梁能安全工作，最大工作应力 σ_{max} 不得超过材料的弯曲许用应力 $[\sigma]$。因此，梁弯曲时的正应力强度条件为

$$\sigma_{max}=\dfrac{M_{max}}{W_z}\leqslant[\sigma] \tag{4-12}$$

　　式中，$[\sigma]$ 为弯曲许用应力。在有些设计中可选取材料的拉（压）许用应力作为弯曲许用应力，这样做偏于安全。但事实上，材料在弯曲时的强度与在轴向拉伸（压缩）时的强

度并不相等。材料的弯曲许用应力一般略高于材料拉伸（压缩）的许用应力，其具体数值可参考有关设计规范和手册。

由梁的弯曲正应力强度条件式（4-12），可对梁进行强度校核、截面设计和确定许用载荷等计算。

【例 4-8】 一起重量原为 50kN 的单梁吊车，其跨度 $l=10.5\text{m}$ [图 4-25（a）]，由 45a 号工字钢制成。为发挥其潜力，现拟将起重量提高到 $F=70\text{kN}$，试校核梁的强度。若强度不够，再计算其可能承载的起重量。梁的材料为 Q235，许用应力 $[\sigma]=140\text{MPa}$；电葫芦重 $G=15\text{kN}$，不计梁的自重。

解 （1）作弯矩图，求最大弯矩

将吊车简化为一简支梁 [图 4-25（b）]。显然，当电葫芦行至梁中点时所引起的弯矩最大，作此时的弯矩图如图 4-25（c）所示。最大弯矩发生在中点处的横截面上

$$M_{max}=\frac{(F+G)l}{4}=\frac{(70+15)\times10.5}{4}=223\ (\text{kN}\cdot\text{m})$$

（2）强度校核

由表 4-2 型钢表查得 45a 号工字钢的抗弯截面系数

$$W_z=1430\ (\text{cm}^3)$$

图 4-25 例 4-8 图

表 4-2 热轧工字钢（GB/T 706—2008）

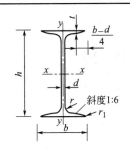

符号意义：

h—高度；　　　　r_1—腿端圆弧半径；
b—腿宽度；　　　I—惯性矩；
d—腰厚度；　　　W—截面系数；
t—平均腿厚度；　i—惯性半径；
r—内圆弧半径；　S—半截面的静力矩

型号	尺寸/mm						截面面积/cm²	理论重量/(kg/m)	参 考 数 值					
									$x-x$				$y-y$		
	h	b	d	t	r	r_1			I_x/cm⁴	W_x/cm³	i_x/cm	$I_x:S_x$/cm	I_y/cm⁴	W_y/cm³	i_y/cm
10	100	68	4.5	7.6	6.5	3.3	14.345	11.261	245	49.0	4.14	8.59	33.0	9.72	1.52
12.6	126	74	5.0	8.4	7.0	3.5	18.118	14.223	488	77.5	5.20	10.8	46.9	12.7	1.61
14	140	80	5.5	9.1	7.5	3.8	21.516	16.890	712	102	5.76	12.0	64.4	16.1	1.73
16	160	88	6.0	9.9	8.0	4.0	26.131	20.513	1130	141	6.58	13.8	93.1	21.2	1.89
18	180	94	6.5	10.7	8.5	4.3	30.756	24.143	1660	185	7.36	15.4	122	26.0	2.00
20a	200	100	7.0	11.4	9.0	4.5	35.578	27.929	2370	237	8.15	17.2	158	31.5	2.12
20b	200	102	9.0	11.4	9.0	4.5	39.578	31.069	2500	250	7.96	16.9	169	33.1	2.06
22a	220	110	7.5	12.3	9.5	4.8	42.128	33.070	3400	309	8.99	18.9	225	40.9	2.31
22b	220	112	9.5	12.3	9.5	4.8	46.528	36.524	3570	325	8.78	18.7	239	42.7	2.27
25a	250	116	8.0	13.0	10.0	5.0	48.541	38.105	5020	402	10.2	21.6	280	48.3	2.40
25b	250	118	10.0	13.0	10.0	5.0	53.541	42.030	5280	423	9.94	21.3	309	52.4	2.40

型号	尺寸/mm						截面面积/cm²	理论重量/(kg/m)	参 考 数 值						
									$x-x$				$y-y$		
	h	b	d	t	r	r_1			I_x /cm⁴	W_x /cm³	i_x /cm	$I_x:S_x$ /cm	I_y /cm⁴	W_y /cm³	i_y /cm
28a	280	122	8.5	13.7	10.5	5.3	55.404	43.492	7110	508	11.3	24.6	345	56.6	2.50
28b	280	124	10.5	13.7	10.5	5.3	61.004	47.888	7480	534	11.1	24.2	379	61.2	2.49
32a	320	130	9.5	15.0	11.5	5.8	67.156	52.717	11100	692	12.8	27.5	460	70.8	2.62
32b	320	132	11.5	15.0	11.5	5.8	73.556	57.741	11600	726	12.6	27.1	502	76.0	2.61
32c	320	134	13.5	15.0	11.5	5.8	79.956	62.765	12200	760	12.3	26.8	544	81.2	2.61
36a	360	136	10.0	15.8	12.0	6.0	76.480	60.037	15800	875	14.4	30.7	552	81.2	2.69
36b	360	138	12.0	15.8	12.0	6.0	83.680	65.689	16500	919	14.1	30.3	582	84.3	2.64
36c	360	140	14.0	15.8	12.0	6.0	90.880	71.341	17300	962	13.8	29.9	612	87.4	2.60
40a	400	142	10.5	16.5	12.5	6.3	86.112	67.598	21700	1090	15.9	34.1	660	93.2	2.77
40b	400	144	12.5	16.5	12.5	6.3	94.112	73.878	22800	1140	15.6	33.6	692	96.2	2.71
40c	400	146	14.5	16.5	12.5	6.3	102.112	80.158	23900	1190	15.2	33.2	727	99.6	2.65
45a	450	150	11.5	18.0	13.5	6.8	102.446	80.420	32200	1430	17.7	38.6	855	114	2.89
45b	450	152	13.5	18.0	13.5	6.8	111.446	87.485	33800	1500	17.4	38.0	894	118	2.84
45c	450	154	15.5	18.0	13.5	6.8	120.446	94.550	35300	1570	17.1	37.6	938	122	2.79
50a	500	158	12.0	20.0	14.0	7.0	119.304	93.654	46500	1860	19.7	42.8	1120	142	3.07
50b	500	160	14.0	20.0	14.0	7.0	120.304	101.504	48600	1940	19.4	42.4	1170	146	3.01
50c	500	162	16.0	20.0	14.0	7.0	139.304	109.354	50600	2080	19.0	41.8	1220	151	2.96
56a	560	166	12.5	21.0	14.5	7.3	135.435	106.316	65600	2340	22.0	47.7	1370	165	3.18
56b	560	168	14.5	21.0	14.5	7.3	146.635	115.108	68500	2450	21.6	47.2	1490	174	3.16
56c	560	170	16.5	21.0	14.5	7.3	157.835	123.900	71400	2550	21.3	46.7	1560	183	3.16
63a	630	176	13.0	22.0	15.0	7.5	154.658	121.407	93900	2980	24.5	54.2	1700	193	3.31
63b	630	178	15.0	22.0	15.0	7.5	167.258	131.298	98100	3160	24.2	53.5	1810	204	3.29
63c	630	180	17.0	22.0	15.0	7.5	179.858	141.189	102000	3300	23.8	52.9	1920	214	3.27

注：截面图和表中标注的圆弧半径 r、r_1 的数据用于孔型设计，不做交货条件。

梁的最大工作应力为

$$\sigma_{max} = \frac{M_{max}}{W_z} = \frac{223 \times 10^3}{1430 \times 10^{-6}} = 156 \text{ (MPa)} > 140 \text{ (MPa)}$$

故不安全，不能将起重量提高到 70kN。

（3）计算梁的最大承载能力

由梁的强度条件

$$\sigma_{max} = \frac{M_{max}}{W_z} \leqslant [\sigma]$$

则

$$M_{max} \leqslant [\sigma] W_z = 140 \times 10^6 \times 1430 \times 10^{-6} \approx 200 \text{ (kN·m)}$$

而由 $M_{max} = \frac{(F+G) l}{4}$，有

$$\frac{(F+G)l}{4} \leqslant 200 \text{ (kN·m)}$$

$$F \leqslant \frac{200 \times 10^3 \times 4}{l} - G = \frac{200 \times 10^3 \times 4}{10.5} - 15 = 61.3 \text{ (kN)}$$

因此，原吊车梁允许的最大起吊重量为 61.3kN。

【例 4-9】 T 形截面外伸梁受力如图 4-26(a) 所示，已知横截面上 $y_c = 48$mm，$I_z = 8.293 \times 10^{-6}$ m⁴，许用拉应力 $[\sigma_t] = 30$MPa，许用压应力 $[\sigma_c] = 60$MPa，试校核此梁正应力强度。

解 作梁的弯矩图 [图 4-26(b)]，B、D 截面上的弯矩分别为 $M_B = -4$kN·m，$M_D = 2.5$kN·m。

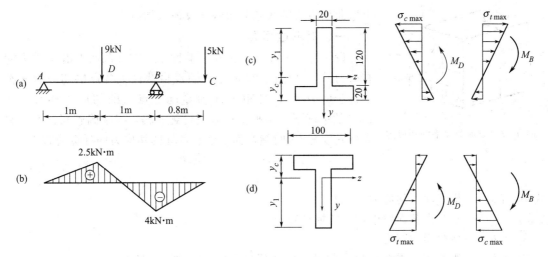

图 4-26　例 4-9 图

由于横截面对中性轴 z 不对称，且材料的许用应力 $[\sigma_t]\neq[\sigma_c]$，因此应当分别计算 B、D 截面上的最大拉应力和最大压应力。对截面 D

$$\sigma_{t\ max}=\frac{M_D y_c}{I_z}=\frac{2.5\times10^3\times48\times10^{-3}}{8.293\times10^{-6}}=14.47\ (MPa)<[\sigma_t]$$

$$\sigma_{c\ max}=\frac{M_D y_1}{I_z}=\frac{2.5\times10^3\times92\times10^{-3}}{8.293\times10^{-6}}=27.7\ (MPa)<[\sigma_c]$$

对截面 B

$$\sigma_{t\ max}=\frac{M_B y_1}{I_z}=\frac{4\times10^3\times92\times10^{-3}}{8.293\times10^{-6}}=44.4\ (MPa)>[\sigma_t]$$

$$\sigma_{c\ max}=\frac{M_B y_c}{I_z}=\frac{4\times10^3\times48\times10^{-3}}{8.293\times10^{-6}}=23.2\ (MPa)<[\sigma_c]$$

梁在截面 B 不满足正应力强度条件。若想让该梁在不改变截面及载荷的情况下又能满足强度条件，可将 T 形截面倒过来如图 4-26（d）所示，此时，最大拉应力发生在 D 截面

$$\sigma_{t\ max}=\frac{M_D y_1}{I_z}=\frac{2.5\times10^3\times92\times10^{-3}}{8.293\times10^{-6}}=27.7\ (MPa)<[\sigma_t]$$

而最大压应力发生在 B 截面

$$\sigma_{c\ max}=\frac{M_B y_1}{I_z}=\frac{4\times10^3\times92\times10^{-3}}{8.293\times10^{-6}}=44.4\ (MPa)<[\sigma_c]$$

这样，就满足了梁的弯曲正应力强度条件。

从上例可以看出，对非对称截面且拉压强度不相等材料制成的梁，破坏有可能发生在弯矩绝对值较小的截面上（如例中的 D 截面），对这种情况应引起注意。

*第七节　梁弯曲时的切应力

梁在横力弯曲时，在横截面上不仅有正应力 σ，还有切应力 τ。弯曲正应力是支配梁强度计算的主要因素，但在某些情况下，如短梁或支座附近有较大载荷作用时，梁中的切应力就可能达到相当大的数值，这时就有必要进行切应力的强度计算。下面介绍几种常见截面梁

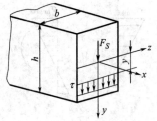

图 4-27　矩形截面梁的切应力

上弯曲切应力的大致分布规律及最大切应力。

一、矩形截面梁

设一宽为 b 高为 h 的矩形截面梁，在其截面上沿 y 轴方向有剪力 F_S，如图 4-27 所示。假设横截面上各点的切应力 τ 都平行于剪力 F_S，且距中性轴等远各点上的切应力相等（在 $h > b$ 的情况下，根据上述假设得到的解，与精确解相比有足够的精确度）。这时横截面上任意点处的切应力的计算公式为

$$\tau = \frac{F_S S_z^*}{I_z b} \tag{4-13}$$

式中　F_S——横截面上的剪力；

　　　　I_z——整个横截面对中性轴的惯性矩；

　　　　b——横截面的宽度；

　　　　S_z^*——横截面距中性轴为 y 的横线以外部分面积对中性轴的静矩。

如求距中性轴为 y 处轴线上的切应力 τ，此时静矩为

$$S_z^* = b \left(\frac{h}{2} - y \right) \left(y + \frac{\frac{h}{2} - y}{2} \right) = \frac{b}{2} \left(\frac{h^2}{4} - y^2 \right)$$

将其代入式(4-13)，可得

$$\tau = \frac{F_S}{2I_z} \left(\frac{h^2}{4} - y^2 \right)$$

由此式可见，矩形截面梁的切应力沿截面高度按二次抛物线规律变化。当 $y = \pm h/2$ 时，$\tau = 0$，这表明在截面的上、下边缘处，切应力为零。当 $y = 0$ 时，即在中性轴上，切应力最大，其值为

$$\tau_{\max} = \frac{F_S}{2I_z} \frac{h^2}{4}$$

将 $I_z = \frac{bh^3}{12}$ 代入，得

$$\tau_{\max} = \frac{3}{2} \frac{F_S}{A} \tag{4-14}$$

上式说明，矩形截面梁截面上的最大切应力为平均切应力的 1.5 倍。

二、工字形截面梁

工字形截面梁由腹板和翼缘组成，其横截面如图 4-28 所示。中间狭长部分为腹板，上、下扁平部分为翼缘。梁横截面上的切应力主要由腹板承担，翼缘部分的切应力情况比较复杂，数值很小，可以不予考虑。由于腹板截面是一个狭长矩形，关于矩形截面上切应力分布的假设仍然适用，故腹板上的切应力计算公式仍为式(4-13)。切应力 τ 沿腹板高度方向也是呈二次抛物线规律变化，最大切应力在中性轴上，其值为

$$\tau_{\max} = \frac{F_S S_{z\ \max}^*}{I_z b} \tag{4-15}$$

式中　b——腹板的宽度；

　　$S_{z\ \max}^*$——中性轴一侧的面积对中性轴的静矩。

在计算工字钢的 $\tau_{\max}$ 时，式中的比值 $\dfrac{I_z}{S_{z\ \max}^*}$ 可直接由型钢规格表中查得。

此外，由理论分析及图 4-28 可知，腹板上的最大切应力和最小切应力差别并不太大，切应力近似均匀分布。这样，就可用腹板的截面面积去除剪力 F_S，近似得出腹板内的最大切应力为

$$\tau_{max} \approx \frac{F_S}{bh} \qquad (4\text{-}16)$$

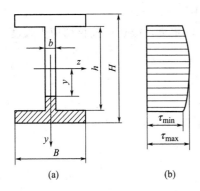

图 4-28　工字形截面梁的切应力

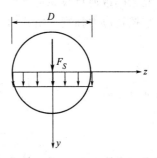

图 4-29　圆截面梁的切应力

三、圆形截面梁

对于圆形截面梁（图 4-29），进一步的研究表明，横截面上的最大切应力 τ_{max} 仍在中性轴各点处。假设中性轴上各点的切应力均平行于 y 轴且均匀分布，于是可用公式(4-13)近似计算圆形截面的 τ_{max}，即

$$\tau_{max} = \frac{F_S S_z^*}{I_z d} = \frac{F_S \dfrac{1}{2} \dfrac{\pi d^2}{4} \dfrac{2d}{3\pi}}{I_z d} = \frac{4}{3} \frac{F_S}{A} \qquad (4\text{-}17)$$

式中，A 为圆形截面面积。由此可见，圆形截面梁横截面上的最大切应力为平均切应力的 $1\dfrac{1}{3}$ 倍。

在梁的强度计算中，应同时满足正应力和切应力两个强度条件。但对于细长梁，弯曲切应力的数值比弯曲正应力小得多，满足了弯曲正应力强度条件，一般也就能满足弯曲切应力强度条件。只有对下述几种情况须进行切应力强度校核：

① 若梁较短或载荷很靠近支座，此时弯曲切应力的数值可能会较大；

② 对于一些组合截面梁（如工字形）、如其腹板较薄时，横截面上可能产生较大的切应力；

③ 木梁，其顺纹方向的抗剪能力较差，数值不大的切应力可能引起破坏。

梁的 σ_{max} 和 τ_{max} 一般不在同一位置，应分别建立正应力强度条件和切应力强度条件。

【例 4-10】　一外伸梁如图 4-30(a) 所示，已知 $F = 50\text{kN}$，$a = 0.15\text{m}$，$l = 1\text{m}$；梁由工字钢制成，材料的许用弯曲正应力 $[\sigma] = 160\text{MPa}$，许用切应力 $[\tau] = 100\text{MPa}$，试选择工字钢的型号。

解　(1) 作剪力图和弯矩图　见图 4-30(b)、(c)。由图可知

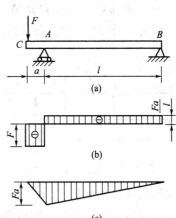

图 4-30　例 4-10 图

$$|F_S|_{\max}=F=50\text{kN}$$

$$|M|_{\max}=Fa=50\times0.15=7.5\ (\text{kN}\cdot\text{m})$$

（2）截面设计　先根据正应力强度条件选取工字钢型号，由式(4-12)，有

$$W_z\geqslant\frac{M_{\max}}{[\sigma]}=\frac{7.5\times10^3}{160^{-6}}=46.8\times10^{-6}\ (\text{m}^3)=46.8\ (\text{cm}^3)$$

查型钢规格表，（表 4-2）选用 10 号工字钢，其 $W_z=49\text{cm}^3$。

由于此梁的载荷比较靠近支座，且工字钢腹板比较狭窄，故还应校核切应力强度。

（3）校核切应力强度　由式(4-13)

$$\tau_{\max}=\frac{F_{S\,\max}S_z^*}{I_zb}$$

自型钢表查得

$$\frac{I_z}{S_z^*}=8.59\ (\text{cm}),\ b=4.5\ (\text{mm})$$

故

$$\tau_{\max}=\frac{50\times10^3}{8.59\times10^{-2}\times4.5\times10^{-3}}\approx130\ (\text{MPa})>[\tau]$$

不满足切应力强度条件，需重新选择截面。

（4）重新选择截面　在原计算基础上适当加大截面，改选 12.6 号工字钢，查得

$$\frac{I_z}{S_z^*}=10.8\ (\text{cm}),\ b=5\ (\text{mm})$$

则

$$\tau_{\max}=\frac{F_{S\,\max}S_z^*}{I_zb}=\frac{50\times10^3}{10.8\times10^{-2}\times5\times10^{-3}}=92.7\ (\text{MPa})<[\tau]$$

满足切应力强度条件，最后选用 12.6 号工字钢。

第八节　弯曲变形

工程中的梁除了要满足强度条件之外，对弯曲变形也有一定的限制。例如桥式起重机的大梁，如果弯曲变形过大，将使梁上小车行走困难，并易引起梁的振动；又如齿轮传动轴，如果弯曲变形过大不仅会使齿轮不能很好地啮合，而且会加剧轴承的磨损；机床主轴若变形过大，会影响加工工件的精度。

根据工程实际中的需要，为了限制或利用构件的变形，必须研究梁的变形规律。

一、挠曲线　挠度和转角

设有一悬臂梁 AB，在其自由端作用集中力 F（图 4-31），变形后，轴线 AB 在梁的纵

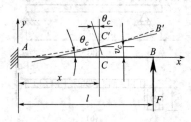

图 4-31　梁的挠度和转角

向对称面内弯成一条光滑连续的曲线，称其为梁的挠曲线或弹性曲线。取梁变形前的轴线为 x 轴，y 轴垂直向上。梁轴线上的点在垂直于 x 轴方向上的线位移 v 称为该点的挠度，它表示该处梁的横截面形心沿 y 方向的位移；梁变形时，其横截面形心不仅有线位移，而且整个横截面还将绕中性轴转动一个角度，因而又有角位移。横截面绕中性轴转动的角位移 θ 称为该截面的转角。挠度和转角是度量梁变形的两个基本量。

一般情况下，挠度 v 随截面位置 x 而变化，梁的挠曲线可用如下函数表达

$$v=f(x) \tag{4-18a}$$

这个关系称为梁的挠曲线方程。

由转角的定义，θ 为 y 轴与挠曲线法线的夹角。它等于 x 轴与挠曲线切线的夹角。由微分学可知

$$\tan\theta = \frac{\mathrm{d}v}{\mathrm{d}x} = v' \tag{4-18b}$$

在小变形情况下，θ 一般很小，故

$$\tan\theta \approx \theta$$

于是，式(4-18b) 可写作

$$\theta = \frac{\mathrm{d}v}{\mathrm{d}x} = v' \tag{4-18c}$$

即挠曲线上任一点处切线的斜率 v' 可表示该点处横截面的转角 θ。于是，求梁的挠度和转角 θ 可归结为求挠曲线方程式 (4-18a)。

挠度 v 和转角 θ 的符号，根据所选取的坐标系而定。在图 4-31 所示坐标系中，向上的挠度为正，逆时针转动的转角为正。

二、挠曲线的近似微分方程

为了求梁的挠曲线方程，可利用式(4-1d)，即

$$\frac{1}{\rho} = \frac{M}{EI} \tag{4-19a}$$

式中，I 是截面对中性轴 z 的惯性矩（这里 I 省略了下标 z）。

上式是在梁纯弯曲时建立的，对横力弯曲的梁，若梁的跨度远大于截面高度，通常剪力对梁位移的影响可以忽略，上式仍可应用，但这里 M 和 ρ 皆为 x 的函数。即

$$\frac{1}{\rho(x)} = \frac{M(x)}{EI} \tag{4-19b}$$

式中，$1/\rho(x)$ 和 $M(x)$ 分别代表梁轴线上任一点处挠曲线的曲率和该处横截面上的弯矩。由高等数学知，平面曲线的曲率可写成

$$\frac{1}{\rho(x)} = \pm \frac{v''}{(1+v'^2)^{3/2}} \tag{4-19c}$$

将此式代入式(4-19b)，得

$$\frac{v''}{(1+v'^2)^{3/2}} = \pm \frac{M(x)}{EI} \tag{4-19d}$$

由于梁的变形很小，转角 v' 是一个小量，v'^2 与 1 相比十分微小，故可略去不计。同时，由于选用如图 4-31 的坐标系，v'' 的正负号与弯矩 M 的正负号相同，所以上式右端应取正号，即

$$v'' = \frac{M(x)}{EI} \tag{4-19e}$$

此式称为梁的挠曲线近似微分方程。

对于等直梁，EI 为常量。将式(4-19e) 改写为

$$EIv'' = M(x)$$

将上式对 x 积分一次，可得梁的转角方程

$$EIv' = EI\theta = \int M(x)\mathrm{d}x + C \tag{4-20a}$$

再积分一次，得梁的挠曲线方程为

$$EIv = \int \left[\int M(x)\mathrm{d}x \right] \mathrm{d}x + Cx + D \tag{4-20b}$$

式中，积分常数 C 和 D 可利用梁支座处的已知位移条件即边界条件来确定。例如，在固定端处，梁的挠度和转角均为零，即 $v=0$，$\theta=0$；在铰支座处，梁的挠度为零，即 $v=0$。

当梁上载荷不连续时，弯矩方程应分段写出，挠曲线近似微分方程也应分段建立。这样，积分时每一段都出现两个积分常数。为确定这些常数，除利用边界条件外，还须利用分段处挠曲线的连续性条件，即在相邻两段交界处，左右两段梁具有相同的挠度和转角。

上述求梁变形的方法通常称为积分法。

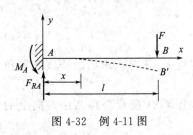

图 4-32 例 4-11 图

【**例 4-11**】 一悬臂梁 AB，在自由端受集中力 F 作用，如图 4-32 所示。已知梁的抗弯刚度 EI 为常数，试求此梁的挠曲线方程和转角方程，并求最大挠度 v_{max} 和最大转角 θ_{max}。

解 (1) 选取坐标系如图 4-32 所示，列弯矩方程
$$M(x) = -F(l-x)$$

(2) 代入挠曲线近似微分方程并积分
$$EIv'' = M(x) = -Fl + Fx \tag{1}$$

$$EIv' = -Flx + \frac{1}{2}Fx^2 + C \tag{2}$$

$$EIv = -\frac{1}{2}Flx^2 + \frac{1}{6}Fx^3 + Cx + D \tag{3}$$

(3) 确定积分常数边界条件为

在 $x=0$ 处：$v=0$，$v'=0$。代入式(2)、式(3)，得
$$C=0, D=0$$

将所得积分常数代入式(2)、式(3)，得到梁的转角方程和挠曲线方程分别为
$$\theta = v' = -\frac{F}{EI}\left(lx - \frac{1}{2}x^2\right) \tag{4}$$

$$v = -\frac{F}{6EI}(3lx^2 - x^3) \tag{5}$$

(4) 梁的最大挠度和最大转角

显然，梁在自由端的转角和挠度为最大，将 $x=l$ 代入式(4)、式(5) 得
$$\theta_{max} = \theta_B = \theta \bigg|_{x=l} = -\frac{Fl^2}{2EI} \tag{6}$$

$$v_{max} = v_B = v \bigg|_{x=l} = -\frac{Fl^3}{3EI} \tag{7}$$

所得结果均为负值，说明截面 B 的转角为顺时针转动，挠度向下。

【**例 4-12**】 简支梁受均布载荷 q 作用（图 4-33）已知抗弯刚度 EI 为常量，求此梁的转角方程和挠曲线方程，并求最大转角 θ_{max} 和最大挠度 v_{max}。

解 (1)选取坐标系如图示，求支反力为
$$F_{RA} = F_{RB} = \frac{ql}{2}$$

(2) 列弯矩方程
$$M(x) = \frac{ql}{2}x - \frac{q}{2}x^2 \tag{1}$$

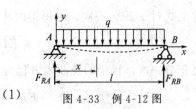

图 4-33 例 4-12 图

（3）代入挠曲线近似微分方程并积分

$$EIv'' = \frac{ql}{2}x - \frac{q}{2}x^2$$

$$EIv' = \frac{ql}{4}x^2 - \frac{q}{6}x^3 + C \tag{2}$$

$$EIv = \frac{ql}{12}x^3 - \frac{q}{24}x^4 + Cx + D \tag{3}$$

（4）确定积分常数

简支梁的边界条件是：在两支座处的挠度等于零，即 $x=0$ 处，$v=0$；$x=l$ 处，$v=0$。

分别代入式(3)，得 $\qquad D=0,\ C=-\dfrac{ql^3}{24}$

（5）确定转角方程与挠曲线方程

将积分常数分别代入式(2)、式(3)，得

$$\theta = v' = -\frac{q}{24EI}(l^3 - 6lx^2 + 4x^3) \tag{4}$$

$$v = -\frac{qx}{24EI}(l^3 - 2lx^2 + x^3) \tag{5}$$

（6）求最大转角和最大挠度

由图 4-33 可见，左、右两支座处的转角的绝对值相等，均为最大值，分别以 $x=0$ 及 $x=l$ 代入式(4) 可得最大转角为

$$\theta_{\max} = \theta_A = -\theta_B = -\frac{ql^3}{24EI}$$

最大挠度在梁距中点，即 $x=l/2$ 处，其值为

$$v_{\max} = v \left.\right|_{x=\frac{l}{2}} = -\frac{5ql^4}{384EI}$$

三、用叠加法求梁的变形

假定梁的材料服从胡克定律，并且梁的变形很小，梁的挠曲线近似微分方程式(4-19e) 是线性的，因而梁的挠度和转角与梁上载荷成正比。即当梁同时受几个载荷作用时，由每一个载荷所引起的梁的变形不受其他载荷的影响。于是，可以用叠加法来求梁的变形。也就是说，当梁上同时作用几个载荷时，可先求出各个载荷单独作用下梁的挠度和转角，然后将它们代数相加，即可得到几个载荷同时作用时梁的挠度和转角。

为了便于应用叠加法，将常见梁在简单载荷作用下的转角和挠度公式列入表 4-3，以备查用。

表 4-3　简单载荷作用下梁的挠度和转角

梁的类型及载荷	弹性曲线方程	转角及挠度
1	$v = -\dfrac{Fx^2}{6EI}(3l - x)$	$\theta_B = -\dfrac{Fl^2}{2EI}$ $v_{\max} = -\dfrac{Fl^3}{3EI}$

梁的类型及载荷	弹性曲线方程	转角及挠度
2	$v = -\dfrac{Fx^2}{6EI}(3a-x), 0 \leqslant x \leqslant a$ $v = -\dfrac{Fa^2}{6EI}(3x-a), a \leqslant x \leqslant l$	$\theta_B = -\dfrac{Fa^2}{2EI}$ $v_{max} = -\dfrac{Fa^2}{6EI}(3l-a)$
3	$v = -\dfrac{qx^2}{24EI}(x^2+6l^2-4lx)$	$\theta_B = -\dfrac{ql^3}{6EI}$ $v_{max} = -\dfrac{ql^4}{8EI}$
4	$v = -\dfrac{qx^2}{120lEI}(10l^3-10l^2x+5lx^2-x^3)$	$\theta_B = -\dfrac{ql^3}{24EI}$ $v_{max} = -\dfrac{ql^4}{30EI}$
5	$v = -\dfrac{M_e x^2}{2EI}$	$\theta_B = -\dfrac{M_e l}{EI}$ $v_{max} = -\dfrac{M_e l^2}{2EI}$
6	$v = -\dfrac{qx}{24EI}(l^3-2lx^2+x^3)$	$\theta_A = -\theta_B = -\dfrac{ql^3}{24EI}$ $v_{max} = -\dfrac{5ql^4}{384EI}$
7	$v = -\dfrac{Fx}{12EI}\left(\dfrac{3l^2}{4}-x^2\right), 0 \leqslant x \leqslant \dfrac{l}{2}$	$\theta_A = -\theta_B = -\dfrac{Fl^2}{16EI}$ $v_{max} = -\dfrac{Fl^3}{48EI}$
8	$v = -\dfrac{Fbx}{6lEI}(l^2-x^2-b^2), 0 \leqslant x \leqslant a$ $v = -\dfrac{Fb}{6lEI}\left[(l^2-b^2)x-x^3+\dfrac{l}{b}(x-a)^3\right], a \leqslant x \leqslant l$	$\theta_A = -\dfrac{Fab(l+b)}{6lEI}$ $\theta_B = +\dfrac{Fab(l+a)}{6lEI}$ 若 $a>b$，在 $x=\sqrt{\dfrac{l^2-b^2}{3}}$ 处， $v_{max} = -\dfrac{\sqrt{3}Fb}{27lEI}(l^2-b^2)^{3/2}$
9	$v = -\dfrac{M_e x}{6lEI}(l-x)(2l-x)$	$\theta_A = -\dfrac{M_e l}{3EI}$ $\theta_B = +\dfrac{M_e l}{6EI}$ 在 $x=\left(1-\dfrac{\sqrt{3}}{3}\right)l$ 处 $v_{max} = -\dfrac{\sqrt{3}M_e l^2}{27EI}$ 在 $x=\dfrac{l}{2}$ 处, $v_{\frac{l}{2}} = -\dfrac{M_e l^2}{16EI}$
10	$v = -\dfrac{M_e lx}{6EI}\left(1-\dfrac{x^2}{l^2}\right)$	$\theta_A = -\dfrac{M_e l}{6EI}, \theta_B = +\dfrac{M_e l}{3EI}$ 在 $x=\dfrac{\sqrt{3}}{3}l$ 处, $v_{max} = -\dfrac{\sqrt{3}M_e l^2}{27EI}$ 在 $x=\dfrac{l}{2}$ 处, $v_{\frac{l}{2}} = -\dfrac{M_e l^2}{16EI}$

【例 4-13】 图 4-34（a）所示为一悬臂梁，其上作用有集中载荷 F 和集度为 q 的均布载荷，求端点 B 处的挠度和转角。

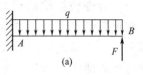

解 在集中力 F 和均布载荷 q 单独作用时，自由端 B 处的挠度和转角由表 4-2 查得分别为

$$v_{BF}=\frac{Fl^3}{3EI}; \quad \theta_{BF}=\frac{Fl^2}{2EI}$$

$$v_{Bq}=-\frac{ql^4}{8EI}; \quad \theta_{Bq}=-\frac{ql^3}{6EI}$$

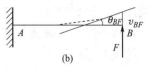

由叠加法，可得 B 端的总挠度为

$$v_B=v_{BF}+v_{Bq}=\frac{Fl^3}{3EI}-\frac{ql^4}{8EI}$$

B 端的总转角为

$$\theta_B=\theta_{BF}+\theta_{Bq}=\frac{Fl^2}{2EI}-\frac{ql^3}{8EI}$$

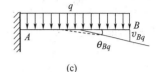

图 4-34 例 4-13 图

四、梁的刚度校核

在梁的设计中，通常是先根据强度条件选择梁的截面，然后再对梁进行刚度校核，限制梁的最大挠度和最大转角不能超过规定的数值，由此建立的刚度条件为

$$v_{\max}\leqslant[y] \tag{4-21}$$

$$\theta_{\max}\leqslant[\theta] \tag{4-22}$$

式中，$[y]$ 和 $[\theta]$ 分别为许用挠度和许用转角，其值可在有关手册和规范中查到。如对一般用途的转轴，其许用挠度为 $(0.0003\sim0.0005)l$，其许用转角为 $(0.001\sim0.005)$ rad。

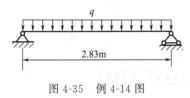

图 4-35 例 4-14 图

【例 4-14】 某冷却塔内支承填料用的梁，可简化为受均布载荷的简支梁（图 4-35）。已知梁的跨长为 2.83m，所受均布载荷集度为 $q=23$kN/m，采用 18 号工字钢，材料的弹性模量 $E=206$GPa，梁的许用挠度为 $[y]=\dfrac{l}{500}$，试校核该梁的刚度。

解 由表 4-2，18 号工字钢的惯性矩为 $I_z=1660$cm$^4=16.6\times10^{-6}$ m^4，梁的许用挠度为

$$[y]=\frac{l}{500}=\frac{2830}{500}=5.66 \text{（mm）}$$

最大挠度在梁跨中点，其值为

$$|v_{\max}|=\frac{5ql^4}{384EI}=\frac{5\times23\times10^3\times(2.83)^4}{384\times206\times10^9\times1660\times10^{-8}}=5.62\times10^{-3}\text{（m）}=5.62\text{（mm）}<[y]$$

该梁满足刚度条件。

第九节 提高梁弯曲强度和刚度的措施

在一般情况下，弯曲正应力是控制梁弯曲强度的主要因素。由式(4-12)可见，要提高梁的弯曲强度，应设法降低梁内的弯矩值及增大截面的抗弯截面系数。同时，梁的变形亦与弯曲内力的分布，梁的跨长及截面的几何形状有关。因此，为了提高梁的弯曲强度和弯曲刚度，可采取如下措施。

一、合理安排梁的受力情况

弯矩是引起弯曲正应力和弯曲变形的因素之一。降低梁内最大弯矩值可提高梁的承载能力。首先，可采取适当地分散载荷，例如图 4-36（a）所示的简支梁，在跨中受集中载荷 F 的作用，其截面上的最大弯矩为

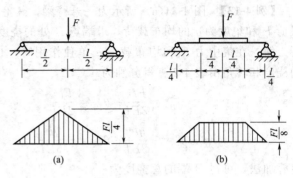

图 4-36　分配载荷

$$M_{max}=\frac{Fl}{4}$$

其跨中的最大挠度为

$$v_{max}=\frac{Fl^3}{48EI}$$

如在该梁中部放置一根长为 $\frac{l}{2}$ 的辅梁，如图 4-36（b）所示，集中力作用于辅梁的中点，此时原简支梁的最大弯矩变为 $M_{max}=\frac{Fl}{8}$，仅为前者的一半。而最大挠度为

$$v_{max}=\frac{11}{16}\frac{Fl^3}{48EI}$$

亦减少约 30%。

其次，可采取合理布置梁的支座的措施。例如图 4-37（a）所示受均布载荷的简支梁。如果将两端铰支座各向内移动 $0.2l$ 变为外伸梁 ［图 4-37（b）］，以使跨中截面与支座截面上的弯矩值比较接近。此时，梁内的最大弯矩为

$$M_{max}=\frac{ql^2}{40}$$

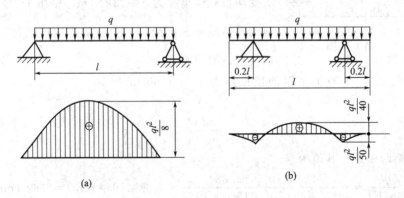

图 4-37　简支梁与外伸梁

该值仅为前者的 1/5。同时，由于梁的跨长减小，且外伸部分的载荷产生反向变形，从而减小了梁的最大挠度。有兴趣的读者可自行计算比较。

二、选择合理的截面形状

由弯曲正应力强度条件看，梁横截面的抗弯截面系数 W_z 越大，梁的强度就越高。因此，梁的合理截面应是采用较小的截面面积 A 而获取较大的抗弯截面系数 W_z 的截面，即比值 $\frac{W_z}{A}$ 越大的截面就越合理。表 4-4 列出几种常用截面的 $\frac{W_z}{A}$ 值。比较其中可知，工字形或

槽形截面最经济合理，圆形截面最差。

$$表4-4\quad 几种常用截面的\frac{W_z}{A}值$$

截面形状	矩 形	圆 形	槽 钢	工字钢
$\frac{W_z}{A}$	$0.167h$	$0.125d$	$(0.27\sim0.31)h$	$(0.27\sim0.31)h$

　　从弯曲刚度角度看，在同等截面面积条件下，工字形和槽形截面比矩形和圆形截面有更大的惯性矩，因而可提高梁的弯曲刚度。需要指出的是，弯曲变形还与材料的弹性模量有关。对于 E 值不同的材料来说，E 值越大弯曲变形越小。采用高强度钢可提高材料的屈服应力而达到提高梁弯曲强度的目的。但由于各种钢材的弹性模量 E 大致相同，所以采用高强度钢并不会提高梁的弯曲刚度。

习　　题

4-1　试列出图 4-38 所示各梁的剪力和弯矩方程，并作剪力图和弯矩图，求出 $F_{S\,max}$ 和 M_{max}。

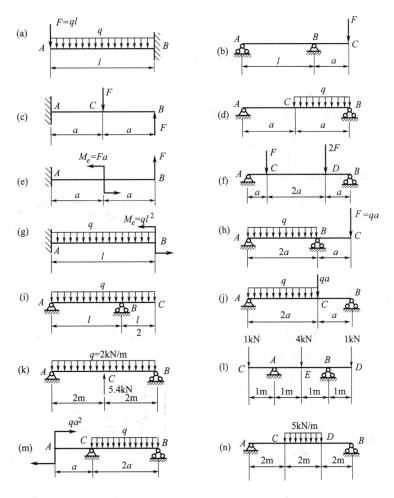

图 4-38　题 4-1 图

4-2 如图 4-39 所示，某车间的宽度为 8m，现需安装一台吊车，起重量为 29.4kN。行车大梁选用一32a 号工字钢，单位长度的重力为 517N/m，工字钢的材料为 Q235，其许用应力 $[\sigma]$ = 120MPa。试按正应力强度条件校核该梁的强度。

4-3 某塔器高 h = 10m，塔底部用裙式支座支承（图 4-40）。已知裙式支座的外径与塔的外径相同，而它的内径为 $D_{内}$ = 1m，壁厚 δ = 8mm。塔受风载荷 q = 468N/m。求裙式支座底部的最大弯矩和最大弯曲正应力。

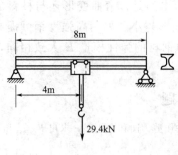

图 4-39 题 4-2 图

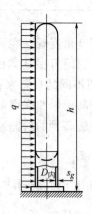

图 4-40 题 4-3 图

4-4 图 4-41 所示为一铸铁梁，I_z = 7.63×10^{-6} m^4，若 $[\sigma_t]$ = 30MPa，$[\sigma_c]$ = 60MPa，试校核此梁的强度。

4-5 当力 F 直接作用在梁 AB 中点时，梁内最大应力超过许用应力 30%，为了消除此过载现象，配置了如图 4-42 所示的辅助梁 CD，试求此辅助梁的跨度 a，已知 l = 6m。

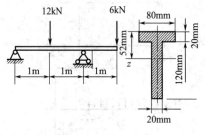

图 4-41 题 4-4 图

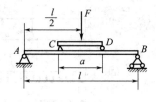

图 4-42 题 4-5 图

4-6 一受均布载荷的外伸梁（图 4-43），已知 q = 12kN/m，材料的许用应力 $[\sigma]$ = 160MPa。试选择此梁的工字钢型号。

4-7 车床上用卡盘夹住工件进行切削时如图 4-44 所示，车刀作用于工件的力 F = 360N，工件材料为普通碳钢，E = 200GPa，试求工件端点的挠度。

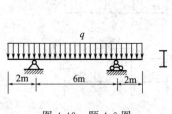

图 4-43 题 4-6 图

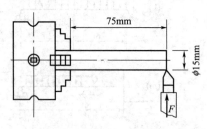

图 4-44 题 4-7 图

4-8 简支梁如图 4-45 所示。已知 l = 4m，q = 9.8kN/m，$[\sigma]$ = 100MPa，E = 206GPa，若许用挠度

$[y] = \dfrac{l}{1000}$，截面为工字钢，试选定工字钢的型号，并对自重影响进行校核。

4-9 钢轴如图 4-46 所示，已知 $E = 200\text{GPa}$，左端轮上受力 $F = 20\text{kN}$。若规定支座 A 处截面的许用转角 $[\theta] = 0.5°$，试选定此轴的直径。

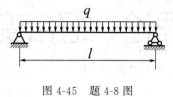

图 4-45　题 4-8 图

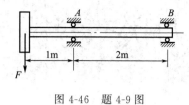

图 4-46　题 4-9 图

第五章
应力状态分析　强度理论　组合变形

第一节　应力状态的概念

前面各章研究基本变形强度问题时计算的都是杆件横截面上的应力，其实这是远远不够的。首先，杆件的破坏并不总是发生在横截面上，如实验观察到：低碳钢拉伸屈服时的滑移线与轴线成 $45°$ 角；铸铁压缩时的断裂面与轴线成 $50°\sim55°$ 角左右。其次，相当多构件的受力情况并不都像前面几章那样，或者是轴向拉压状态，或者是纯剪切状态，而是更加复杂一些，一般情况是既有正应力、又有切应力。因此，为了进一步掌握材料的破坏规律，建立复杂受力情况下构件的强度条件，必须要研究构件内各点在不同方位截面上的应力情况。

一、一点的应力状态

通过受力构件上一点的所有各个不同截面上应力的集合，称为该点的应力状态。

研究一点应力状态的方法是取单元体，即围绕受力构件中该点取一微小正平行六面体。由于单元体的各边边长为小量，因此，可认为单元体各面上的应力是均匀分布且在单元体任一相对面上的应力数值相等。这样，在单元体的三个互相垂直的截面上的应力就表示了单元体的应力状态。当单元体的尺寸趋于零时，单元体上的应力状态就表示了一点的应力状态。换言之，要分析一点的应力状态，只需分析过该点的单元体上的应力状态。

例如，在受轴向拉伸的杆件中任选一点 A ［图 5-1(a)］，围绕该点取一单元体［图 5-1(b)］，作用在单元体各个面上的应力表示了该点的应力状态。又如圆轴受扭转时，在轴的表面任选一点 B ［图 5-2 (a)］。围绕该点取单元体，其各面上的应力表示了该点的应力状态。

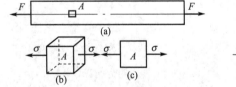
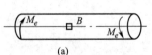

图 5-1　拉伸杆件一点的应力状态　　　　图 5-2　圆轴扭转表面一点的应力状态

二、主平面和主应力

单元体上切应力为零的平面称为主平面，主平面上的正应力称为主应力。可以证明，一般情况下，过受力构件上的任意点都存在三个互相垂直的主平面，因而每一点都有三个主应力。这三个主应力按代数值从大到小排列，分别称为第一、第二和第三主应力，记为 σ_1、σ_2、σ_3 （$\sigma_1 \geqslant \sigma_2 \geqslant \sigma_3$）。由主平面组成的单元体称为主应力单元体。一点的应力状态常用主应力单元体表示（图 5-3）。

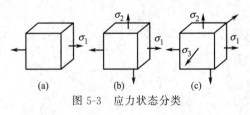

图 5-3　应力状态分类

一点的三个主应力中若只有一个主应力数值不为零的称为单向应力状态 ［图 5-3（a）］；两个不为零的称为二向应力状态 ［图 5-3（b）］；三个都不为零的称为三向应力状态 ［图 5-3（c）］。单向应力状态和二向应力状态统称为平面应力状态。二向应力状态和三向应力状态统称为复杂应力状态。

第二节　平面应力状态分析

不失一般性，讨论如图 5-4（a）所示的平面应力状态的单元体。由于所有应力均平行于

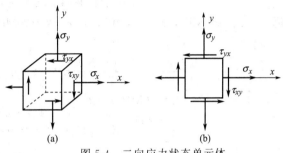

x、y 轴组成的平面，单元体也可简化表示为图 5-4（b）的形式。

σ_x、σ_y 分别表示作用在与 x、y 轴垂直平面上的正应力。切应力的第一个下标表示其作用面，第二个下标表示其方向（如 τ_{xy} 表示作用在与 x 轴垂直的平面上且与 y 轴方向平行的切应力）。根据切应力互等定理，

图 5-4　二向应力状态单元体

$\tau_{xy}=\tau_{yx}$。应力的符号规定同前，即正应力 σ 以拉应力为正，压应力为负。切应力 τ 以对单元体内任一点产生顺时针力矩为正，逆时针力矩为负。

下面先研究在 σ_x、σ_y、τ_{xy} 已知的情况下如何计算任意斜截面上的应力，然后再确定主平面，主应力及最大应力。

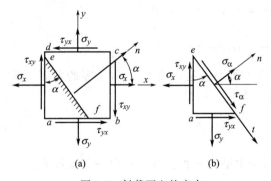

图 5-5　斜截面上的应力

一、任意斜截面上的应力

在图 5-5（a）所示单元体上取任意斜截面 ef，其外法线 n 与 x 轴正向的夹角为 α。规定：α 角自 x 轴正向逆时针转到 n 为正。设 $\sigma_x \geqslant \sigma_y$。截面 ef 把单元体分成两部分，现研究 aef 部分的平衡 ［图 5-5（b）］。斜截面 ef 上的应力以正应力 σ_α 和切应力 τ_α 表示。若 ef 的面积为 dA，则 af 面和 ae 面的面积分别是 $dA\sin\alpha$ 和 $dA\cos\alpha$。

由静力平衡方程

$\sum F_n=0$,

$$\sigma_\alpha dA+(\tau_{xy}dA\cos\alpha)\sin\alpha-(\sigma_x dA\cos\alpha)\cos\alpha+(\tau_{yx}dA\sin\alpha)\cos\alpha-(\sigma_y dA\sin\alpha)\sin\alpha=0$$

$\sum F_t=0$,

$$\tau_\alpha dA-(\tau_{xy}dA\cos\alpha)\cos\alpha-(\sigma_x dA\cos\alpha)\sin\alpha+(\tau_{yx}dA\sin\alpha)\sin\alpha+(\sigma_y dA\sin\alpha)\cos\alpha=0$$

式中 $\tau_{xy}=\tau_{yx}$，代入上式，化简后得

$$\sigma_\alpha=\sigma_x\cos^2\alpha+\sigma_y\sin^2\alpha-2\tau_{xy}\sin\alpha\cos\alpha \tag{5-1}$$

$$\tau_\alpha=(\sigma_x-\sigma_y)\sin\alpha\cos\alpha+\tau_{xy}(\cos^2\alpha-\sin^2\alpha) \tag{5-2}$$

因

$$\cos^2\alpha=\frac{1+\cos2\alpha}{2},\ \sin^2\alpha=\frac{1-\cos2\alpha}{2},\ 2\sin\alpha\cos\alpha=\sin2\alpha$$

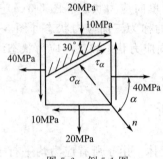

图 5-6　例 5-1 图

代入上两式，得

$$\sigma_\alpha = \frac{\sigma_x + \sigma_y}{2} + \frac{\sigma_x - \sigma_y}{2}\cos2\alpha - \tau_{xy}\sin2\alpha \qquad (5\text{-}3)$$

$$\tau_\alpha = \frac{\sigma_x - \sigma_y}{2}\sin2\alpha + \tau_{xy}\cos2\alpha \qquad (5\text{-}4)$$

式 (5-3) 和式 (5-4) 为平面应力状态任意斜截面上的应力计算公式。可以看出，σ_α 和 τ_α 均为有界周期函数。

【**例 5-1**】 已知构件内一点的应力状态如图 5-6 所示，求图示斜截面上的正应力和切应力。

解　令 $\sigma_x = 40\text{MPa}$，$\tau_{xy} = -10\text{MPa}$，$\sigma_y = -20\text{MPa}$，$\alpha = -60°$。代入式 (5-3) 和式 (5-4) 可得

$$\sigma_\alpha = \frac{40-20}{2} + \frac{40-(-20)}{2}\cos(-2\times60°) - (-10)\sin(-2\times60°)$$

$$= -13.67\ (\text{MPa})$$

$$\tau_\alpha = \frac{40-(-20)}{2}\sin(-120°) + (-10)\cos(-120°)$$

$$= -20.98\ (\text{MPa})$$

二、主平面和主应力

平面应力状态中有一个主平面是已知的，另外两个主平面可通过确定正应力极值的方法求出。

将式(5-3) 对 α 求导数，并令 $\dfrac{\mathrm{d}\sigma_\alpha}{\mathrm{d}\alpha} = 0$，得

$$\frac{\mathrm{d}\sigma_\alpha}{\mathrm{d}\alpha} = -2\left[\frac{\sigma_x - \sigma_y}{2}\sin2\alpha + \tau_{xy}\cos2\alpha\right] = 0$$

或

$$\frac{\sigma_x - \sigma_y}{2}\sin2\alpha + \tau_{xy}\cos2\alpha = 0$$

将上式同式(5-4) 比较，可知，极值正应力所在的平面就是切应力 τ_α 等于零的平面，即主平面。设该主平面的外法线 n 与 x 轴正向的夹角为 α_0，可得

$$\tan2\alpha_0 = -\frac{2\tau_{xy}}{\sigma_x - \sigma_y} \qquad (5\text{-}5)$$

式(5-5) 有两个解，α_0 和 $\alpha_0 + \dfrac{\pi}{2}$，说明两个主平面互相垂直，其中一个是最大正应力所在平面，另一个是最小正应力所在平面。由于主平面上的正应力是主应力，所以主应力就是最大或最小的正应力。由式(5-5) 解出 $\sin2\alpha_0$ 和 $\cos2\alpha_0$。代回式(5-3)，求得最大正应力和最小正应力为

$$\left.\begin{array}{c}\sigma_{\max}\\ \sigma_{\min}\end{array}\right\} = \frac{\sigma_x + \sigma_y}{2} \pm \sqrt{\left(\frac{\sigma_x - \sigma_y}{2}\right)^2 + \tau_{xy}^2} \qquad (5\text{-}6)$$

比较 $\sigma_{\max}$、$\sigma_{\min}$ 和 0 的大小，便可确定 σ_1、σ_2 和 σ_3。

需要注意的是，在推导以上各公式时，假定了 $\sigma_x \geqslant \sigma_y$，在此假定下，式(5-5) 确定的两个角度 α_0 中，绝对值较小的一个确定 $\sigma_{\max}$ 所在的平面。

三、极值切应力

为确定极值切应力，令 $\dfrac{\mathrm{d}\tau_\alpha}{\mathrm{d}\alpha} = 0$，由式(5-4) 得

$$\frac{\mathrm{d}\tau_\alpha}{\mathrm{d}\alpha}=(\sigma_x-\sigma_y)\cos2\alpha-2\tau_{xy}\sin2\alpha=0$$

设极值切应力所在平面外法线与 x 轴正向夹角为 α_1，则由上式

$$\tan2\alpha_1=\frac{\sigma_x-\sigma_y}{2\tau_{xy}} \tag{5-7}$$

式(5-7)亦有两个解 α_1 和 $\alpha_1+\dfrac{\pi}{2}$，说明两个极值切应力所在平面互相垂直。由上式解出 $\sin2\alpha_1$ 和 $\cos2\alpha_1$，代回式(5-4)可得

$$\left.\begin{array}{c}\tau_{\max}\\[4pt]\tau_{\min}\end{array}\right\}=\pm\sqrt{\left(\frac{\sigma_x-\sigma_y}{2}\right)^2+\tau_{xy}^2} \tag{5-8}$$

式(5-8)表明两极值切应力等值反号，这又一次证明了切应力互等定理。因此，可只关注其中的最大切应力 $\tau_{\max}$。

将式(5-6)与式(5-8)对比，可得下列关系

$$\tau_{\max}=\frac{\sigma_{\max}-\sigma_{\min}}{2} \tag{5-9}$$

再比较式(5-5)和式(5-7)，可见

$$\tan2\alpha_1=-\frac{1}{\tan2\alpha_0}=-\cot2\alpha_0=\tan\left(2\alpha_0+\frac{\pi}{2}\right)$$

因此有

$$2\alpha_1=2\alpha_0+\frac{\pi}{2},\quad \alpha_1=\alpha_0+\frac{\pi}{4}$$

这说明极值切应力所在平面与主平面成 45°角。必须指出，此处所指的极值切应力是指平面应力状态下与零应力面垂直的各斜截面中的切应力的极值，并不是指三向应力状态下单元体的最大切应力。

【例 5-2】　分析拉伸试验时低碳钢试件出现滑移线的原因。

解　从轴向拉伸试件［图 5-7(a)］上任一点 A 处沿横截面和纵截面取应力单元体如图 5-7(b)所示，分析 A 点应力状态可知，其最大正应力为 $\sigma_{\max}=\sigma_1$，作用在横截面上。最大切应力由式(5-9)算出为 $\tau_{\max}=\sigma/2$，而最大切应力作用在与横截面成 45°角的斜截面上［图 5-7(c)］，该面恰恰是滑移线出现的截面，因此可以认为滑移线是由最大切应力引起的。$\tau_{\max}$ 的数值仅为 $\sigma_{\max}$ 的一半却引起了屈服破坏，表明低碳钢一类塑性材料抗剪切能力低于抗拉能力。

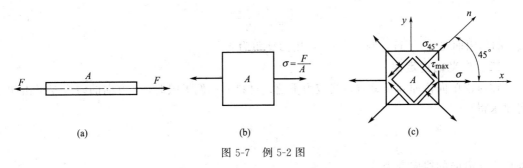

图 5-7　例 5-2 图

【例 5-3】　讨论圆轴扭转时的应力状态，并分析铸铁试件受扭时的破坏现象。

解　由受扭圆轴表面任一点 A 处［图 5-8(a)］取单元体如图 5-8(b)所示，该单元体的

应力状态为纯剪切，其上切应力为 $\tau=\dfrac{M_e}{W_t}$，因此有 $\sigma_x=0$，$\sigma_y=0$，$\tau_{xy}=\tau$；由式(5-6) 可求得

$$\sigma_1=\tau，\sigma_2=0，\sigma_3=-\tau$$

再由式(5-5) 可求得 σ_1、σ_3 作用面的方位为 $\alpha_0=\mp45°$，因此，可画出 A 点的主应力单元体如图 5-8(c) 所示。

圆轴扭转时最大正应力发生在与轴线成 45°角的斜截面上，为拉应力。对铸铁等一类脆性材料而言，其抗拉强度较低，因此，铸铁受扭时将沿与轴线成 45°角的螺旋面被拉断[图 5-8(d)]。

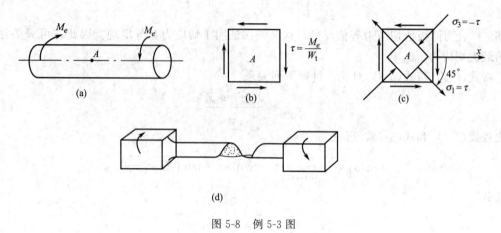

图 5-8　例 5-3 图

第三节　三向应力状态简介　广义胡克定律

一、三向应力状态的最大应力

若过一点单元体上三个主应力均不为零，称该单元体处于三向应力状态。设三向应力状态的三个主应力为 σ_1、σ_2、σ_3。可以证明，过该点所有截面上的最大正应力为 σ_1，最小正应力为 σ_3，即

$$\sigma_{max}=\sigma_1 \tag{5-10}$$

$$\sigma_{min}=\sigma_3 \tag{5-11}$$

而最大切应力为

$$\tau_{max}\frac{\sigma_1-\sigma_3}{2} \tag{5-12}$$

τ_{max} 的作用面与 σ_2 平行，与 σ_1、σ_3 作用面夹角为 45°。

二、广义胡克定律

在讨论单向拉伸和压缩时，当应力不超过材料的比例极限时，σ 方向的线应变可由胡克定律求得

$$\varepsilon=\frac{\sigma}{E}$$

垂直于 σ 方向的线应变为

$$\varepsilon'=-\mu\varepsilon=-\mu\frac{\sigma}{E}$$

对三向应力状态，若材料是各向同性的且最大应力不超过材料的比例极限，那么，任一方向的线应变都可利用胡克定律叠加而得。以图示主应力单元体为例（图 5-9）。对应于主应力 σ_1、σ_2、σ_3 方向的线应变分别为 ε_1、ε_2、ε_3，称为主应变。在 σ_1 的单独作用下，沿 σ_1 方向的主应变为

$$\varepsilon_1' = \frac{\sigma_1}{E}$$

在 σ_2 和 σ_3 的单独作用下，在 σ_1 方向引起的主应变分别为

$$\varepsilon_1'' = -\mu\frac{\sigma_2}{E}, \quad \varepsilon_1''' = -\mu\frac{\sigma_3}{E}$$

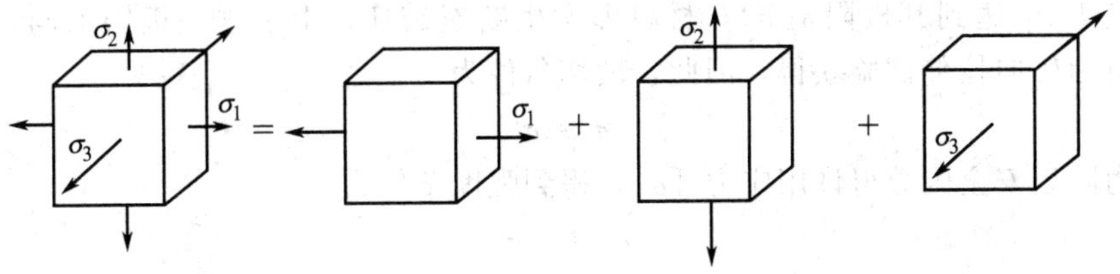

图 5-9　叠加原理

根据叠加原理，在 σ_1、σ_2、σ_3 三个主应力的共同作用下，沿 σ_1 方向的主应变为

$$\varepsilon_1 = \varepsilon_1' + \varepsilon_1'' + \varepsilon_1''' = \frac{\sigma_1}{E} - \mu\frac{\sigma_2}{E} - \mu\frac{\sigma_3}{E} = \frac{1}{E}\left[\sigma_1 - \mu(\sigma_2 + \sigma_3)\right]$$

同理，可求出沿 σ_2 和 σ_3 方向的主应变 ε_2 和 ε_3，结果有

$$\left.\begin{array}{l} \varepsilon_1 = \dfrac{1}{E}\left[\sigma_1 - \mu(\sigma_2 + \sigma_3)\right] \\[2mm] \varepsilon_2 = \dfrac{1}{E}\left[\sigma_2 - \mu(\sigma_1 + \sigma_3)\right] \\[2mm] \varepsilon_3 = \dfrac{1}{E}\left[\sigma_3 - \mu(\sigma_1 + \sigma_2)\right] \end{array}\right\} \tag{5-13}$$

上式为用主应力表示的广义胡克定律。它表示在复杂应力状态下，主应力与主应变之间的关系。式中 σ 取代数值，线应变亦为代数值，以伸长为正。由广义胡克定律算出的主应变，按代数值大小顺序排列，$\varepsilon_1 \geqslant \varepsilon_2 \geqslant \varepsilon_3$，$\varepsilon_1$ 是最大线应变。

第四节　强度理论简介

当杆件受到轴向拉伸或压缩时，其强度条件为

$$\sigma = \frac{F_N}{A} \leqslant [\sigma]$$

其中，许用应力 $[\sigma]$ 是通过轴向拉伸或压缩试验所得的极限应力 σ^0 再除以相应的安全因数 n 得到的。对于这种构件各点的应力状态都处于单向应力状态的情况，没有必要去研究材料破坏的原因，可直接根据试验结果，确定材料的极限应力，建立强度条件。

然而，工程实际中的多数构件都是处于复杂应力状态下，材料的破坏与三个主应力都有关。如果直接通过试验来确定材料的极限应力，则会极其困难，甚至是不可能的。因为各种应力组合有无穷多种，试验不可能穷举。况且试验装置亦很难设计。于是，建立复杂应力状态下的强度条件，需要寻找理论上的解决途径。

根据长期的实践和大量的试验结果，人们发现，尽管不同构件引起的失效方式不同，但归纳起来大体上可分为两类，一类表现为脆性断裂；另一类表现为塑性屈服。于是，对材料破坏的原因，前后提出了各种不同的假说，通常称为强度理论。研究强度理论的目的，就是要设法找到在复杂应力状态下材料破坏的原因，然后利用轴向拉伸或压缩的试验结果来建立复杂应力状态下的强度条件。以下介绍几个常用的古典强度理论，它们只适用于常温静载情况。

一、脆性断裂理论

1. 最大拉应力理论（第一强度理论）

这一理论认为最大拉应力是引起断裂的主要因素。即无论处于什么应力状态，只要某点的最大拉应力 σ_1 达到其极限值 σ^0，材料即发生断裂破坏。由于这一极限值与应力状态无关，于是可由轴向拉伸试验获得，因此，破坏条件为

$$\sigma_1 = \sigma^0$$

将极限应力除以安全因数得许用应力 $[\sigma]$，得到强度条件为

$$\sigma_1 \leqslant [\sigma] \tag{5-14}$$

最大拉应力理论可很好地解释铸铁等脆性材料在拉伸和扭转时的破坏现象。但这一理论没有考虑其他两个主应力的影响，且对没有拉应力的状态（如单向压缩、三向压缩）不适用。

2. 最大伸长线应变理论（第二强度理论）

这一理论认为最大伸长线应变是引起断裂的主要因素。无论处于何种应力状态，只要一点的最大伸长线应变 ε_1 达到极限值 ε^0，材料即发生断裂。由广义胡克定律

$$\varepsilon_1 = \frac{1}{E}[\sigma_1 - \mu(\sigma_2 + \sigma_3)]$$

极限值 ε^0 与应力状态无关，可由单向拉伸确定。由于单向拉伸时有

$$\varepsilon^0 = \frac{\sigma^0}{E}$$

因此，破坏条件可表达为

$$\sigma_1 - \mu(\sigma_2 + \sigma_3) = \sigma^0$$

将 σ^0 除以安全因数后，得强度条件为

$$\sigma_1 - \mu(\sigma_2 + \sigma_3) \leqslant [\sigma] \tag{5-15}$$

最大伸长线应变理论可较好地解释石料、混凝土等脆性材料压缩时的破坏现象。

二、塑性屈服理论

1. 最大切应力理论（第三强度理论）

这一理论认为最大切应力是引起材料破坏的主要因素。即无论处于何种应力状态，只要一点的最大切应力 $\tau_{\max}$ 达到某一极限值 τ^0，材料就发生屈服破坏，在任意应力状态下，由式(5-12)

$$\tau_{\max} = \frac{\sigma_1 - \sigma_3}{2}$$

τ^0 可由单向拉伸试验确定。在与轴线成 45° 的斜截面上 $\tau^0 = \dfrac{\sigma^0}{2}$，因而屈服条件为

$$\frac{\sigma_1 - \sigma_3}{2} = \frac{\sigma^0}{2}$$

除以安全因数后得强度条件为

$$\sigma_1 - \sigma_3 \leqslant [\sigma] \tag{5-16}$$

最大切应力理论较好地解释了塑性材料的屈服现象，例如低碳钢拉伸时沿与轴线 45°的方向出现滑移线，就是最大切应力所在面的方向。这一理论没有考虑中间主应力的影响，计算结果偏于安全。

2. 畸变能密度理论（第四强度理论）

弹性体因受力变形而储存的能量称为应变能。构件单位体积内储存的应变能称为应变能密度。应变能密度由体积改变能密度 u_v 和畸变能密度 u_f 两部分组成。畸变能密度理论认为，引起材料破坏的主要因素是畸变能密度。即无论处于何种应力状态，只要畸变能密度 u_f 达到单向拉伸相应于 σ^0 的畸变能密度 u_f^0 时，材料就发生屈服。

在三向应力状态下，弹性体的畸变能密度为

$$u_f = \frac{1+\mu}{6E}[(\sigma_1 - \sigma)^2 + (\sigma_2 - \sigma_3)^2 + (\sigma_1 - \sigma_3)^2]\text{❶}$$

单向拉伸下相对 σ^0 的畸变能密度为

$$u_f^0 = \frac{2(1+\mu)}{6E}(\sigma^0)^2$$

因而屈服条件为

$$\sqrt{\frac{1}{2}[(\sigma_1 - \sigma_2)^2 + (\sigma_2 - \sigma_3)^2 + (\sigma_1 - \sigma_3)^2]} = \sigma^0$$

强度条件为

$$\sqrt{\frac{1}{2}[(\sigma_1 - \sigma_2)^2 + (\sigma_2 - \sigma_3)^2 + (\sigma_1 - \sigma_3)^2]} \leqslant [\sigma] \tag{5-17}$$

钢、铜、铝等塑性材料的薄管试验资料表明，畸变能密度理论与试验资料相当吻合，比第三强度理论更接近试验结果。

上述四个强度理论可写成以下统一的形式

$$\sigma_r \leqslant [\sigma] \tag{5-18}$$

式中，σ_r 称为相当应力。它由三个主应力按一定形式组合而成。依第一强度理论到第四强度理论的顺序，相当应力分别为

$$\left.\begin{array}{l} \sigma_{r1} = \sigma_1 \\ \sigma_{r2} = \sigma_1 - \mu(\sigma_2 + \sigma_3) \\ \sigma_{r3} = \sigma_1 - \sigma_3 \\ \sigma_{r4} = \sqrt{\frac{1}{2}[(\sigma_1 - \sigma_2)^2 + (\sigma_2 - \sigma_3)^2 + (\sigma_1 - \sigma_3)^2]} \end{array}\right\} \tag{5-19}$$

以上介绍的四个强度理论，都有其一定的局限性。一般地说，脆性材料通常产生脆性断裂失效，宜采用第一、第二强度理论；塑性材料通常产生塑性屈服形式的失效，宜采用第三、第四强度理论。

应当指出，材料破坏不仅取决于材料是塑性材料还是脆性材料，还与构件所处的应力状态有关。无论是塑性材料还是脆性材料，在三向拉应力的情况下，都将发生脆性断裂，故应采用最大拉应力理论。在三向压应力情况下，都将发生塑性屈服，应采用第三或第四强度

---

❶ 关于畸变能密度相应公式的推导可参考相关的材料力学教科书。

理论。

【例 5-4】 试按强度理论建立纯剪切应力状态的强度条件，并寻求材料的许用切应力 $[\tau]$ 与许用拉应力 $[\sigma]$ 之间的关系。

解 由例 5-3，已知在纯剪切应力状态下的三个主应力为 $\sigma_1 = \tau$，$\sigma_2 = 0$，$\sigma_3 = -\tau$。

对脆性材料，若用第一强度理论，有

$$\sigma_1 = \tau \leqslant [\sigma] \tag{1}$$

另一方面，纯剪切的强度条件为

$$\tau \leqslant [\tau] \tag{2}$$

比较两式，有

$$[\tau] = [\sigma]$$

若用第二强度理论 $\qquad \sigma_1 - \mu(\sigma_2 + \sigma_3) \leqslant [\sigma]$

若取 $\mu = 0.27$，有 $\qquad \tau - 0.27(-\tau) \leqslant [\tau]$

或 $\qquad\qquad\qquad \tau \leqslant 0.787[\sigma] \tag{3}$

比较式(2)、式(3)，有 $\qquad [\tau] = 0.787[\sigma] \approx 0.8[\sigma]$

对塑性材料，若用第三强度理论，得

$$\sigma_1 - \sigma_3 = \tau - (-\tau) = 2\tau \leqslant [\sigma]$$

$$\tau \leqslant \frac{[\sigma]}{2} \tag{4}$$

与纯剪切强度条件比较，有

$$\tau = 0.5[\sigma]$$

若用第四强度理论，可得

$$\sqrt{\frac{1}{2}[(\sigma_1-\sigma_2)^2+(\sigma_2-\sigma_3)^2+(\sigma_1-\sigma_3)^2]} = \sqrt{\frac{1}{2}[\tau^2+\tau^2+4\tau^2]} = \sqrt{3}\,\tau \leqslant [\sigma] \tag{5}$$

与式(2)比较，有

$$[\tau] = \frac{[\sigma]}{\sqrt{3}} = 0.577[\sigma] \approx 0.6[\sigma]$$

因此，对于脆性材料，一般规定

$$[\tau] = (0.8 \sim 1.0)[\sigma]$$

而对于塑性材料，则规定为

$$[\tau] = (0.5 \sim 0.6)[\sigma]$$

第五节　组合变形的强度计算

一、组合变形的概念与实例

在前面几章讨论了杆件在基本变形下的强度和刚度计算。但在工程实际中，一些杆件往往同时产生两种或两种以上的基本变形，这类变形形式称为组合变形。例如塔器（图 5-10），在自重的作用下，产生轴向压缩变形，同时还受到水平方向风载荷的作用，产生弯曲变形；又如反应釜中的搅拌轴（图 5-11），除了由于在搅拌物料时叶片受到阻力的作用而发生扭转变形外，同时还受到搅拌轴和桨叶的自重作用而发生轴向拉伸变形；再如传动轴（图 5-12），由于传递扭转力偶矩而发生扭转变形，同时在横向力作用下还发生弯曲变形。以上均为构件产生组合变形的例子。本节研究组合变形时杆件的强度计算问题。

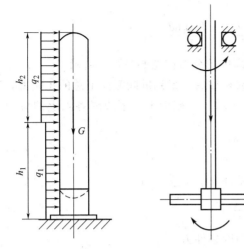

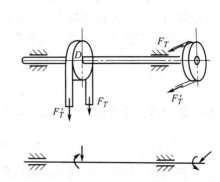

图 5-10　组合变形例 1　　　图 5-11　组合变形例 2　　　图 5-12　组合变形例 3

　　对于组合变形的杆件，只要材料服从胡克定律和小变形条件，可认为每一种基本变形都是各自独立、互不影响的，因此可应用叠加原理。于是，分析组合变形时，可先将外力简化并分解为静力等效的几组载荷，使每一组载荷只产生一种基本变形，分别计算它们的内力、应力，然后进行叠加。再根据危险点的应力状态，建立相应的强度条件。

　　下面研究工程上常见的两种组合变形下的强度问题：①拉伸（或压缩）与弯曲的组合；②弯曲与扭转的组合。

二、拉伸（或压缩）与弯曲的组合

　　图 5-13(a) 所示矩形截面悬臂梁，在梁的纵向对称面（xy 平面）内受力 F 作用，其作用线与梁的轴线夹角为 θ。将力 F 分解为轴向分力 F_x 和横向分力 F_y，它们分别为

$$F_x = F\cos\theta, \quad F_y = F\sin\theta$$

轴向力 F_x 使梁产生轴向拉伸、横向力 F_y 使梁产生弯曲。可见，梁在 F 力作用下发生轴向拉伸与弯曲的组合变形。

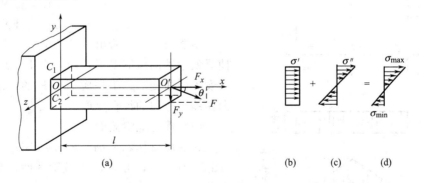

图 5-13　拉弯组合变形

　　在轴向力 F_x 的单独作用下，梁在各横截面上的正应力是均匀分布的，其值为

$$\sigma' = \frac{F_N}{A} = \frac{F\cos\theta}{A}$$

式中，A 为横截面的面积。正应力沿截面高度的分布如图 5-13(b) 所示。

　　在横向力 F_y 单独作用下，梁在固定端处的弯矩最大，该截面为危险截面，最大弯曲正

应力发生截面的上、下边缘的各点，其值为

$$\sigma'' = \pm \frac{M_{max}}{W} = \pm \frac{F_y l}{W} = \pm \frac{Fl\sin\theta}{W}$$

W 为横截面的抗弯截面系数。弯曲正应力沿截面高度的分布如图 5-13(c) 所示。

将危险截面上的弯曲正应力与拉伸正应力代数相加后，得到危险截面上总的正应力，其沿截面高度按直线规律变化的情况如图 5-13(d) 所示。在截面上、下边缘各点上的应力值分别为

$$\left.\begin{array}{c}\sigma_{max}\\\sigma_{min}\end{array}\right\} = \frac{F_N}{A} \pm \frac{M_{max}}{W} \tag{5-20}$$

由于危险点处为单向应力状态，可建立强度条件 $\sigma_{max} \leqslant [\sigma]$，即

$$\sigma_{max} = \frac{F_N}{A} + \frac{M_{max}}{W} \leqslant [\sigma] \tag{5-21}$$

若材料抗拉、压强度不相同，则应分别建立强度条件为

$$\left.\begin{array}{c}\sigma_{max} = \dfrac{F_N}{A} + \dfrac{M_{max}}{W} \leqslant [\sigma_t]\\[2mm] |\sigma_{min}| = \left|\dfrac{F_N}{A} - \dfrac{M_{max}}{W}\right| \leqslant [\sigma_c]\end{array}\right\} \tag{5-22}$$

【例 5-5】 图 5-14(a) 所示为一能旋转的悬臂式吊车梁，由 18 号工字钢做的横梁 AB 及拉杆 BC 组成。在横梁 AB 的中点 D 有一个集中载荷 $F=25$kN，已知材料的许用应力 $[\sigma]=100$MPa，试校核横梁 AB 的强度。

解 （1）受力分析

AB 梁受力图如图 5-14(b)、(c) 所示。由静力平衡方程可求得

$$F_T = 25 \text{（kN）}$$
$$F_{xA} = F_{Tx} = 21.6 \text{（kN）}$$
$$F_{yA} = F_{Ty} = 12.5 \text{（kN）}$$

由受力图可以看出，梁 AB 上外力 F_{xA}、F_{Tx} 使梁发生轴向压缩变形，而外力 F、F_{yA}、F_{Ty} 使梁发生弯曲变形。于是横梁在 F 的作用下发生轴向压缩与弯曲的组合变形。

（2）确定危险截面

作 AB 梁作轴力图 [图 5-14(d)] 和弯矩图 [图 5-14(e)]，可知 D 为危险截面，其轴力和弯矩分别为

$$F_N = -21.6 \text{（kN）}$$
$$M_{max} = 16.25 \text{（kN·m）}$$

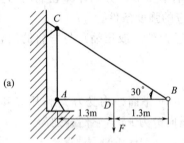
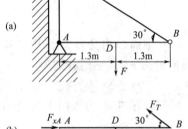
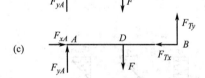
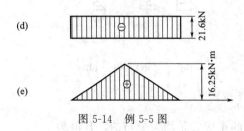

图 5-14 例 5-5 图

（3）计算危险点处的应力

由型钢规格表查得 18 号工字钢的横截面面积 $A=30.6$cm²，抗弯截面系数 $W=185$cm³，在危险截面的上边缘各点有最大压应力，其绝对值为

$$\sigma_{\max c} = \left| \frac{F_N}{A} \right| + \frac{M_{\max}}{W} = \frac{21.6 \times 10^3}{30.6 \times 10^{-4}} + \frac{16.25 \times 10^3}{185 \times 10^{-6}} = 94.87 \text{ (MPa)}$$

（4）强度校核

$$\sigma_{\max c} = 94.87 \text{MPa} < [\sigma]$$

梁 AB 满足强度条件。

下面讨论作为拉伸（压缩）与弯曲组合变形的一种特殊情况——偏心拉伸（压缩）问题。如果作用在直杆上的外力平行于杆的轴线但与轴线不重合时，将引起偏心拉伸或偏心压缩。如厂房支承吊车梁的立柱（图 5-15）。

设有一矩形截面直杆，杆两端作用有平行于轴线的力 F [图 5-16(a)]，F 力作用点与横截面形心的距离用 e 表示，称为偏心距。在该力的作用下，杆受到偏心拉伸。将力 F 向横截面形心简化，得到一个使杆产生轴向拉伸的拉力 F，同时得到一个使杆产生弯曲的、矩为 Fe 的弯曲力偶矩 M [图 5-16(b)]。于是，这个问题转化为拉伸与弯曲的组合变形问题。其危险点的最大应力值可用公式(5-20)计算，只需将式中的 $M_{\max}$ 改为偏心力偶矩 Fe。

【例 5-6】 图 5-17(a) 所示钻床，若 $F = 15\text{kN}$，材料许用拉应力 $[\sigma_t] = 35\text{MPa}$，试计算圆立柱所需直径 d。

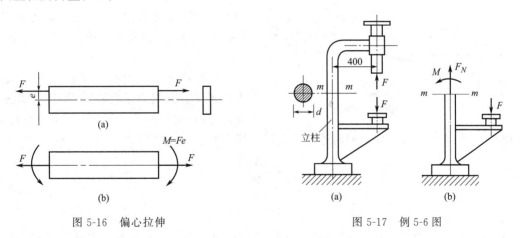

图 5-16　偏心拉伸　　　　　　图 5-17　例 5-6 图

解　（1）内力计算

由截面法可得立柱 m-m 横截面上的内力为

$$F_N = F = 15\text{kN}, \quad M = Fe = 15 \times 0.4 = 6 \text{ (kN} \cdot \text{m)}$$

（2）按弯曲强度条件初选直径 d

若直接用式(5-20)求解直径 d，会遇到三次方程的求解问题，使求解较为困难。一般来说，可先按弯曲正应力强度条件进行截面设计，然后代回式(5-20)进行强度校核。

由

$$\sigma_{\max} = \frac{M}{W} \leqslant [\sigma]$$

$$W = \frac{\pi d^3}{32} \geqslant \frac{M}{[\sigma]}$$

有

$$d \geqslant \sqrt[3]{\frac{32M}{\pi [\sigma]}} = \sqrt[3]{\frac{32 \times 6 \times 10^3}{\pi \times 35 \times 10^6}} = 120.4 \times 10^{-3} \text{ (m)}$$

取 $d = 121\text{mm}$。

（3）按偏心拉伸校核强度

由式(5-20)

$$\sigma_{\max} = \frac{F_N}{A} + \frac{M}{W} = \frac{15 \times 10^3}{\frac{\pi}{4} \times 121^2 \times 10^{-6}} + \frac{6 \times 10^3}{\frac{\pi}{32} \times 121^3 \times 10^{-9}} = 35.8 \text{ (MPa)} > [\sigma_t]$$

最大拉应力超过许用拉应力 2.3%，但不到 5%，在工程规定的许可范围内，故可用。所以取圆立柱直径 $d = 121\text{mm}$。

三、弯曲与扭转的组合

在工程中，受到纯扭转的轴是很少见的。一般说来，轴除受扭转外，还同时受到弯曲，为弯曲与扭转的组合变形。

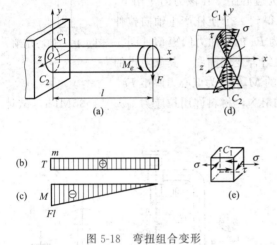

图 5-18　弯扭组合变形

以图 5-18(a) 所示的左端固定、右端自由，自由端横截面内作用一个矩为 M_e 的外力偶和一个过轴心的横向力 F 的圆轴为例，说明杆件弯曲与扭转组合变形时的强度计算方法。

力偶矩 M_e 使轴发生扭转变形，而横向力 F 使轴发生弯曲变形，分别作轴的扭矩图和弯矩图 [图 5-18(b)、(c)]，可知固定端截面为该圆轴的危险截面，其内力数值为

$$T = M_e, \quad M = Fl$$

根据危险截面上相应于扭矩 T 的切应力分布规律和相应于弯矩 M 的正应力分布规律 [图 5-18(d)]，可知上、下边缘的 C_1 点和 C_2 点的切应力和正应力同时达到最大值，其值为

$$\left.\begin{array}{l} \sigma = \dfrac{M}{W} \\[2mm] \tau = \dfrac{T}{W_t} \end{array}\right\} \tag{5-23a}$$

对于抗拉、抗压强度相等的塑性材料（如低碳钢）制成的轴，取其中一点研究即可。现取 C_1 点，其单元体为二向应力状态 [图 5-18(e)]，必须根据强度理论来建立强度条件，先由式(5-6) 求得 C_1 点的主应力

$$\left.\begin{array}{l} \left.\begin{array}{l} \sigma_1 \\ \sigma_3 \end{array}\right\} = \dfrac{\sigma}{2} \pm \dfrac{1}{2}\sqrt{\sigma^2 + 4\tau^2} \\[3mm] \sigma_2 = 0 \end{array}\right\} \tag{5-23b}$$

求出主应力后，就可用不同的强度理论进行强度计算。对于塑性材料，应采用第三强度理论或第四强度理论，将式(5-23b) 所得的主应力代入式(5-16) 和式(5-17)，得

$$\sigma_{r3} = \sigma_1 - \sigma_3 = \sqrt{\sigma^2 + 4\tau^2} \leqslant [\sigma] \tag{5-23c}$$

$$\sigma_{r4} = \sqrt{\frac{1}{2}\left[(\sigma_1 - \sigma_2)^2 + (\sigma_2 - \sigma_3)^2 + (\sigma_1 - \sigma_3)^2\right]} = \sqrt{\sigma^2 + 3\tau^2} \leqslant [\sigma] \tag{5-24}$$

将式(5-23a) 代入上面两式，并注意到对圆截面有 $W_t = 2W$，于是得圆轴在弯曲和扭转组合变形下的强度条件为

$$\sigma_{r3} = \frac{1}{W}\sqrt{M^2 + T^2} \leqslant [\sigma] \tag{5-25}$$

$$\sigma_{r4} = \frac{1}{W}\sqrt{M^2 + 0.75T^2} \leqslant [\sigma] \tag{5-26}$$

式(5-25)、式(5-26)两式不适用于非圆截面杆。

【例 5-7】 图 5-19(a) 所示传动轴，C 轮的皮带处于水平位置，D 轮的皮带处于铅直位置。各皮带的张力均为 $F_{T1} = 3900$N 和 $F_{T2} = 1500$N。若两轮的直径均为 600mm，许用应力 $[\sigma] = 80$MPa。试分别按第三，第四强度理论设计轴的直径。

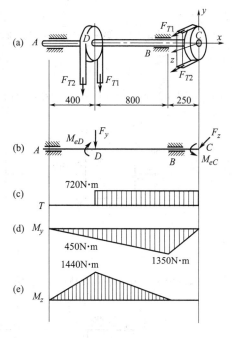

图 5-19 例 5-7 图

解 (1) 受力分析

将皮带张力向轴的截面形心简化 [图 5-19(b)]。可以看出轴发生扭转与在 xz 平面和 xy 平面内弯曲的组合变形。在 C 轮中心的水平力 F_z 使轴产生 xz 面的弯曲

$$F_z = F_{T1} + F_{T2} = 3900 + 1500 = 5400 \ (\text{N})$$

在 C 轮平面内作用一个力偶，其矩为

$$M_{eC} = (F_{T1} - F_{T2})\frac{D}{2} = (3900 - 1500) \times \frac{600 \times 10^{-3}}{2}$$

$$= 720 \ (\text{N} \cdot \text{m})$$

同理，作用在 D 轮中心的铅直力 F_y 使轴产生 xy 面的弯曲。力 F_y 的大小亦为 5400N，D 轮上的力偶矩与 M_{eC} 相同。即 $M_{eD} = 720$N $\cdot$ m。但转向与 M_{eC} 相反。

(2) 内力计算，确定危险截面

分别作出轴的扭矩图 [5-19(c)] 和 xz 平面及 xy 平面的弯矩图 [图 5-19(d)、(e)]。将 C、D 两个截面上中每一个截面的弯矩 M_y 和 M_z，按向量合成为合弯矩 M_C 和 M_D，它们的大小分别为

$$M_D = \sqrt{M_{yD}^2 + M_{zD}^2} = \sqrt{1440^2 + 450^2} = 1509 \ (\text{N} \cdot \text{m})$$

$$M_C = \sqrt{M_{yC}^2 + M_{zC}^2} = \sqrt{1350^2 + 0} = 1350 \ (\text{N} \cdot \text{m})$$

由于轴在 DC 段内各个横截面上的扭矩都相同。故 D 的右邻截面为危险截面。

(3) 计算轴的直径

根据第三强度理论，由式 (5-25)，可得

$$\frac{\pi d^3}{32} \geqslant \frac{\sqrt{M^2 + T^2}}{[\sigma]}$$

$$d \geqslant \sqrt[3]{\frac{32\sqrt{M^2 + T^2}}{\pi[\sigma]}} = \sqrt[3]{\frac{32 \times \sqrt{1509^2 + 720^2}}{\pi \times 80 \times 10^6}}$$

$$= 5.97 \times 10^{-2} \ (\text{m}) = 59.7 \ (\text{mm})$$

取 $d = 60$mm。

若按第四强度理论，由式(5-26)，得

$$\frac{\pi d^3}{32} \geqslant \frac{\sqrt{M^2+0.75T^2}}{[\sigma]}$$

$$d \geqslant \sqrt[3]{\frac{32\sqrt{M^2+0.75T^2}}{\pi[\sigma]}} = \sqrt[3]{\frac{32\times\sqrt{1509^2+0.75\times720^2}}{\pi\times80\times10^6}}$$
$$=5.92\times10^{-2}\ (\text{m})=59.2\ (\text{mm})$$

取 $d=60\text{mm}$。

从以上结果可知,第三、第四强度理论计算结果相差不大。采用第三强度理论偏安全。

习　题

5-1　求图 5-20 所示单元体 m-m 斜截面上的正应力和切应力。

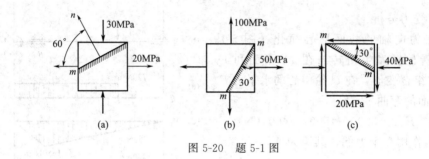

图 5-20　题 5-1 图

5-2　试求图 5-21 所示各单元体内主应力的大小及方向,并在它们中间绘出仅受主应力作用的单元体。

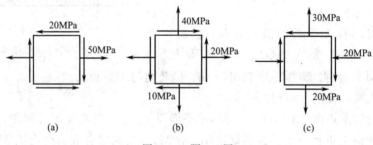

图 5-21　题 5-2 图

5-3　如图 5-22 所示,圆轴直径 200mm,今在轴上某点与轴的母线成 45°角的 aa 及 bb 方向贴有电阻应变片。在外力偶的作用下,圆轴发生扭转。现分别测得在 aa 及 bb 方向的线应变为 $\varepsilon_1 = 425\times10^{-6}$ 及 $\varepsilon_3 = -425\times10^{-6}$,且知材料的 $E=207\text{GPa}$,$\mu=0.3$,求该轴所受的外力偶矩 M_e 等于多少?

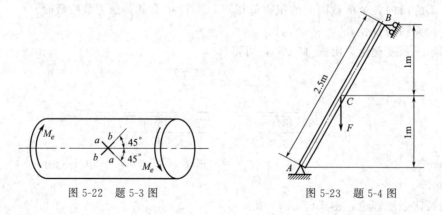

图 5-22　题 5-3 图　　　　　　　图 5-23　题 5-4 图

5-4 有一斜梁 AB，如图 5-23 所示，其横截面为正方形，边长为 100mm，若 $F=3$kN，试求最大拉应力和最大压应力。

5-5 有一开口圆环（图 5-24），由直径 $d=50$mm 的钢杆制成。$a=60$mm，材料的许用应力为 $[\sigma]=120$MPa。求最大许可拉力的数值。

5-6 如图 5-25 所示，铁道路标圆信号板安装在外径 $D=60$mm 的空心圆柱上，若信号板上所受的最大风载荷 $p=2$kN/m^2，$[\sigma]=60$MPa，试按第三强度理论选择空心柱的壁厚。

5-7 图 5-26 所示手摇绞车，已知 $d=30$mm，卷筒直径 $D=360$mm，$l=1000$mm，轴的 $[\sigma]=80$MPa，试按第三强度理论计算绞车能起吊的最大安全载荷 P（忽略 P' 引起的弯曲影响）。

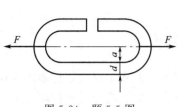

图 5-24 题 5-5 图

图 5-25 题 5-6 图

5-8 图 5-27 所示一皮带轮轴，装有皮带轮 1、2 和 3。1、2 轮上的皮带张力是垂直方向的，而 3 轮上的皮带张力是水平方向的。已知皮带张力 $F_{T1}=F_{T2}=1.5$kN。1、2 轮的直径均为 300mm，3 轮的直径为 450mm，轴的直径为 60mm。若许用应力 $[\sigma]=80$MPa，试按第三强度理论和第四强度理论校核轴的强度。

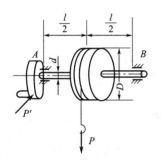

图 5-26 题 5-7 图

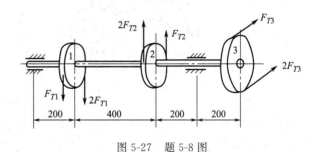

图 5-27 题 5-8 图

第六章
疲 劳

第一节　交变应力的概念

如果构件的应力不随时间变化，称这种应力为静应力。但在工程上，许多构件在工作时出现随时间作周期性变化的应力。这种应力称为交变应力。交变应力是一种动应力。

引起构件产生交变应力的原因主要有以下两种。

（1）载荷作周期性变化　例如，在图 6-1(a) 中，F 表示齿轮啮合时作用于轮齿上的力，齿轮每旋转一周，每个齿啮合一次。啮合时 F 由零迅速增加到最大值，然后又减少为零。如此循环，F 力周期性地施加在每个轮齿上，因而齿根的弯曲正应力 σ 也随时间周期性地变化。σ 随时间 t 变化的曲线如图 6-1(b) 所示。

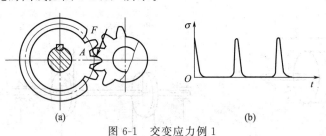

图 6-1　交变应力例 1

（2）载荷不变化　但构件作某些周期性运动　例如图 6-2(a) 所示的火车轮轴，外力的大小、方向基本不变，即弯矩基本不变。但轴以角速度 ω 转动时，横截面上边缘 A 点到中性轴的距离 $y = \dfrac{d}{2}\sin\omega t$ 是随时间 t 变化的。设在初始位置 A 处 ［图 6-2(b)］ $\sigma = 0$，经过时间 t 后到达位置 A'，此时该点的弯曲正应力为

$$\sigma = \frac{My}{I_z} = \frac{Md}{2I_z}\sin\omega t$$

由此可见，σ 是随时间 t 按正弦曲线变化的 ［图 6-2(c)］。

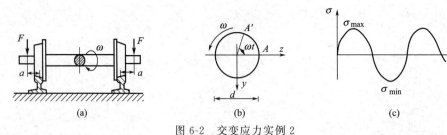

图 6-2　交变应力实例 2

设交变应力曲线如图 6-3 所示，由 a 到 b，应力经历了变化的全过程又回到原来的数值，

称为一个应力循环，完成一个应力循环所用的时间 T 称为一个周期。用 σ_{max} 和 σ_{min} 分别表示循环中的最大应力和最小应力，其比值

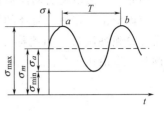

图 6-3　交变应力曲线

$$r=\frac{\sigma_{min}}{\sigma_{max}} \qquad (6\text{-}1)$$

r 称为交变应力的循环特征。σ_{max} 和 σ_{min} 的平均值称为平均应力，即

$$\sigma_m=\frac{\sigma_{max}+\sigma_{min}}{2} \qquad (6\text{-}2)$$

σ_{max} 和 σ_{min} 差的一半称为应力幅，用 σ_a 表示

$$\sigma_a=\frac{\sigma_{max}-\sigma_{min}}{2} \qquad (6\text{-}3)$$

在交变应力下，若应力循环中 σ_{max} 与 σ_{min} 大小相等、符号相反，则其循环特征 $r=-1$（如图 6-2 所示的火车轮轴），这种循环称为对称循环。此时，$\sigma_m=0$，$\sigma_a=\sigma_{max}$。除对称循环外，其余的应力循环统称为非对称循环，在非对称循环中，若 $\sigma_{min}=0$（或 $\sigma_{max}=0$），表示交变应力变动于零与某一值之间（如图 6-1 所示的轮齿应力），这种循环称为脉动循环。其循环特征为

$$r=0 \quad (\sigma_{min}=0)$$

或
$$r=-\infty \quad (\sigma_{max}=0)$$

静应力可看作交变应力的一个特例，其循环特征为 $r=1$。

任何非对称循环可以看作在平均应力 σ_m 上叠加一个应力幅为 σ_a 的对称循环（图 6-3）。也可以说在大小为 σ_m 的静应力上叠加一个应力幅为 σ_a 的对称循环。

上述有关交变应力的概念亦适用于交变切应力，只要将 σ 相应地改为 τ。

第二节　疲劳的概念

实践表明，交变应力引起的破坏与静应力全然不同。金属构件经过一段时间交变应力的作用后发生的断裂现象称为"疲劳破坏"，简称疲劳。

在交变应力的作用下，无论是脆性材料还是塑性材料，疲劳破坏都表现为脆性断裂，且断裂前无明显的塑性变形。构件发生疲劳断裂时其最大应力往往低于材料的强度极限，有时甚至低于屈服极限。

对金属发生疲劳破坏现象的一般解释是：构件长期在交变应力的作用下，材料有缺陷（如表面刻痕或内部缺陷）的地方会形成微观裂纹，并在裂纹尖端产生高度应力集中。由于应力集中的影响以及应力的不断交变，微观裂纹逐渐扩展，形成宏观裂纹。宏观裂纹的扩展使构件的截面积逐渐削弱直至因削弱的截面强度不足而导致构件的突然断裂。

近代金相显微镜观察的结果表明，疲劳断口明显地分为两个不同的区域：一个是光滑区，一个为呈颗粒状的粗糙区（图 6-4）。这是因为在裂纹扩展过程中，裂纹的两侧在交变应力下，时而压紧，时而分开，多次反复，因此形成断口的光滑区。断口的颗粒状粗糙区则是最后突然断裂形成的。

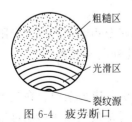

图 6-4　疲劳断口

疲劳破坏具有很大的危害性。在飞机、车船和各种机器发生的事故中，有相当多数是由于金属疲劳引起的。另外，疲劳断裂通常是突然发生的，几乎没有什么明显的前兆，这对采取措施预防疲劳的发生带来很大的困难。还有，疲劳破坏引起的后果往往是灾难性

的。因此，对金属疲劳的研究越来越引起人们的重视。

应该指出，在疲劳研究的早期，人们认为在交变应力的长期作用下，材料结构会发生改变而导致脆性断裂，因此称之为"疲劳"。近代的研究证明这一解释并不正确，但"疲劳"一词却一直沿用至今。

第三节 持久极限

一、材料的持久极限

在交变应力作用下，材料在应力低于屈服极限时就可能发生疲劳。因此静载下测定的屈服极限和强度极限已不能作为强度指标。材料疲劳的强度指标应通过疲劳试验重新测定。

测定对称循环下疲劳强度指标的试验比较简单。测定时材料要制成 $d=6\sim10mm$ 的光滑小试件，将试件装在疲劳试验机上（图 6-5），使其受到纯弯曲。保持载荷的大小和方向不变，试件不停地绕轴线旋转，每旋转一圈，截面上的各点的应力便经历了一次对称循环 [图6-2(c)]。

试验时，使第一根试件的最大应力 σ_{max} 约为强度极限的 70%，经历 N 次循环后，试件发生疲劳断裂。N 称为应力为 σ_{max} 时的疲劳寿命。然后，逐根降低试件的 σ_{max}，记录下不同 σ_{max} 下试件的疲劳寿命。根据这一系列的试验结果，可以得出这样的规律，随着试件应力水平的降低，其疲劳寿命逐渐增加。将一组试件的试验结果记录下来，可得到应力与疲劳寿命的关系曲线，称为应力寿命曲线或 S-N 曲线（图 6-6）。钢试件的疲劳试验表明，其 S-N 曲线有一水平渐近线。这表明当应力降到某一极限值时，试件经历无限次应力循环而不会发生疲劳失效。交变应力的这一极限值称为材料的持久极限或疲劳极限，记为 σ_r，这里 r 为循环特征，对称循环下材料的持久极限用 σ_{-1} 表示。

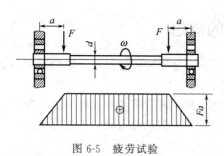

图 6-5　疲劳试验

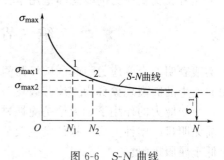

图 6-6　S-N 曲线

试验表明，钢试件经历 10^7 次循环后仍未疲劳，则再增加循环次数，也不会疲劳。因此，将在 10^7 次循环下仍未疲劳的最大应力规定为钢的持久极限。$N_0=10^7$ 称为循环基数。铝合金等有色金属的 S-N 曲线无明显的水平渐近线，通常规定一个循环基数，如 $N_0=10^8$，对应的持久极限称为材料的条件持久极限。

不对称循环下，材料的持久极限可用以上类似的试验方法得到，亦可查阅相关手册。

二、影响构件持久极限的因素

实际构件的外形、尺寸和表面质量等方面与光滑小试件均不可能完全相同，其持久极限（称为构件的持久极限）自然也不相同。下面是影响构件持久极限的几种主要因素。

1. 构件外形的影响

构件外形的突然变化，如构件上有槽、孔、缺口、轴肩等，都将引起应力集中。在应力集中的局部区域更易形成疲劳裂纹而降低构件的持久极限。构件外形对持久极限的影响可用

有效应力集中因数 k_σ 表示，对称循环时它是材料的持久极限 σ_{-1} 与同尺寸有应力集中构件的持久极限 $(\sigma_{-1})_k$ 之比，即

$$k_\sigma = \frac{\sigma_{-1}}{(\sigma_{-1})_k} \tag{6-4}$$

k_σ 值大于 1，可在有关手册查到。

2. 构件尺寸的影响

材料的持久极限是由直径为 $6 \sim 10\text{mm}$ 的小试件测定的。随着构件横截面尺寸的增大，持久极限会相应地降低。这是由于当构件的横向尺寸大于小试件的以后，构件内高应力区范围扩大（图 6-7），因而存在缺陷，形成疲劳裂纹的机会要多一些。这种构件尺寸的影响可用尺寸因数 ε_σ 表示，对称循环时它是实际构件的持久极限 $(\sigma_{-1})_d$ 与材料的持久极限 σ_{-1} 之比，即

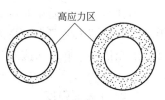

图 6-7　构件尺寸对持久极限的影响

$$\varepsilon_\sigma = \frac{(\sigma_{-1})_d}{\sigma_{-1}} \tag{6-5}$$

ε_σ 值小于 1，可在有关手册中查到。

3. 构件表面质量的影响

一般情况下，构件的最大应力发生在表层，疲劳裂纹也多在表层生成。因此，构件的表面质量将会对持久极限有明显的影响。表面加工的刀痕、擦伤等将引起应力集中，降低持久极限；相反，若构件表面质量优于光滑小试件或构件表面经过某些强化处理，持久极限则会提高。表面质量对持久极限的影响可用表面质量因数 β 表示，对称循环时，它是不同表面质量构件的持久极限 $(\sigma_{-1})_\beta$ 与材料的持久极限 σ_{-1} 的比值，即

$$\beta = \frac{(\sigma_{-1})_\beta}{\sigma_{-1}} \tag{6-6}$$

β 值可在有关手册中查到。

除上述三种主要因素外，构件的持久极限还会受到如工作环境等因素的影响，应用时可参考相关资料。

三、对称循环下构件的持久极限

综合考虑式(6-4) ～式(6-6) 三式，对称循环下构件的持久极限 σ_{-1}^0 为

$$\sigma_{-1}^0 = \frac{\varepsilon_\sigma \beta}{k_\sigma} \sigma_{-1} \tag{6-7}$$

式中，σ_{-1} 为材料的持久极限。

在构件的持久极限确定后，就可对构件建立强度条件。在交变应力下对构件建立强度条件的方法，工程上通常采用安全因数法，即要求构件在应力循环下的最大应力作用时的工作安全因数 n_σ，不得小于构件的许用安全因数 n。其具体的计算方法可参阅有关资料。

对受交变切应力作用的构件，可依照前面所述，得到相应的持久极限

$$\tau_{-1}^0 = \frac{\varepsilon_\tau \beta}{k_\tau} \tau_{-1} \tag{6-8}$$

至于非对称循环下构件的持久极限可参考相应的教科书或手册。本书不再赘述。

第四节　提高构件疲劳强度的措施

疲劳裂纹主要在应力集中部位和构件表面形成。提高疲劳强度应从减缓应力集中，提高表面质量等方面入手。

1. 减缓应力集中

在设计构件的外形时应注意尽量避免应力集中，如出现方形或带有尖角的槽。在截面尺寸突变处（如阶梯轴的轴肩），要采用半径足够大的过渡圆角或其他减缓应力集中的方法。

2. 降低表面粗糙度

构件表面加工质量对疲劳强度影响很大，特别是高强度钢对应力集中比较敏感的材料。因此，对疲劳强度要求较高的构件，应该对表面进行精细加工（如抛光、磨光），使之具有必要的光洁度。同时，应避免使构件表面受到机械损伤（如划痕、打印等）和其他损伤（如锈蚀）。

3. 增加表面强度

对构件表面进行强化处理，如高频淬火、渗碳、氮化、滚压、喷丸等，这样有助于提高构件的疲劳强度。

第二篇
化工设备设计基础

第七章
概　述

第一节　容器的结构和分类

一、容器的结构

在化工厂和石油化工厂中，有各种各样的设备。这些设备按照它们在生产过程中的作用原理，可以分为反应设备、换热设备、分离设备和储运设备。

(1) 反应设备　主要是用来完成介质的物理、化学反应的设备。如反应器、发生器、反应釜、聚合釜、合成塔、变换炉等。

(2) 换热设备　主要是用来完成介质的热量交换的设备。如热交换器、冷却器、冷凝器、蒸发器、废热锅炉等。

(3) 分离设备　主要是用来完成介质的流体压力平衡缓冲和气体净化分离的设备。如分离器、过滤器、洗涤器、吸收塔、干燥塔、汽提塔等。

(4) 储存设备　主要是用来储存或者盛装气体、液体、液化气体等介质的设备。如各种型式的储罐。

这些化工设备虽然尺寸大小不一，形状结构不同，内部结构的形式更是多种多样，但它们都有一个外壳，这个外壳就叫做容器。容器是化工生产所用各种化工设备外部壳体的总称。容器设计也是所有化工设备设计的基础。

容器一般是由几种壳体（如圆柱壳、球壳、圆锥壳、椭球壳等）组合而成，再加上连接法兰、支座、接口管、人孔、手孔、视镜等零部件。图7-1所示为一卧式容器的结构简图。化工容器一般是在一定压力和温度下工作的，因此常称为压力容器。常压、低压化工设备通用的零部件大都已有标准，设计时可直接选用。

二、压力容器的分类

压力容器通常可按其形状、厚度、承压性质、工作温度、支承形式、结构材料及其技术管理等进行分类。

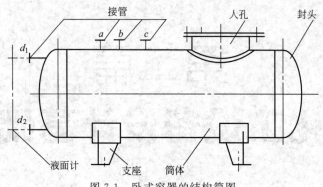

图 7-1 卧式容器的结构简图

1. 按容器形状分类

（1）方形和矩形容器 由平板焊成，制造简单，但承压能力差，只用作常压或低压小型储槽。

（2）球形容器 由数块弓形板拼焊而成，承压能力好，但由于安装内件不便和制造稍难，一般多用作储罐。

（3）圆筒形容器 由圆柱形筒体和各种回转壳成形封头（半球形、椭球形、碟形、圆锥形）或平板形封头所组成。作为容器主体的圆柱形筒体，制造容易，安装内件方便，而且承压能力较好。这类容器应用最广。

2. 按容器厚度分类

压力容器按厚度可以分为薄壁容器和厚壁容器。通常，厚度与其最大截面圆的内径之比小于等于 0.1，即 $\delta/D_i \leqslant 0.1$ 或 $D_o/D_i \leqslant 1.2$（D_o 为容器的外径，D_i 为容器的内径，δ 为容器的厚度）的容器称为薄壁容器，超过这一范围的称为厚壁容器。

3. 按承压方式分类

按承压方式可将压力容器分为内压容器与外压容器两类。当容器内部介质压力大于外部压力时，称为内压容器；反之，容器内部压力小于外部压力时，称为外压容器，其中，内部压力小于一个绝对大气压（0.1MPa）的外压容器又叫真空容器。

内压容器，按其设计压力 p 可分为常压、低压、中压、高压和超高压容器 5 类，其压力界线见表 7-1。

表 7-1 压力容器的压力等级分类

容器分类	设计压力 p/MPa	容器分类	设计压力 p/MPa
常压容器	$p < 0.1$	高压容器	$10 \leqslant p < 100$
低压容器	$0.1 \leqslant p < 1.6$		
中压容器	$1.6 \leqslant p < 10$	超高压容器	$p \geqslant 100$

4. 按设计温度分类

根据工作时容器的壁温，可分为常温容器、高温容器、中温容器和低温容器。

（1）常温容器 指设计温度在 $-20 \sim 200℃$ 条件下工作的容器。

（2）高温容器 指设计温度达到材料蠕变起始温度下工作的容器。对碳素钢或低合金钢容器，温度超过 420℃，其他合金钢超过 450℃，奥氏体不锈钢超过 550℃，均属高温容器。

（3）中温容器 指设计温度在常温和高温之间的容器。

（4）低温容器 指设计温度低于 $-20℃$ 的碳素钢、低合金钢、双相不锈钢和铁素体不锈钢制容器，以及设计温度低于 $-196℃$ 的奥氏体不锈钢制容器。

5. 按支承形式分类

容器按支承形式可分为卧式容器和立式容器。

6. 按结构材料分类

从制造容器所用材料来看，容器有金属制的和非金属制的两类。

金属容器中，目前应用最多的是低碳钢和普通低合金钢制的压力容器。在腐蚀严重或产品纯度要求高的场合，使用不锈钢、不锈复合钢板或铝、银、钛等制的压力容器。在深冷操作中，可用铜或铜合金。而承压不大的塔节或容器可用铸铁。

非金属材料既可作容器的衬里，又可作独立的构件。常用的有硬聚乙烯、玻璃钢、不透性石墨、化工搪瓷、化工陶瓷、砖、板、花岗岩、橡胶衬里等。

压力容器的结构与尺寸、制造与施工，在很大程度上取决于所选用的材料。不同材料的化工容器有不同的设计规定。本篇主要介绍钢制压力容器的设计。

7. 按安全技术管理分类

对于同时符合下列条件的容器：容器内工作压力大于或者等于 0.1MPa；容器容积大于等于 30L 且内直径（非圆形截面指截面内边界最大几何尺寸）大于等于 150mm 的固定式容器；承装介质为气体、液化气体以及介质最高工作温度高于或者等于其标准沸点的液体，按危险程度对压力容器进行分类监管，根据危险程度不同，将压力容器划分为三类（Ⅰ类、Ⅱ类和Ⅲ类），由设计压力、容积和介质危害性三个因素决定压力容器的类别，利用设计压力 p（MPa）和容积 V（L）值在不同介质分组坐标图上查取相应的类别。

（1）介质分组

第一组介质，毒性程度为极度危害、高度危害的化学介质，易爆介质，液化气体。

第二组介质，除第一组以外的介质。

（2）介质危害性

介质危害性是指压力容器在生产过程中因事故致使介质与人体大量接触，发生爆炸或者因经常泄漏引起职业性慢性危害的严重程度，用介质毒性程度和爆炸危害程度表示。

毒性程度是综合考虑急性毒性、最高允许浓度和职业性慢性危害等因素，极度危害最高容许浓度小于 0.1mg/m³；高度危害最高容许浓度为 0.1～1.0mg/m³；中度危害最高容许浓度为 1.0～10mg/m³；轻度危害最高容许浓度大于或者等于 10mg/m³。

易爆介质是指气体或者液体的蒸汽、薄雾与空气混合形成的爆炸混合物，并且其爆炸下限小于 10%，或者爆炸上限和爆炸下限的差值大于或者等于 20% 的介质。

介质毒性危害程度和爆炸危险程度的确定按照 HG 20660—2000《压力容器中化学介质毒性危害和爆炸危害程度分类》确定。无规定时，由压力容器设计单位参照 GBZ 230—2010《职业性接触毒物危害程度分级》的原则决定介质组别。

（3）基本划分

压力容器类别的划分应当根据介质特性，按照以下要求选择类别划分图，再根据设计压力 p（MPa）和容积 V（L），标出坐标点，确定压力容器类别：

第一组介质，压力容器类别的划分见图 7-2；

第二组介质，压力容器类别的划分见图 7-3。

坐标点位于图 7-2 或者图 7-3 的分类线上时，按较高的类别划分。GBZ 230 和 HG 20660 两个标准中没有规定的介质，应当按其化学性质、危害程度和含量综合考虑，由压力容器设计单位决定介质组别。

多腔压力容器（如换热器的管程和壳程、夹套容器等）的类别划分，应按照类别高的压力腔作为该容器的类别并且按照该类别进行管理使用。但是应当按照每个压力腔各自的类别分别提出设计、制造技术要求。对各压力腔进行类别划定时，设计压力取本压力腔的设计压力，容积取本压力腔的几何容积。

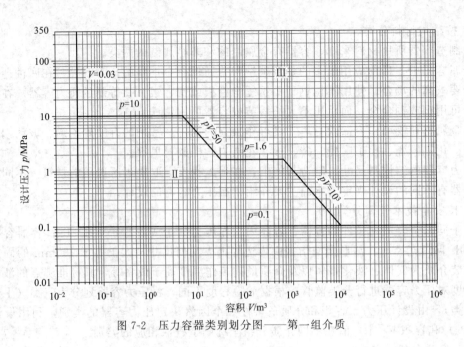

图 7-2　压力容器类别划分图——第一组介质

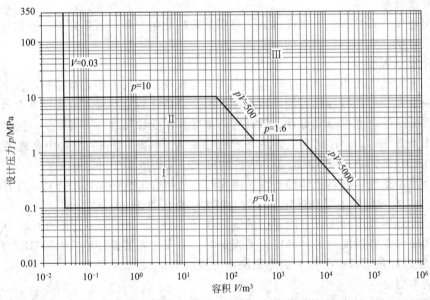

图 7-3　压力容器类别划分图——第二组介质

　　一个压力腔内有多种介质时，按照组别高的介质划分类别。当某一危害性物质在介质中含量极小时，应当根据其危害程度及其含量综合考虑，由压力容器设计单位决定的介质组别划分类别。

第二节　压力容器设计的基本要求

　　容器的总体尺寸（例如反应釜釜体容积的大小，釜体长度与直径的比例；又如蒸馏塔的直径与高度，接口管的数目，方位及尺寸等）一般是根据工艺生产要求，通过化工工艺计算和生产经验决定的。这些尺寸通常称为设备的工艺尺寸。

当设备的工艺尺寸初步确定之后，就需进行容器及其零部件的具体设计。压力容器及零部件的设计须满足如下要求。

（1）强度　指容器抵抗外力破坏的能力。压力容器及其零部件应有足够的强度，以保证安全生产。

（2）刚度　指容器抵抗外力使其发生变形的能力。压力容器及其零部件必须有足够的刚度，以防止在使用、运输或安装过程中发生过度的变形。某些情况下，压力容器及其零部件的设计往往取决于刚度而不是强度。

（3）稳定性　是指容器或零部件在外力作用下维持其原有形状的能力。承受外压的压力容器壳体或承受压力的构件，必须保证足够的稳定性，以防止被压瘪或出现褶皱。

（4）耐久性　化工设备的耐久性是根据所要求的使用年限来决定的。化工设备的设计使用年限一般为10～15年。压力容器的耐久性主要取决于腐蚀情况，在某些情况下还取决于设备的疲劳、蠕变或振动等。为了保证设备的耐久性，必须选择适当的材料，使其能耐所处理介质的腐蚀，或采取必要的防腐措施以及正确的施工方法。

（5）密封性　化工设备的密封性是一个十分重要的问题。设备密封的可靠性是安全生产的重要保证之一。化工厂所处理的物料中，很多是易燃、易爆或者有毒的，设备内的物料如果泄漏出来，不但会造成生产上的损失，更重要的是会污染环境，使操作人员中毒，甚至引起爆炸；反过来，如果空气漏入负压设备，会影响工艺过程的进行或引起爆炸事故。因此，化工设备必须具有可靠的密封性，以保证安全和创造良好的劳动环境以及维持正常的操作条件。

（6）节省材料和便于制造　压力容器应在结构上保证尽可能降低材料消耗，尤其是贵重材料的消耗。同时，在考虑结构时应使其便于制造，应尽量减少或避免复杂的加工工序，尽量减少加工量。在设计时应尽量采用标准化设计和标准零部件。

（7）方便操作和便于运输　化工设备的结构还应考虑到操作方便，以及安装、维护、检修方便。在化工设备的尺寸和形状上还应考虑到运输的方便和可能性。

第三节　压力容器的标准化设计

一、标准化的意义

从产品的设计、制造、检验和维修等诸多方面来看，标准化是组织现代化生产的重要手段。实现标准化，有利于成批生产，缩短生产周期，提高产品质量，降低成本，从而提高产品的竞争能力；实现标准化，可以增加零部件的互换性，有利于设计、制造、安装和维修，提高劳动生产率。标准化为组织专业化生产提供了有利条件，有利于合理地利用资源，节省原材料，能够有效地保障人员的安全与健康；采用国际性的标准化，可以消除贸易障碍，提高竞争能力。我国有关部门已经制定了一系列压力容器及其零部件的标准，如封头、法兰、支座、人孔、手孔和视镜等。

二、压力容器筒体和接管的标准化设计

压力容器的筒体和接管是最基本的构件，在进行容器及其零部件的设计时，应优先采用标准化参数，其中最主要的是公称直径和公称压力。其目的是减少容器直径规格，减少与之相配的标准件（如封头、法兰等）的数量，提高生产效率和经济性。

1. 公称直径

在 GB/T 9019—2001《压力容器公称直径》中，规定了压力容器的公称直径系列尺寸，适用于圆筒形容器。以内径为基准卷制筒体的公称直径见表7-2，以外径为基准的无缝钢管

做筒体的公称直径见表 7-3。公称直径以 DN 表示，如圆筒内径 1200mm 的压力容器公称直径表示为 $DN1200$，外径为 273mm 的管子做筒体的压力容器其公称直径表示为 $DN273$。

表 7-2　以内径为基准的压力容器公称直径　　　　　　　　　　　　　　　mm

300	350	400	450	500	550	600	650	700	750
800	850	900	950	1000	1100	1200	1300	1400	1500
1600	1700	1800	1900	2000	2100	2200	2300	2400	2500
2600	2700	2800	2900	3000	3100	3200	3300	3400	3500
3600	3700	3800	3900	4000	4100	4200	4300	4400	4500
4600	4700	4800	4900	5000	5100	5200	5300	5400	5500
5600	5700	5800	5900	6000	—	—	—	—	—

表 7-3　以外径为基准的压力容器公称直径　　　　　　　　　　　　　　　mm

159	219	273	325	377	426

压力容器接管所采用的钢管，分为 A、B 两个系列，A 系列为国际通用系列（俗称英制管），B 系列为国内沿用系列（俗称公制管），其公称直径 DN 与钢管外径的对应关系见表 7-4。

表 7-4　接管公称直径与钢管外径　　　　　　　　　　　　　　　mm

公称直径 DN		10	15	20	25	32	40	50	65	80	100
钢管外径	A	17.2	21.3	26.9	33.7	42.4	48.3	60.3	76.1	88.9	114.3
	B	14	18	25	32	38	45	57	76	89	108
公称直径 DN		125	150	200	250	300	350	400	450	500	600
钢管外径	A	139.7	168.3	219.1	273	323.9	355.6	406.4	457	508	610
	B	133	159	219	273	325	377	426	480	530	630

2. 公称压力

公称压力是压力容器或管道的标准化压力等级，即按标准化要求将工作压力划分为若干个压力等级；指规定温度下的最大工作压力，也是一种经过标准化后的压力数值。在容器设计选用零部件时，应选取与设计压力相近且又稍高一级的公称压力。当容器零部件设计温度升高且影响金属材料强度极限时，则要按更高一级的公称压力选取零部件。

国际通用的公称压力等级有两大系列，即 PN 系列和 Class 系列。欧洲等一些国家采用 PN 系列表示公称压力等级，如 PN2.5、PN40 等；美国等一些国家习惯采用 Class 系列表示公称压力等级，如 Class 150、Class 600 等。要注意的是 PN 和 Class 都是用来表示公称压力等级系列的符号，其本身并无量纲。PN 系列的公称压力等级有 2.5，6.0，10，16，25，40，63，100，160，250 等；Class 系列中常用的公称压力等级有 Class 150，Class 300，Class 600，Class 900，Class 1500，Class 2500 等。PN 和 Class 后面的数字并不代表法兰实际所能承受的工作压力，对于给定的 PN 或 Class 法兰的最大允许工作压力要根据法兰材料和工作温度，在相应法兰标准的压力-温度额定值中查取。PN 系列与 Class 系列间的相互对应关系见表 7-5。

表 7-5　PN 系列与 Class 系列公称压力的对照

PN	20	50	110	150	260	420
Class	150	300	600	900	1500	2500

设计选取标准管法兰时，先确定管法兰的类型和密封面型式，再根据接管公称直径、材料和工作温度确定公称压力等级，由公称压力和公称直径，即可确定标准法兰各部分尺寸。若零部件不是选用标准件，而是自行设计，则设计压力就不必符合规定的公称压力。

第四节　化工容器常用金属材料的基本性能

化学工业是多品种的基础工业，为了适应化工生产的多种需要，化工设备的种类很多，设备的操作条件也比较复杂。按操作压力来说，有真空、低压、中压、高压和超高压；按操作温度来说，有低温、常温、中温和高温；处理的介质大多数具有腐蚀性，或为易燃、易爆、剧毒等。对于某种具体设备来说，可能既有温度、压力要求，又有耐腐蚀要求，而且这些要求有时还是互相矛盾的，有时某些条件又经常变化。如此多样性的操作特点，给化工设备选用材料造成了复杂性，因此合理选用化工设备材料是设计化工设备的重要环节。

在选择材料时，必须根据材料的各种性能及其应用范围，综合考虑具体的操作条件，抓住主要矛盾，遵循适用、安全和经济的原则。

选用材料的一般要求如下：

① 材料品种应符合中国资源和供应情况；

② 材质可靠，能保证使用寿命，应考虑容器的使用条件（如设计温度、设计压力、介质特性和操作特点等）；

③ 要有好的力学性能、工艺性能、化学性能和物理性能，对腐蚀性介质能耐腐蚀；

④ 便于制造加工，焊接性能良好；

⑤ 经济上合理。

例如，对于压力容器用钢来说，除了要承受较高的介质内压（或外压）以外，还经常处于有腐蚀性介质的条件下工作，经受各种冷、热加工（如下料、卷板、焊接和热处理等）使之成形。因此，对压力容器用钢板有较高的要求：除随介质的不同要有耐腐蚀的要求以外，应有较高的强度，良好的塑性、韧性和冷弯性能，低的缺口敏感性，良好的加工和焊接性能等。由于钢材在中、高温的长期作用下，金相组织和力学性能等将发生明显的变化，又由于化工用的中、高温设备往往都要承受一定的介质压力。因此，选择中、高温设备用钢时，还必须考虑到材料的组织稳定性和中、高温的力学性能。对于低温设备用钢，还要着重考虑设备在低温下的脆性破裂问题。

一、力学性能

构件在使用过程中受力超过某一限度时，就会发生塑性变形，甚至断裂失效。材料的力学性能是指材料在外力作用下表现出的变形、破坏等方面的特性。通常用材料在外力作用下表现出来的弹性、塑性、强度、硬度和韧性等特征指标来衡量材料的力学性能。

1. 强度

强度是固体材料在外力作用下抵抗产生塑性变形和断裂的特征。常用的强度指标有屈服强度 R_{eL}（或 $R_{p0.2}$）（又称屈服极限）和抗拉强度 R_m（又称强度极限），在设计温度下经 10 万小时断裂的持久强度 R_D^t，在设计温度下经 10 万小时蠕变率为 1‰ 的蠕变极限 R_n^t，这是容器设计计算中用以确定许用应力的主要依据。屈服强度 R_{eL} 与抗拉强度 R_m 之比称为屈强比，屈强比可反映材料屈服后强化能力的高低。屈强比愈低表示屈服后仍有较大的强度裕量，高强度钢的屈强比数值较高，可达 0.8 以上，而低强度钢的屈强比可低到 0.6 以下。

2. 塑性

金属的塑性，是指金属在外力作用下产生塑性变形的能力。常用的塑性指标是断后伸长率 A 和断面收缩率 Z。上述塑性指标在工程技术中具有重要的实际意义。首先良好的塑性可顺利地进行某些成形工艺，如弯卷、锻压、冷冲、焊接等。其次，良好的塑性使容器和零部件在使用中可以产生塑性变形而避免突然断裂。故制造压力容器和零部件的材料都需要具有一定的塑性。

3. 韧性

韧性是材料对缺口或裂纹敏感程度的反映。韧性好的材料即使存在宏观裂纹或缺口而造成应力集中时也具有相当好的防止发生脆性断裂和裂纹快速失稳扩展的能力。

冲击韧性 这是衡量材料韧性的指标之一，可用带 V 形缺口的冲击试样在冲击试验中所吸收的能量 α_K 作为冲击韧性值，其单位为焦耳每平方米（J/m^2）。冲击韧性高的材料，一般都有较高的塑性指标；但塑性较高的材料，却不一定都有高的冲击韧性。标准上一般直接采用冲击功 KV_2，而较少采用 α_K 值。

脆性转变温度 试验结果表明，冲击韧性 α_K 的数值随温度降低而减小，在某一温度区间内 α_K 的数值突然明显下降，材料变脆，一般规定为冲击功（KV_2）降到某一特定数值时的温度，如取 40% 冲击功对应的温度为脆性转变温度。了解材料的这一性质可确定材料的最低使用温度。

断裂韧性 含裂纹构件抵抗裂纹失稳扩展的能力称为断裂韧性，可用裂纹失稳扩展从而导致断裂时的应力强度因子临界值 K_{IC} 表示。该断裂韧性值可以衡量材料的韧性情况，即可以看出存在裂纹时材料所具有的防脆断能力。

4. 硬度

硬度是用来衡量固体材料软硬程度的力学性能指标。用一个较硬材料的物体向另一种材料的表面压入，则该材料抵抗压入的能力叫做材料的硬度。材料的硬度表征材料表面局部区域抵抗压缩变形和断裂的能力。

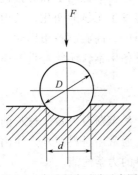

材料的硬度有多种不同的测试方法，常用的硬度指标可分为布氏硬度、洛氏硬度、维氏硬度等。

常用的布氏硬度是以直径为 D（10mm，5mm 或 2.5mm）的钢球，在压力 F 下压入金属表面而测得，如图 7-4 所示。

根据一定的压力，压出的压痕面积和直径，可以求出布氏硬度值（HBS）。

$$布氏硬度 = \frac{2F}{\pi D (D - \sqrt{D^2 - d^2})}$$

图 7-4 布氏硬度试验示意图

式中 F——压力，N；

       D——钢球直径，mm；

       d——压痕直径，mm。

布氏硬度的特点是比较准确，因此用途很广，但不能测硬度较高的金属，如 44.1HBS 以上和太薄的试样，而且压痕较大，易损坏表面等。

硬度是材料的重要性能指标之一。一般说来，硬度高强度也高，耐磨较好。大部分金属硬度和强度之间有一定的关系，因而可用硬度近似地估计抗拉强度值。根据经验，它们的关系为：低碳钢 $R_m \approx 0.36 HBS$；高碳钢 $R_m \approx 0.34 HBS$；灰铸铁 $R_m \approx 0.1 HBS$。

5. 材料在高温下的力学性能

一般金属材料的力学性能随温度的升高会发生显著的变化。通常是随着温度的升高，金属的强度降低，塑性提高。图 7-5 表示了低碳钢的 R_{eL}、R_m、E、A、Z 随温度变化的情况。除此之外，金属材料在高温下还有一个重要特性，即"蠕变"。所谓蠕变，是指在高温时，在一定的应力下，应变随时间而增加的现象，或者金属在高温和应力作用下逐渐产生塑性变形的现象。

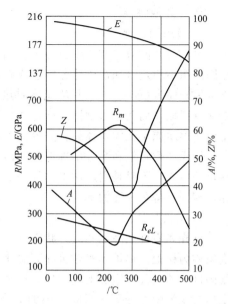

图 7-5　材料在高温下的力学性能

对某些金属如铅、锡等，在室温下也有蠕变现象。钢铁和许多有色金属，只有当温度超过一定值以后才会出现蠕变。例如，碳素钢在温度超过 420℃时，合金钢在温度超过 450℃时，奥氏体不锈钢在温度超过 550℃时，才发生蠕变。

在生产实际中，由于金属材料的蠕变而造成的破坏事例并不少见。例如，高温高压的蒸汽管道，由于存在蠕变，它的管径随时间的延长不断增大，厚度减薄，最后可能导致破裂。

材料在高温条件下，抵抗发生缓慢塑性变形的能力，用蠕变极限 R_n^t（MPa）表示（t 为工作温度，n 为蠕变应变速率）。它表示钢材在设计温度下经 10 万小时蠕变率为 1% 的蠕变极限。

二、物理性能

金属材料的物理性能有密度、熔点、热膨胀系数、导热系数和导电性等。使用时可参考相关手册。

三、化学性能

金属的化学性能是指材料在所处的介质中的化学稳定性，即材料是否会与介质发生化学和电化学作用而引起腐蚀。金属的化学性能主要是耐腐蚀性和抗氧化性。

1. 耐腐蚀性

金属和合金对周围介质，如大气、水气、各种电解液侵蚀的抵抗能力叫做耐腐蚀性。金属材料的耐腐蚀性指标常用腐蚀速度来表示，一般认为，介质对材料的腐蚀速度在 0.1mm/a 以下时，材料属于耐腐蚀的。

2. 抗氧化性

现代工业生产中的许多设备，如各种工业锅炉、热加工机械、汽轮机及各种高温化工设备等，它们在高温工作条件下，不仅有自由氧的氧化腐蚀过程，还有其他气体介质如水蒸气、CO_2、SO_2 等的氧化腐蚀作用。因此锅炉给水中的含氧量和其他介质中的硫及其他杂质的含量对钢的氧化是有一定影响的。

四、工艺性能

金属和合金的工艺性能是指铸造性、可锻性、焊接性、切削加工性、热处理性能和冷弯性能等。这些性能直接影响化工设备和零部件的制造工艺方法，也是选择材料时必须考虑的因素。

五、其他性能

1. 组织稳定性

钢经长期时效（在工作温度下长期保温或在应力状态下长期保温）后，其室温冲击值往往因组织不稳定（如渗碳体分解造成石墨化；珠光体内的片状渗碳体转变成尺寸较大的球状渗碳体）而有所降低。某些珠光体耐热钢在 400～600℃ 长期保温发生脆化后，只是冲击韧性显著降低，而其他力学性能指标，如塑性则无明显变化。出现这种脆性的原因，一般认为是由于溶质原子在固溶体晶粒间界面上发生偏析，降低了晶粒间的结合强度。

奥氏体耐热钢和合金出现这种时效脆性的范围是 600～800℃。出现脆性后，与珠光体耐热钢不同，不只是引起冲击韧性降低，塑性指标也会发生显著变化，往往还会引起强度指标，特别是持久强度的降低。

2. 抗松弛性

试样和零件在高温和应力状态下，如变形维持不变，随着时间的延长自发地减低应力的现象称为松弛。锅炉、汽轮机和高温化工设备中很多零件是在高温条件下工作的，如螺栓等紧固件。紧固件拧紧加上应力后，在高温下经过一段时间发生松弛，总变形中的一部分弹性变形转变为塑性变形，紧固件中的应力便降低了一部分，此时所剩下的应力叫做"剩余应力"。剩余应力愈高，则称材料的抗松弛性能愈好。

3. 应变时效敏感性

应变时效是金属及其合金在冷加工变形后，由于在室温或较高温度下的内部脱溶沉淀（对低碳钢来说主要是氮化物的析出），会使各种性能（主要是冲击韧性）随时间延长而发生变化（降低）。

习　题

7-1　化工设备按照在生产过程中的作用原理可分为哪几类？它们的主要功能是什么？

7-2　为什么对压力容器分类时不仅要根据压力高低，还要视 pV 的大小？

7-3　从压力容器的安全、制造、使用等方面说明对化工容器设计有哪些基本要求？

7-4　化工容器零部件标准化的意义是什么？标准化的基本参数有哪些？

7-5　选择高温压力容器用钢时主要考虑高温对材料哪些性能的影响？

第八章
内压薄壁容器设计基础

压力容器按厚度可分为薄壁容器和厚壁容器。在化学和石油化学工业中，应用最多的是薄壁容器，本书仅讨论薄壁容器的设计计算问题。

第一节　回转壳体的几何特性

一、基本概念

（1）回转壳体　系指壳体的中间面是由直线或平面曲线绕同平面内的固定轴线旋转一周而形成的壳体。平面曲线形状不同，所得到的回转壳体形状便不同。如与回转轴平行的直线绕轴旋转一周形成圆柱壳；半圆形曲线绕直径旋转一周形成球壳；与回转轴相交的直线绕该轴旋转一周形成圆锥壳等，见图8-1。

（2）轴对称　所谓轴对称问题是指壳体的几何形状、约束条件和所受外力都对称于回转轴的问题。化工容器就其整体而言，通常属于轴对称问题。

本章讨论的壳体是满足轴对称条件的薄壁壳体。

（1）中间面　图8-2所示为一般回转壳体的中间面。所谓中间面即是与壳体内外表面等距离的曲面。内外表面间的法向距离即为壳体厚度。对于薄壁壳体，可以用中间面来表示它的几何特性。

（2）母线　图8-2所示回转壳体的中间面是由平面曲线 AB 绕回转轴 OA 旋转一周而成，形成中间面的平面曲线 AB 称为"母线"。

（3）经线　如果通过回转轴作一纵截面与壳体曲面相交所得的交线（AB'、AB''）称为"经线"。显然，经线与母线的形状是完全相同的。

（4）法线　过经线上的一点 M 垂直于中间面的直线，称为中间面在该点的"法线"（n），法线的延长线必与回转轴相交。

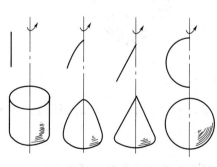

图 8-1　回转壳体

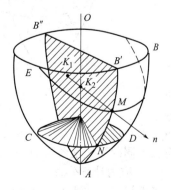

图 8-2　回转壳体的几何特征

（5）纬线　如果以过 N 点的法线为母线作圆锥面与壳体中间面正交，得到的交线叫作过 N 点的"纬线"；过 N 点作垂直于回转轴的平面与中间面相交形成的圆称为过 N 点的"平行圆"，显然，过 N 点的平行圆也即是过 N 点的纬线，如图 8-2 中的 CND 圆。

（6）第一曲率半径　中间面上的一点 M 处经线的曲率半径称为该点的第一曲率半径，用 R_1 表示。$R_1 = MK_1$，K_1 为第一曲率半径的中心，显然，K_1 必过 M 点的法线。

（7）第二曲率半径　通过经线上一点 M 的法线作垂直于经线的平面，其与中间面相交形成曲线 ME，此曲线在 M 点处的曲率半径称为该点的第二曲率半径，用 R_2 表示。第二曲率半径的中心 K_2 也必在过 M 点的法线上且必落在回转轴上，其长度等于法线段 MK_2，即 $R_2 = MK_2$。

二、基本假设

在这里所讨论的内容都是假定壳体是完全弹性的，材料具有连续性、均匀性和各向同性。此外，对于薄壁壳体，通常采用以下两点假设而使问题简化。

（1）直法线假设　壳体在变形前垂直于中间面的直线段，在变形后仍保持直线，并垂直于变形后的中间面且直线段长度不变。由此假设，沿厚度各点的法向位移均相同，变形前后壳体厚度不变。

（2）互不挤压假设　壳体各层纤维变形后均互不挤压。由此假设，壳壁的法向应力与壳壁其他应力分量相比是可以忽略的小量。

基于以上假设，可将三维的壳体转化为二维问题进行研究。

对于薄壁壳体，采用上述假设所得的结果是足够精确的。

第二节　回转壳体薄膜应力分析

一、薄膜应力理论的应力计算公式

图 8-3 所示为一个一般回转壳体。设该回转壳体受有轴对称的内压 p，现在研究在内压 p 作用下，在回转薄壳壳壁上的应力情况。很明显，回转薄壳承受内压后，其经线和纬线方向都要发生伸长变形，因而在经线方向将产生经向应力 σ_m，在纬线方向产生环向应力（亦称周向应力）σ_θ。经向应力作用在锥截面上，环向应力作用在经线平面与壳体相截形成的纵向截面上。

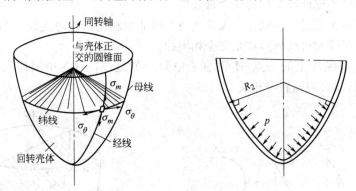

图 8-3　回转壳体上的应力

由于轴对称关系，在同一纬线上各点的经向应力 σ_m 均相等，各点的环向应力 σ_θ 也相等。但在不同的纬线上各点的 σ_m 不等，σ_θ 也不等。

1. 经向应力计算公式

为了求得任一纬线上的经向应力，以该纬线为锥底作一圆锥面，其顶点在壳体轴线上，如图 8-4 所示。圆锥面将壳体分成两部分，取其下部分作为分离体（图 8-4），进行受力分

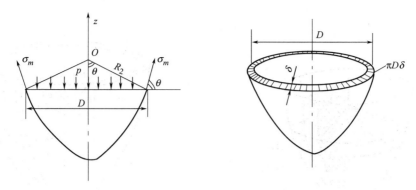

图 8-4 回转壳体的经向应力

析，建立静力平衡方程。

作用在该部分上的外力（内压）在 z 轴方向上的合力为 F_z

$$F_z = \frac{\pi}{4} D^2 p$$

作用在该截面上应力的合力在 z 轴上的投影为 F_{Nz}

$$F_{Nz} = \sigma_m \pi D \delta \sin\theta$$

由 z 轴方向的平衡条件

$$F_{Nz} - F_z = 0$$

即

$$\sigma_m \pi D \delta \sin\theta - \frac{\pi}{4} D^2 p = 0 \qquad (8\text{-}1\text{a})$$

由图 8-4 可以看出

$$R_2 = \frac{D}{2\sin\theta}$$

$$D = 2R_2 \sin\theta$$

代入式（8-1a），得到

$$\sigma_m = \frac{pR_2}{2\delta} \qquad (8\text{-}1\text{b})$$

式中　D——中间面平行圆直径，mm；

　　　δ——壳体厚度，mm；

　　R_2——壳体中曲面在所求应力点的第二曲率半径，mm；

　　σ_m——经向应力，MPa。

式（8-1b）即计算回转壳体在任意纬线上经向应力的一般公式。

2. 环向应力计算公式

求环向应力时，可以从壳体中截取一个单元体，考察其平衡即可求得环向应力。由于单元体足够小，可以近似地认为其上的应力是均匀分布的。微小单元体的取法如图 8-5 及图 8-6 所示，它由三对曲面截取而得：①壳体的内外表面；②两个相邻的，通过壳体轴线的经线平面；③两个相邻的，与壳体正交的圆锥面。

图 8-7 是所截得的微单元体的受力图，其中图（a）为空间视图。在微单元体的上下面上作用有经向应力 σ_m；内表面有内压 p 的作用，外表面不受力；另外两个侧面上作用有环向应力 σ_θ。

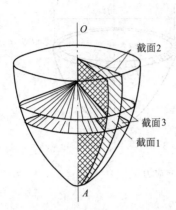

图 8-5 确定回转壳体环向应力时单元体的取法

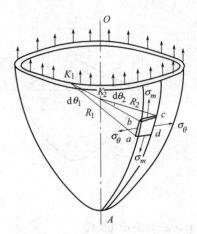

图 8-6 微小单元体的应力及几何参数

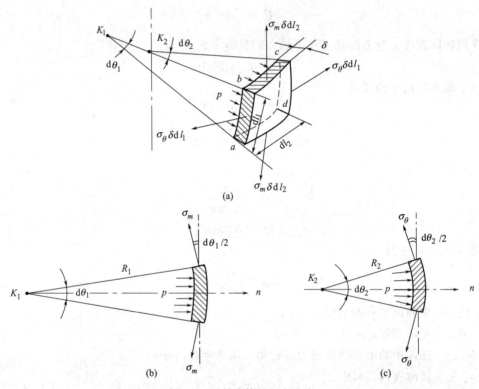

图 8-7 回转壳体的环向应力

由于 σ_m 可由式（8-1）求得，内压 p 为已知，所以考察微单元体的平衡，即可求得环向应力 σ_θ。

内压力 p 在微单元体 $abcd$ 面积上所产生的外力的合力在法线 n 上的投影为 F_n

$$F_n = p\,\mathrm{d}l_1\,\mathrm{d}l_2$$

由 bc 与 ad 截面上经向应力 σ_m 的合力在法线 n 上的投影为 F_{mn}，如图 8-7（b）所示

$$F_{mn} = 2\sigma_m \delta \mathrm{d}l_2 \sin\frac{\mathrm{d}\theta_1}{2}$$

在 ab 与 cd 截面上环向应力 σ_θ 的合力在法线 n 上的投影 $F_{\theta n}$，如图 8-7（c）所示

$$F_{\theta n} = 2\sigma_\theta \delta \mathrm{d}l_1 \sin\frac{\mathrm{d}\theta_2}{2}$$

根据法线 n 方向上力的平衡条件，得到

$$F_n - F_{mn} - F_{\theta n} = 0$$

即

$$p\,\mathrm{d}l_1\mathrm{d}l_2 - 2\sigma_m\delta\mathrm{d}l_2\sin\frac{\mathrm{d}\theta_1}{2} - 2\sigma_\theta\delta\mathrm{d}l_1\sin\frac{\mathrm{d}\theta_2}{2} = 0 \qquad (8\text{-}2\mathrm{a})$$

因为微单元体的夹角 $\mathrm{d}\theta_1$ 与 $\mathrm{d}\theta_2$ 很小，因此取

$$\sin\frac{\mathrm{d}\theta_1}{2} \approx \frac{\mathrm{d}\theta_1}{2} = \frac{\mathrm{d}l_1}{2R_1}$$

$$\sin\frac{\mathrm{d}\theta_2}{2} \approx \frac{\mathrm{d}\theta_2}{2} = \frac{\mathrm{d}l_2}{2R_2}$$

将上两式代入式（8-2a），并化简，整理得

$$\frac{\sigma_m}{R_1} + \frac{\sigma_\theta}{R_2} = \frac{p}{\delta} \qquad (8\text{-}2\mathrm{b})$$

式中　σ_θ——环向应力，MPa；

　　　R_1——曲面在所求应力点的第一曲率半径，mm。

式（8-2b）是计算回转壳体在内压力 p 作用下环向应力的一般公式。

对于第一曲率半径，即经线平面的曲率半径，如果经线的曲线方程为 $y = y(x)$，则 R_1 可由下式求得

$$R_1 = \left| \frac{(1+y'^2)^{3/2}}{y''} \right|$$

以上对承受内压的回转壳体进行了应力分析，导出了回转壳体经向应力和环向应力的一般公式。这些分析和计算都是以应力沿壳体厚度方向均匀分布为前提的。该种应力状态与承受内压的薄膜非常相似，因此又称"薄膜理论"。

二、轴对称回转壳体薄膜理论的应用范围

薄膜应力是只有拉（压）应力，没有弯曲应力的一种二向应力状态，因而薄膜理论又称为"无力矩理论"。只有在没有（或不大的）弯曲变形情况下的轴对称回转壳体，薄膜理论的结果才是正确的，在工程上简单适用。它适用的范围除壳体较薄这一条件外，还应满足下列条件。

① 回转壳体曲面在几何上是轴对称的，壳壁厚度无突变；曲率半径是连续变化的，材料是均匀连续且各向同性的。

② 载荷在壳体曲面上的分布是轴对称和连续的，没有突变情况；因此，壳体上任何一处有集中力作用或壳体边缘处存在着边缘力和边缘力矩时，都将不可避免地有弯曲变形发生，薄膜理论在这些地方不能应用。

③ 壳体边界应该是自由的。否则壳体边界上的变形将受到约束，在载荷作用下势必引起弯曲变形和弯曲应力，不再保持无力矩状态。

④ 壳体在边界上无横向剪力和弯矩。

当上述这些条件之一不能满足时，显然就不能应用无力矩理论去分析发生弯曲时的应力状态。但是在远离壳体的连接边缘、载荷变化的分界面、容器的支座以及开孔接管等处，无力矩理论仍然有效。

第三节　典型回转壳体的应力分析

一、受内压的圆筒形壳体

图 8-8 所示为一承受内压 p 作用的圆筒形薄壁容器。已知圆筒的平均直径为 D，厚度为 δ，它的母线是与回转轴相距为 $D/2$ 的平行直线，壳体中面上各点的第一曲率半径 $R_1 = \infty$，第二曲率半径 $R_2 = D/2$，根据薄膜应力理论，其经向应力与环向应力分别为

$$\sigma_m = \frac{pR_2}{2\delta} = \frac{pD}{4\delta} \tag{8-3}$$

$$\sigma_\theta = \frac{pR_2}{\delta} = \frac{pD}{2\delta} \tag{8-4}$$

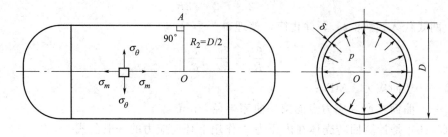

图 8-8　薄膜应力理论在圆柱壳上的应用

由上两式可以看出：圆柱壳上的环向应力是经向应力的二倍。在内压作用下，各应力正比于压力；当圆柱壳的中径一定时，厚度 δ 值越大，所产生的应力越小；另外，决定一个圆柱壳应力大小的是壳体厚度与平均直径之比，而不是壳体厚度的绝对值。

二、受内压的球形壳体

化工设备中的球罐以及其他压力容器中的球形封头均属球壳，球形封头可视为半球壳，其中的应力除与其他部件（如圆筒）连接处外，与球壳完全一样。

图 8-9 所示为一球形壳体，已知其平均直径为 D，厚度为 δ，内压为 p，球壳的母线是半径为 $D/2$ 的半圆周，球壳上任一点的第一曲率半径 R_1 与第二曲率半径 R_2 相等且等于球壳的平均半径，即 $R_1 = R_2 = D/2$。由薄膜应力理论可知，其经向应力与环向应力分别为

$$\sigma_m = \frac{pD}{4\delta} \tag{8-5}$$

$$\sigma_\theta = \frac{pD}{4\delta} \tag{8-6}$$

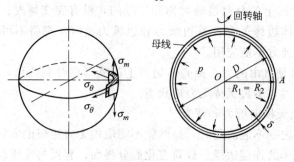

图 8-9　薄膜应力理论在球壳上的应用

式（8-5）、式（8-6）表明球壳上各处应力相同，经向应力与环向应力也相等。同时可看出球壳上的薄膜应力只有同直径、同厚度圆柱壳环向应力的一半。

三、受内压的椭球壳体

工程上，椭球壳主要是用作压力容器的椭圆形封头，它是由四分之一椭圆曲线作为母线绕回转轴旋转一周形成的。椭球壳上的应力同样可以应用薄膜应力理论公式求得，但首先要确定第一曲率半径 R_1 和第二曲率半径 R_2。

1. 第一曲率半径 R_1

作为母线的椭圆曲线，其曲线方程为

$$\frac{x^2}{a^2}+\frac{y^2}{b^2}=1$$

该曲线上任一点 A $(x，y)$ 的曲率半径就是椭球在 A 点的第一曲率半径。

$$R_1=\left|\frac{(1+y'^2)^{3/2}}{y''}\right|$$

$$y'=-\frac{b^2}{a^2}\frac{x}{y}，\quad y''=-\frac{b^4}{a^2}\frac{1}{y^3}$$

于是得

$$R_1=\frac{(a^4y^2+b^4x^2)^{3/2}}{a^4b^4}$$

以 $y^2=b^2-\frac{b^2}{a^2}x^2$ 代入上式，得

$$R_1=\frac{1}{a^4b}[a^4-x^2(a^2-b^2)]^{3/2} \tag{8-7}$$

2. 第二曲率半径 R_2

如图 8-10 所示，自任意点 A $(x，y)$ 作经线的垂线，交回转轴于 O 点，则 OA 即为第二曲率半径 R_2。

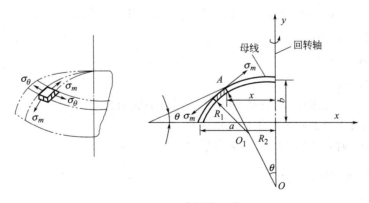

图 8-10　半椭球母线

根据几何关系，有

$$R_2=\frac{-x}{\sin\theta}$$

$$\sin\theta=\frac{\tan\theta}{\sqrt{1+\tan^2\theta}}，\quad \tan\theta=y'=-\frac{b^2}{a^2}\frac{x}{y}$$

$$R_2=\frac{(a^4y^2+b^4x^2)^{1/2}}{b^2} \tag{8-8}$$

3. 应力计算公式

将计算所得第一曲率半径 R_1 与第二曲率半径 R_2 代入薄膜应力理论计算式（8-1）、式（8-2）得经向应力与环向应力分别为

$$\sigma_m = \frac{p}{2\delta b}\sqrt{a^4 - x^2(a^2 - b^2)} \tag{8-9}$$

$$\sigma_\theta = \frac{p}{2\delta b}\sqrt{a^4 - x^2(a^2 - b^2)}\left[2 - \frac{a^4}{a^4 - x^2(a^2 - b^2)}\right] \tag{8-10}$$

式中　a，b——为椭球壳的长、短半径，mm；

　　　　x——椭球壳上任意点离椭球中心轴的距离，mm。

其他符号意义与单位同前。

4. 椭球形封头上的应力分布

由式（8-9）、式（8-10）可以得到

在 $x=0$ 处　　　　　　　　$\sigma_m = \sigma_\theta = \frac{pa}{2\delta}\left(\frac{a}{b}\right)$

在 $x=a$ 处　　　　　　　　$\sigma_m = \frac{pa}{2\delta}$

$$\sigma_\theta = \frac{pa}{2\delta}\left(2 - \frac{a^2}{b^2}\right)$$

分析上述各式，可得下列结论。

① 在椭圆形封头的中心（即 $x=0$ 处）经向应力 σ_m 和环向应力 σ_θ 相等。

② 经向应力 σ_m 恒为正值，即拉应力。最大值在 $x=0$ 处，最小值在 $x=a$ 处，如图 8-11 所示。

③ 环向应力 σ_θ 在 $x=0$ 处，$\sigma_\theta > 0$；在 $x=a$ 处，有三种情况，即

$a/b < \sqrt{2}$ 时，$\sigma_\theta > 0$；

$a/b = \sqrt{2}$ 时，$\sigma_\theta = 0$；

$a/b > \sqrt{2}$ 时，$\sigma_\theta < 0$。

$\sigma_\theta < 0$，表明 σ_θ 为压应力；a/b 值越大，即封头成形越浅，$x=a$ 处的压应力越大。椭圆封头环向应力分布及其数值变化情况见图 8-12。

④ 当 $a/b = 2$ 时，为标准型式的椭圆形封头。

在 $x=0$ 处，$\sigma_m = \sigma_\theta = \frac{pa}{\delta}$ 。

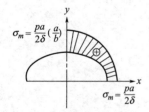

图 8-11　椭圆封头的
　　　　经向应力分布

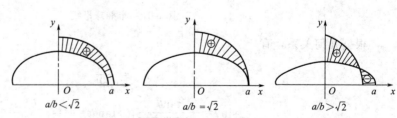

图 8-12　椭圆封头的环向应力分布

在 $x=a$ 处，$\sigma_m=\dfrac{pa}{2\delta}$，$\sigma_\theta=-\dfrac{pa}{\delta}$。

标准型式的椭圆形封头的应力分布见图 8-13。

化工设备上常用半个椭圆球壳作为容器的封头。从降低设备高度便于冲压制造考虑，封头的深度浅一些好。但封头 a/b 值的增大会导致封头应力的增加。当 a/b 值增大到等于 2 时，半椭球封头中的最大薄膜应力的数值将与同直径、同厚度的圆柱壳体中的环向应力相等，所以从受力合理的观点来看，椭圆封头的 a/b 值不应超过 2。

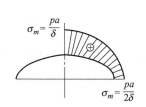

图 8-13　$a/b=2$ 时椭圆封头应力分布

图 8-14　锥形壳

四、受内压的锥形壳体

单纯的锥形容器在工程上是很少见的。锥形壳一般用作压力容器的封头或变径段，以逐渐改变气体或液体的速度，或者便于固体或黏性物料的卸出。

图 8-14 所示为一锥形壳，其受均匀内压 p 作用。已知其厚度为 δ，半锥角为 α，从图 8-14 中可见，任一点 A 处的第一曲率半径 R_1 和第二曲率半径 R_2 分别为

$$R_1=\infty$$

$$R_2=\frac{r}{\cos\alpha}$$

式中，r 为所求应力点 A 到回转轴的垂直距离。

将上面 R_1、R_2 分别代入薄膜应力式（8-1）和式（8-2），得到锥形壳体的经向应力与环向应力为

$$\sigma_m=\frac{pr}{2\delta}\frac{1}{\cos\alpha} \tag{8-11}$$

$$\sigma_\theta=\frac{pr}{\delta}\frac{1}{\cos\alpha} \tag{8-12}$$

从式（8-11）、式（8-12）可见，锥形壳中的应力随着 r 的增加而增加，在锥底处应力最大，而在锥顶处应力为零。同时，锥壳中的应力随半锥角 α 的增大而增大。在锥底处，r 等于与之相连的圆柱壳直径的一半，即 $r=D/2$，将其代入式（8-11）、式（8-12），得到锥底各点的应力为

$$\sigma_m=\frac{pD}{4\delta}\frac{1}{\cos\alpha} \tag{8-13}$$

$$\sigma_\theta=\frac{pD}{2\delta}\frac{1}{\cos\alpha} \tag{8-14}$$

五、承受液体静压作用的圆筒壳体

1. 沿底部边缘支承的圆筒（图 8-15）

圆筒壁上各点所受的液体压力（静压）随液体深度而变，离液面越远，液体静压越大。

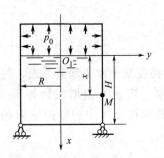

图 8-15 底边支承的圆筒

p_0 为液体表面上的气压，筒壁上任一点的压力为

$$p = p_0 + \rho g x$$

式中　　ρ——液体的密度，kg/m^3；

　　　　g——重力加速度，m/s^2；

　　　　x——筒体所求应力点距液面的深度，m。

根据式（8-2）

$$\frac{\sigma_m}{\infty} + \frac{\sigma_\theta}{R} = \frac{p_0 + \rho g x}{\delta}$$

得环向应力为

$$\sigma_\theta = \frac{(p_0 + \rho g x)R}{\delta} = \frac{(p_0 + \rho g x)D}{2\delta} \tag{8-15}$$

对底部支承来说，液体重量由支承直接传给基础，圆筒壳不受轴向力，故筒壁中因液压引起的经向应力为零，只有气压 p_0 引起的经向应力，即

$$\sigma_m = \frac{p_0 R}{2\delta} = \frac{p_0 D}{4\delta} \tag{8-16}$$

若容器上方是开口的或无气体压力时，即 $p_0 = 0$，则 $\sigma_m = 0$。

2. 沿顶部边缘支承的圆筒（图 8-16）

根据式（8-2）求 σ_θ，液体压力为 $p = \rho g x$

$$\frac{\sigma_m}{\infty} + \frac{\sigma_\theta}{R} = \frac{\rho g x}{\delta}$$

则

$$\sigma_\theta = \frac{\rho g x R}{\delta} = \frac{\rho g x D}{2\delta} \tag{8-17}$$

最大环向应力在 $x = H$ 处（底部）

$$\sigma_{\theta max} = \frac{\rho g H R}{\delta} = \frac{\rho g H D}{2\delta}$$

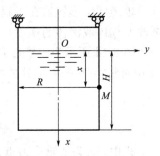

图 8-16　顶边支承的圆筒

作用于圆筒任何横截面上的轴向力均为液体总重量引起，作用于底部液体重量经筒体传给悬挂支座，其大小为 $\pi R^2 H \rho g$，列轴向平衡方程，可得经向应力 σ_m

$$2\pi R \delta \sigma_m = \pi R^2 H \rho g$$

得

$$\sigma_m = \frac{\rho g H R}{2\delta} = \frac{\rho g H D}{4\delta} \tag{8-18}$$

【例 8-1】　有一外径为 $\phi 219$ 的氧气瓶，最小厚度为 $\delta = 6.5mm$，工作压力为 15MPa，试求氧气瓶筒身壁内的应力是多少？

解　气瓶筒身平均直径为

$$D = D_o - \delta = 219 - 6.5 = 212.5 \text{（mm）}$$

经向应力

$$\sigma_m = \frac{pD}{4\delta} = \frac{15 \times 212.5}{4 \times 6.5} = 122.6 \text{（MPa）}$$

环向应力

$$\sigma_\theta = \frac{pD}{2\delta} = \frac{15 \times 212.5}{2 \times 6.5} = 245.2 \text{（MPa）}$$

【例 8-2】　有一圆筒形容器，两端为椭圆形封头（图 8-17），已知圆筒平均直径为 $D = 2000mm$，厚度 $\delta = 20mm$，设计压力为 $p = 2MPa$，试确定：

（1）筒身上的经向应力 σ_m 和环向应力 σ_θ？

（2）如果椭圆封头的 a/b 分别为 2、$\sqrt{2}$ 和 3 时，封头厚度为 20mm，分别确定封头上最大经向应力与环向应力值及最大应力所在的位置。

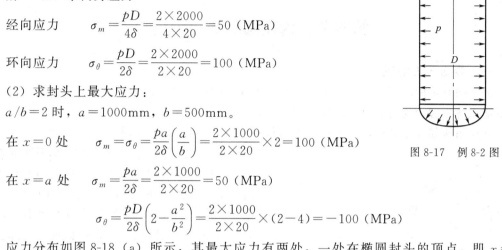

图 8-17　例 8-2 图

解　（1）求筒身应力

经向应力　　　$\sigma_m = \dfrac{pD}{4\delta} = \dfrac{2 \times 2000}{4 \times 20} = 50$（MPa）

环向应力　　　$\sigma_\theta = \dfrac{pD}{2\delta} = \dfrac{2 \times 2000}{2 \times 20} = 100$（MPa）

（2）求封头上最大应力：

$a/b = 2$ 时，$a = 1000$mm，$b = 500$mm。

在 $x = 0$ 处　　　$\sigma_m = \sigma_\theta = \dfrac{pa}{2\delta}\left(\dfrac{a}{b}\right) = \dfrac{2 \times 1000}{2 \times 20} \times 2 = 100$（MPa）

在 $x = a$ 处　　　$\sigma_m = \dfrac{pa}{2\delta} = \dfrac{2 \times 1000}{2 \times 20} = 50$（MPa）

$\sigma_\theta = \dfrac{pD}{2\delta}\left(2 - \dfrac{a^2}{b^2}\right) = \dfrac{2 \times 1000}{2 \times 20} \times (2-4) = -100$（MPa）

应力分布如图 8-18（a）所示，其最大应力有两处，一处在椭圆封头的顶点，即 $x = 0$ 处；一处在椭圆的底边，即 $x = a$ 处。

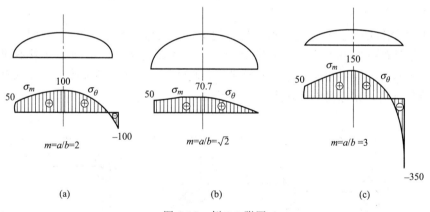

图 8-18　例 8-2 附图

$a/b = \sqrt{2}$ 时，$a = 1000$mm，$b = 707$mm。

在 $x = 0$ 处　　　$\sigma_m = \sigma_\theta = \dfrac{pa}{2\delta}\left(\dfrac{a}{b}\right) = \dfrac{2 \times 1000}{2 \times 20} \times \sqrt{2} = 70.7$（MPa）

在 $x = a$ 处　　　$\sigma_m = \dfrac{pa}{2\delta} = \dfrac{2 \times 1000}{2 \times 20} = 50$（MPa）

$\sigma_\theta = \dfrac{pD}{2\delta}\left(2 - \dfrac{a^2}{b^2}\right) = 0$

最大应力在 $x = 0$ 处，应力分布如图 8-18（b）所示。

$a/b = 3$ 时，$a = 1000$mm，$b = 333$mm。

在 $x = 0$ 处　　　$\sigma_m = \sigma_\theta = \dfrac{pa}{2\delta}\left(\dfrac{a}{b}\right) = \dfrac{2 \times 1000}{2 \times 20} \times 3 = 150$（MPa）

在 $x=a$ 处

$$\sigma_m = \frac{pa}{2\delta} = \frac{2 \times 1000}{2 \times 20} = 50 \text{（MPa）}$$

$$\sigma_\theta = \frac{pD}{2\delta}\left(2 - \frac{a^2}{b^2}\right) = \frac{2 \times 1000}{2 \times 20} \times (2 - 3^2) = -350 \text{（MPa）}$$

最大应力在 $x=a$ 处，应力分布如图 8-18（c）所示。

第四节　内压圆筒的边缘应力

一、边缘应力的概念

关于轴对称回转壳体薄膜理论——无力矩理论的适用范围前面已经阐述，这里将简要介绍不适用薄膜理论的边缘应力问题。

在应用薄膜理论分析内压圆筒的变形与应力时，忽略了下述两种变形与应力。

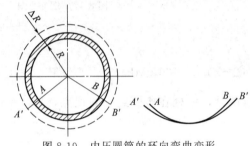

① 圆筒受内压直径增大时，筒壁金属的环向"纤维"不但被拉长了，而且它的曲率半径由原来的 R 变成 $R+\Delta R$，如图 8-19 所示。根据第四章第八节可知，有曲率变化就有弯曲应力。所以在内压圆筒壁的横向截面上，除作用有环向拉应力 σ_θ 外，还存在着环向弯曲应力 $\sigma_{\theta b}$，但由于这一应力数值相对很小，可以忽略不计。

图 8-19　内压圆筒的环向弯曲变形

② 连接边缘区的变形与应力。所谓连接边缘是指壳体一部分与另一部分相连接的边缘，通常是指连接处的平行圆而言，例如圆筒与封头、圆筒与法兰、不同厚度或不同材料的简节、裙式支座与直立壳体相连接处的平行圆等。此外，当壳体经线曲率有突变或载荷沿轴向有突变处的平行圆，亦应视作连接边缘，参见图 8-20。

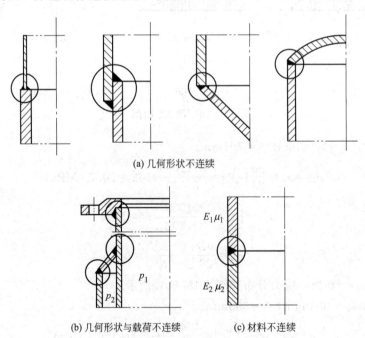

(a) 几何形状不连续

(b) 几何形状与载荷不连续　　(c) 材料不连续

图 8-20　连接边缘

圆筒形容器受内压后，由于封头刚度大，不易变形，而筒体刚性小，容易变形，连接处二者变形大小不同，即圆筒半径的增长值大于封头半径的增长值，如图 8-21（a）左侧虚线所示。如果让其自由变形，必因两部分的位移不同而出现边界分离现象，显然与实际情况不符。实际上由于边缘连接并非自由，必然发生如图 8-21（a）右侧虚线所示的边缘弯曲现象，伴随这种弯曲变形，也要产生弯曲应力。因此，连接边缘附近的横截面内，除作用有轴（经）向拉伸应力 σ_m 外，还存在着轴（经）向弯曲应力 σ_{mb}，这就改变了无力矩应力状态，用无力矩理论无法求解。

分析这种边缘弯曲的应力状态，可以将边缘弯曲现象看作是附加边缘力和弯矩作用的结果，如图 8-21（b）所示。在壳体两部分受薄膜力之后出现了边界分离，若再加上边缘力和弯矩使之协调，才能满足边缘连接的连续性。因此连接边缘处的应力较大，如果能确定这种有力矩的应力状态，就可以简单地将薄膜应力与边缘弯曲应力叠加。

上述边缘弯曲应力的大小，与连接边缘的形状、尺寸以及材质等因素有关，有时可以达到很大值。图 8-21（b）中所示的边缘力 F_0 和边缘力矩 M_0，是一种轴对称的自平衡力系。关于边缘应力的求解方法，可参见相关参考文献。

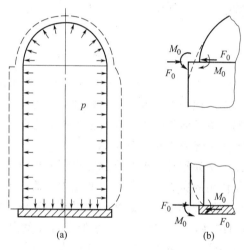

图 8-21　连接边缘的变形——边缘弯曲

二、边缘应力的特点

（1）局部性　不同性质的连接边缘产生不同的边缘应力，但它们都有一个明显的衰减波特性。以圆筒壳体为例，其沿轴向的衰减经过一个周期之后，即离开边缘距离 $2.5\sqrt{R\delta}$（R 与 δ 分别为圆筒的半径与厚度）之处边缘应力已经基本衰减至筒体的平均应力。

（2）自限性　发生边缘弯曲的原因是由于边缘两侧的变形不连续。当边缘两侧都发生弹性变形时，边缘两侧的弹性变形相互受到约束，必然产生边缘力和边缘弯矩，从而产生边缘应力。但是当边缘处的局部材料发生屈服进入塑性变形阶段时，上述这种弹性约束开始缓解，因而原来不同的变形便趋于协调，于是边缘应力就自动得到限制。这就是边缘应力的自限性。

边缘应力与薄膜应力不同，薄膜应力是由介质压力直接引起的，随着介质压力增大而增大，是非自限性的。而边缘应力则是由连接边缘两部分变形协调所引起的附加应力，它具有局部性和自限性。通常把薄膜应力称为一次应力，把边缘应力称为二次应力。根据强度设计准则，具有自限性的应力，一般使容器直接发生破坏的危险性较小。

三、对边缘应力的处理

① 由于边缘应力具有局部性，在设计中可以在结构上只作局部处理。例如改变连接边缘的结构；边缘应力区局部加强；保证边缘区内焊缝的质量；降低边缘区的残余应力（进行消除应力热处理）；避免边缘区附加局部应力或应力集中，如不在连接边缘区开孔等，如图8-22所示。

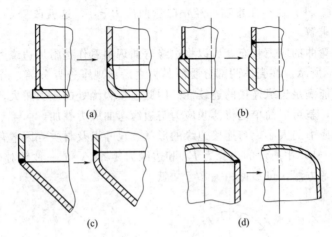

图 8-22 改变边缘连接结构

② 只要是塑性材料，即使边缘局部某些点的应力达到或者超过材料的屈服强度，邻近尚未屈服的弹性区也能够抑制塑性变形的发展，使塑性区不再扩展，故大多数塑性较好的材料制成的容器，例如低碳钢、奥氏体不锈钢、铜、铝等压力容器，当承受静载荷时，除结构上作某些处理外，一般并不对边缘应力作特殊考虑。

但是，某些情况则不然，例如塑性较差的高强度钢制的重要压力容器，低温下铁素体钢制的压力容器，受疲劳载荷作用的压力容器等。这些压力容器如果不注意控制边缘应力，则在边缘高应力区有可能导致脆性破坏或疲劳破坏，此时必须正确计算边缘应力。

③ 由于边缘应力具有自限性，属二次应力，它的危害性就没有薄膜应力大。当分清应力性质以后，在设计中考虑边缘应力可以不同于薄膜应力。例如，对薄膜应力一般取许用应力 $=(0.6 \sim 0.7) R_{eL}$，而对边缘应力可取较大的许用应力，如某些设计规范规定一次应力与二次应力之和可控制在 $2R_{eL}$ 以下。

以上只是对设计中考虑边缘应力的一般说明。实际上，无论设计中是否计算边缘应力，在边缘结构上作妥善处理显然都是必要的。

习　题

8-1　对回转壳体的两条线（经线、纬线）、三个半径（第一曲率半径、第二曲率半径、平行圆半径）和三个截面（纵截面、锥截面、横截面）进行总结。

8-2　试小结球壳、圆柱壳、椭球壳及锥形壳在介质内压作用下，壳体上应力分布的特点。指出最大应力的作用位置、作用截面及计算公式。

8-3　试用图8-23中所注尺寸符号写出各回转壳体中 A 和 A' 点的第一曲率半径和第二曲率半径以及平行圆半径。

8-4　计算图8-24所示各种承受均匀内压作用的薄壁回转体上各点的 σ_m 和 σ_θ。

（1）球壳上任一点。已知：$p=2\text{MPa}$，$D=1000\text{mm}$，$\delta=20\text{mm}$。

（2）圆锥壳上 A 点和 B 点。已知：$p=0.5\text{MPa}$，$D=1000\text{mm}$，$\delta=10\text{mm}$，$\alpha=30°$。

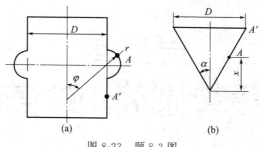

图 8-23　题 8-3 图

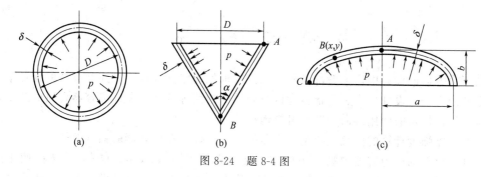

图 8-24　题 8-4 图

（3）椭球壳上 A、B、C 点。已知：$p=1\text{MPa}$，$a=1000\text{mm}$，$b=500\text{mm}$，$\delta=10\text{mm}$，B 点处坐标 $x=600\text{mm}$。

8-5　使用无力矩理论有什么限制？

8-6　某厂生产的锅炉汽包，其设计压力为 2.5MPa，汽包圆筒的平均直径为 810mm，厚度为 16mm，试求汽包圆筒壁内的薄膜应力 σ_m 和 σ_θ。

8-7　有一立式圆筒形储油罐，如图 8-25 所示，罐体中径 $D=5000\text{mm}$，厚度 $\delta=10\text{mm}$，油的液面离罐底高 $H=18\text{m}$，油的相对密度为 0.7，试求：

（1）当 $p_0=0$ 时，油罐筒体上 M 点的应力及最大应力。

（2）当 $p_0=0.1\text{MPa}$ 时，油罐筒体上 M 点的应力及最大应力。

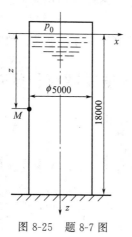

图 8-25　题 8-7 图

第九章
内压薄壁圆筒和球壳设计

第一节 概　　述

在压力容器的设计中，一般都是根据工艺要求先确定其内直径。强度设计的任务就是根据给定的内直径、设计压力、设计温度以及介质腐蚀性等条件，设计出容器合适的厚度，以保证设备能在规定的使用寿命内安全可靠地运行。

压力容器强度计算的内容主要是新容器的强度设计及在用容器的强度校核。

设计一台新的压力容器包括以下内容：确定设计参数（p，δ，D 等）；选择使用的材料；确定容器的结构型式；计算筒体与封头厚度；选取标准件；绘制设备图纸。本章主要讨论内压薄壁圆筒和球形容器的强度计算以及在强度计算中所涉及的参数确定、材料选用和结构设计方面的问题。

对于已投入使用的压力容器要实施定期检验制度，压力容器在使用一定年限后，筒体、封头、接管等均会因腐蚀等原因导致容器壁减薄。所以在每次检验时，应根据实测的厚度进行强度校核，其目的是：

① 判定在下一个检验周期内或在剩余寿命期间内，容器是否还能在原设计条件下安全使用；

② 当容器已被判定不能在原设计条件下使用时，应通过强度计算，提出容器监控使用的条件；

③ 当容器针对某一使用条件需要判废时，应提出判废依据。

第二节　内压薄壁圆筒和球壳的强度计算

一、薄壁圆筒的强度计算公式

1. 理论计算厚度（计算厚度）δ

设薄壁圆筒的平均直径为 D，厚度为 δ，在承受介质的内压为 p 时，其经向薄膜应力 σ_m 和环向薄膜应力 σ_θ 分别为

$$\sigma_m = \frac{pD}{4\delta}$$

$$\sigma_\theta = \frac{pD}{2\delta}$$

根据第三强度理论，可得到筒壁一点处的相当应力 σ_{r3} 为

$$\sigma_{r3} = \sigma_1 - \sigma_3 = \frac{pD}{2\delta}$$

按照薄膜应力强度条件

$$\sigma_{r3} = \frac{pD}{2\delta} \leqslant [\sigma]^t$$

式中，$[\sigma]^t$ 为钢板在设计温度下的许用应力。

容器的筒体大多是由钢板卷焊而成。由于焊缝可能存在某些缺陷，或者在焊接加热过程中对焊缝周围金属产生的不利影响，往往可能导致焊缝及其附近金属的强度低于钢板的强度。因此上式中钢板的许用应力应该用强度较低的焊缝金属许用应力代替，常用方法是将钢板的许用应力 $[\sigma]^t$ 乘以一个焊接接头系数 $\phi(\phi \leqslant 1)$，于是上式可以写成

$$\frac{pD}{2\delta} \leqslant [\sigma]^t \phi$$

一般用工艺条件确定的是圆筒内径，在上述计算公式中，用内径 D_i 代替平均直径 D，代入上式得

$$\frac{p(D_i + \delta)}{2\delta} \leqslant [\sigma]^t \phi$$

解出上式，取等号，得到圆筒计算厚度

$$\delta = \frac{p_c D_i}{2[\sigma]^t \phi - p_c} \tag{9-1}$$

式中　δ——圆筒的计算厚度，是保证容器强度、刚度或稳定性所必须的元件厚度，mm；

　　　p_c——圆筒的计算压力，MPa；

　　　D_i——圆筒的内径，mm；

　　　$[\sigma]^t$——钢板在设计温度 t 下的许用应力，MPa；

　　　ϕ——焊接接头系数，$\phi \leqslant 1$，查表 9-5。

若以外径确定圆筒计算厚度，式（9-1）可表示为

$$\delta = \frac{p_c D_o}{2[\sigma]^t \phi + p_c}$$

式中，D_o 为圆筒外直径（$D_o = D_i + 2\delta_n$），mm。

2. 设计厚度与名义厚度 δ_d，δ_n

按式（9-1）得出的计算厚度不能作为选用钢板的依据，这里还有两个实际因素需要考虑。

（1）钢板的负偏差 C_1　钢板出厂时所标明的厚度是钢板的名义厚度，钢板的实际厚度可能大于名义厚度（正偏差），也可能小于名义厚度（负偏差）。钢板的标准中规定了允许的正、负偏差值。因此如果按计算厚度 δ 购置钢板，有可能购得实际厚度小于 δ 的钢板。为杜绝这种情况，在确定筒体厚度时，应在 δ 的基础上将钢板的负偏差 C_1 加上去。

（2）腐蚀裕量 C_2　制成的容器要与介质接触，介质对钢板总是有腐蚀的。假设介质对钢板的年腐蚀率为 λ(mm/a)，容器的预计使用寿命为 n 年，则在容器使用期间，容器壁厚因遭受腐蚀而减薄的总量 $C_2 = \lambda n$。为保证容器的使用安全，腐蚀裕量 C_2 也应包括在容器的厚度之中。

为了将上述两个实际因素考虑进去，将计算厚度与腐蚀裕量之和称为设计厚度，用 δ_d 表示，即

$$\delta_d = \delta + C_2 = \frac{p_c D_i}{2[\sigma]^t \phi - p_c} + C_2 \qquad (9\text{-}2)$$

将设计厚度加上钢板负偏差后向上圆整至钢板的标准规格的厚度称为圆筒的名义厚度，用 δ_n 表示，即

$$\delta_n = \delta_d + C_1 + \Delta = \delta + C_1 + C_2 + \Delta \qquad (9\text{-}3)$$

式中　δ_d——圆筒的设计厚度，mm；

　　　C_1——钢板的负偏差，mm；

　　　C_2——腐蚀裕量，mm。

式（9-3）中 Δ 称为圆整值，因为设计厚度与负偏差之和在大多数情况下并不正好等于钢板的规格厚度，所以需要将此向上圆整至钢板的规格厚度，这一厚度一般为标注在设计图样的厚度，也就是圆筒的名义厚度 δ_n。

3. 有效厚度 δ_e

在构成名义厚度 δ_n 的四个尺寸中，计算厚度 δ 和圆整值 Δ 是容器在整个使用期内均可依赖其抵抗介质压力破坏的厚度，C_1 是钢板负偏差，很可能在购买钢板时就不存在，C_2 是随着容器使用逐渐减小的量，所以从真正可以依靠来承受介质压力的厚度而言，只有计算厚度 δ 和圆整值 Δ，将两者之和称为有效厚度，用 δ_e 表示，即

$$\delta_e = \delta + \Delta$$

或

$$\delta_e = \delta_n - C_1 - C_2$$

成形后厚度指制造厂考虑加工减薄量并按钢板厚度规格第二次向上圆整得到的坯板厚度，再减去实际加工减薄量后的厚度，也为出厂时容器的实际厚度。一般情况下，只要成形后厚度大于设计厚度就可满足强度要求。

各项厚度之间的关系可表示如下。

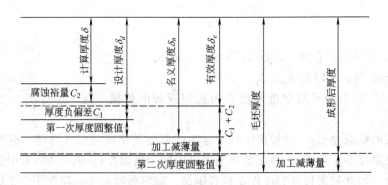

4. 压力容器的最小厚度

按式（9-1）算出的内压圆筒厚度仅仅是从强度考虑得出的。当设计压力不太低时，由公式算出的简体厚度可以满足使用要求。此时强度要求是决定容器厚度的主要考虑因素。但当设计压力很低时，按强度公式计算出的厚度就太小，不能满足制造、运输和安装的要求。为此需要规定不包括腐蚀裕量的最小厚度 $\delta_{\min}$。

对碳素钢、低合金钢制容器，不小于 3mm；对高合金钢制容器不小于 2mm。

因此，设计温度下圆筒的计算应力为

$$\sigma^t = \frac{p_c(D_i + \delta_e)}{2\delta_e} \tag{9-4}$$

设计温度下圆筒的最大允许工作压力为

$$[p_w] = \frac{2\delta_e[\sigma]^t\phi}{D_i + \delta_e} \tag{9-5}$$

二、薄壁球壳的强度计算公式

对于薄壁球壳，由于其主应力为

$$\sigma_1 = \sigma_2 = \frac{pD}{4\delta}$$

与薄壁圆筒推导相似，可以得到球形容器的厚度设计计算公式如下。

计算厚度 $$\delta = \frac{p_c D_i}{4[\sigma]^t\phi - p_c} \tag{9-6}$$

设计厚度 $$\delta_d = \frac{p_c D_i}{4[\sigma]^t\phi - p_c} + C_2 \tag{9-7}$$

设计温度下球壳的计算应力为

$$\sigma^t = \frac{p_c(D_i + \delta_e)}{4\delta_e} \tag{9-8}$$

设计温度下球壳的最大允许工作压力为

$$[p_w] = \frac{4\delta_e[\sigma]^t\phi}{D_i + \delta_e} \tag{9-9}$$

式中，D_i 为球形容器的内径，其他符号同前。

三、设计参数的确定

1. 设计压力 p

设计压力指设定的容器顶部的最高压力，与相应的设计温度一起作为容器的基本设计载荷条件，其值不低于工作压力。对无安全泄放装置的压力容器的设计压力不得低于 $1.0\sim$ 1.1 倍工作压力；装有安全泄放的压力容器，其设计压力不得低于安全阀的开启压力和爆破片装置的设计爆破压力加制造范围上限。

外压容器的设计压力，应取不小于在正常工作情况下可能出现的最大内外压力差。

真空容器按承受外压设计，当装有安全泄放装置时，设计压力取 1.25 倍的最大内外压力差或 0.1MPa 两者中的较小值；当没有安全泄放装置时，取 0.1MPa。由两个或两个以上压力室组成的容器，根据各自的工作压力确定各自腔的设计压力。

2. 计算压力 p_c

计算压力指在相应设计温度下，用以确定元件厚度的压力，包括液柱静压力等附加载荷。通常情况下，计算压力等于设计压力加上液柱静压力，当液柱静压力小于设计压力的

5%时，可忽略不计。

3. 设计温度 t

设计温度指容器在正常工作情况下，设定的元件金属温度（沿元件金属表面的温度平均值）与设计压力一起作为容器的基本设计载荷条件。通常设计温度不得低于元件金属在工作状态下可能达到的最高温度；对于 0℃ 以下的金属温度，设计温度不得高于元件金属所能达到的最低温度；当容器各部分在工作情况下的金属温度不同时，可分别设定各部分的设计温度；对具有不同工况的容器，可按最苛刻的工况设计，并应在设计文件或设计图样中注明各工况下的设计压力和设计温度值。

当金属温度无法用传热计算或是实测结果确定时，设计温度的确定按以下规定。

① 容器内壁与介质直接接触，且有外保温（或保冷）时，设计温度按表 9-1 的规定选取。

表 9-1　容器设计温度选取　　　　　　　　　　℃

最高或最低工作温度 t_0	容器的设计温度 t
$t_0 \leqslant -20$	介质正常工作温度减 0～10 或取最低工作温度
$-20 < t_0 \leqslant 15$	介质正常工作温度减 5～10 或取最低工作温度
$15 < t_0 \leqslant 350$	介质正常工作温度加 15～30 或取最高工作温度
$t_0 > 350$	$t = t_0 + (15 \sim 5)$

注：当最高（或最低）工作温度接近所选材料的允许使用温度界限时（或材料跳挡时），应慎重选取设计温度的裕量，以免材料浪费或降低安全性。

② 容器内的介质是用蒸汽直接加热或被内置加热元件（如加热盘管、电热元件等）间接加热时，设计温度可取介质的最高工作温度。

③ 容器的受压元件（如换热器的管板和换热管）两侧与不同温度介质直接接触时，应以较苛刻一侧的工作温度（如高温或低温）为基准确定该元件的设计温度。

4. 许用应力

许用应力是压力容器设计的主要参数之一，它的选择是强度设计的关键，许用应力是以材料的极限应力为基础，并选择合理的安全因数得到的，即

$$[\sigma] = \frac{极限应力}{安全因数}$$

极限应力的选择取决于容器材料的判废标准。根据弹性失效的设计准则，对塑性材料制造的容器一般取决于是否产生过大的变形，以材料达到屈服强度 R_{eL} 作为判废标准，而不以破裂作为判废标准。所以采用屈服强度作为计算强度时的极限应力。但是在实际应用中还常常用抗拉强度（强度极限）R_m 作为极限应力来计算许用应力。这是由于有些有色金属等材料（如铜）虽属塑性材料，但没有明显的屈服点。另外，采用抗拉强度作为极限应力已有较长历史，积累了比较丰富的经验。因此，为了保证容器在操作过程中不至出现任何形式的破坏，对于常温容器，工程设计中采用的许用应力应取下列两式中的较小值

$$[\sigma] = \frac{R_m}{n_b}$$

$$[\sigma] = \frac{R_{eL}}{n_s}$$

式中，n_s、n_b 分别为对应于屈服强度和抗拉强度的安全因数。

随着温度的升高，金属材料的力学性能指标将发生变化。对铜、铝等有色金属而言，随温度升高时，抗拉强度急剧下降，对铁基合金如碳钢而言，由图 7-5 可知，温度升高时，抗拉强度开始增大，当温度在 $150\sim300℃$ 时达到最大，而以后就很快地随着温度的升高而下降。而屈服强度则随着温度升高一直是下降的。因此，对于中温容器，应根据设计温度下材料的强度极限或屈服极限来确定许用应力，取下列两式中的较小值

$$\left.\begin{array}{l} [\sigma]^t = \dfrac{R_m^t}{n_b} \\[3mm] [\sigma]^t = \dfrac{R_{eL}^t}{n_s} \end{array}\right\} \qquad (9\text{-}10)$$

在高温下，材料除了抗拉强度和屈服强度继续下降外，还将有蠕变现象发生。因此，高温下容器的失效往往不仅是强度所决定，还可由蠕变所引起。当碳钢和低合金钢设计温度超过 $420℃$，其他合金钢（如铬钼钢）超过 $450℃$，奥氏体不锈钢超过 $550℃$ 的情况下，还必须同时考虑持久强度和蠕变极限的许用应力。此时许用应力取下列诸式中的较小值

$$[\sigma]^t = \frac{R_m^t}{n_b}, \quad [\sigma]^t = \frac{R_{eL}^t}{n_s}, \quad [\sigma]^t = \frac{R_D^t}{n_D}, \quad [\sigma]^t = \frac{R_n^t}{n_n} \qquad (9\text{-}11)$$

式中　　R_m^t，R_{eL}^t——设计温度下材料的抗拉强度和屈服强度，MPa；

$\qquad\quad\; R_D^t$，R_n^t——设计温度下材料的持久强度和蠕变极限，MPa；

n_b，n_s，n_D，n_n——对应抗拉强度、屈服强度、持久强度和蠕变极限的安全因数，设计时取值见表 9-2。

表 9-2　钢材（螺栓材料除外）许用应力的取值

材料	许用应力/MPa(取下列各式中的最小值)
碳素钢、低合金钢	$\dfrac{R_m}{2.7}, \dfrac{R_{eL}}{1.5}, \dfrac{R_{eL}^t}{1.5}, \dfrac{R_D^t}{1.5}, \dfrac{R_n^t}{1.0}$
高合金钢	$\dfrac{R_m}{2.7}, \dfrac{R_{eL}(R_{p0.2})}{1.5}, \dfrac{R_{eL}^t(R_{p0.2}^t)}{1.5}, \dfrac{R_D^t}{1.5}, \dfrac{R_n^t}{1.0}$

螺栓材料的许用应力取值可参见 GB/T 150.1。

容器用碳钢和低合金钢钢板采用 GB/T 713 标准钢板，其部分主要钢号在不同温度和使用状态下的许用应力由表 9-3 查取。容器用不锈钢钢板采用 GB/T 24511 标准钢板，其部分主要钢号在不同温度下的许用应力由表 9-4 查取。

5. 焊接接头系数

压力容器大多采用焊接的方法制成。通常将焊件经过焊接后所形成的结合部分称为焊缝，而两个或两个以上部件，或一个部件两端用焊接组合的接点称作焊接接头。根据焊接接头的位置和应力水平，GB/T 150.1 将容器受压元件之间的焊接接头分为 A、B、C、D 四类，将非受压元件与受压元件之间的连接接头分为 E 类焊接接头，如图 9-1 所示。

表 9-3　碳素钢和低合金钢钢板许用应力

钢号	钢板标准	使用状态	厚度/mm	室温强度指标		在下列温度(℃)下的许用应力/MPa															
				R_m/MPa	R_{eL}/MPa	≤20	100	150	200	250	300	350	400	425	450	475	500	525	550	575	600
Q245	GB/T 713	热轧、控轧、正火	3~16	400	245	148	147	140	131	117	108	98	91	85	61	41					
			>16~36	400	235	148	140	133	124	111	102	93	86	84	61	41					
			>36~60	400	225	148	133	127	119	107	98	89	82	80	61	41					
			>60~100	390	205	137	123	117	109	98	90	82	75	73	61	41					
			>100~150	380	185	123	112	107	100	90	80	73	70	67	61	41					
Q345R	GB/T 713	热轧、控轧、正火	3~16	510	345	189	189	189	183	167	153	143	125	93	66	43					
			>16~36	500	325	185	185	183	170	157	143	133	125	93	66	43					
			>36~60	490	315	181	181	173	160	147	133	123	117	93	66	43					
			>60~100	490	305	181	181	167	150	137	123	117	110	93	66	43					
			>100~150	480	285	178	173	160	147	133	120	113	107	93	66	43					
			>150~200	470	265	174	163	153	143	130	117	110	103	93	66	43					
Q370R	GB/T 713	正火	10~16	530	370	196	196	196	196	190	180	170									
			>16~36	530	360	196	196	196	193	183	173	163									
			>36~60	520	340	193	193	193	180	170	160	150									
18MnMoNbR	GB/T 713	正火加回火	30~60	570	400	211	211	211	211	211	211	211	207	195	177	117					
			>60~100	570	390	211	211	211	211	211	211	211	203	192	177	117					
16MnDR	GB/T 3531	正火、正火加回火	6~16	490	315	181	181	180	167	153	140	130									
			>16~36	470	295	174	174	167	157	143	130	120									
			>36~60	460	285	170	170	160	150	137	123	117									
			>60~100	450	275	167	167	157	147	133	120	113									
			>100~120	440	265	163	163	153	143	130	117	110									
09MnNiDR	GB/T 3531	正火、正火加回火	6~16	440	300	163	163	163	163	163	157	147									
			>16~36	440	280	163	163	163	160	153	147	137									
			>36~60	430	270	159	159	159	153	147	140	130									
			>60~120	420	260	156	156	156	150	143	137	127									
08Ni3DR	—	正火、正火加回火、调质	6~60	490	320	181	181														
			>60~100	480	300	178	178														
06Ni9DR	—	调质	5~30	680	575	252	252														
			>30~40	680	565	252	252														

表 9-4　高合金钢钢板许用应力

钢号	钢板标准	厚度/mm	在下列温度（℃）下的许用应力/MPa																					
			≤20	100	150	200	250	300	350	400	450	500	525	550	575	600	625	650	675	700	725	750	775	800
S11306	GB/T 24511	1.5~25	137	126	123	120	119	117	112	109														
S11348	GB/T 24511	1.5~25	113	104	101	100	99	97	95	90														
S30408	GB/T 24511	1.5~80	①137	137	137	130	122	114	111	107	103	100	98	91	79	64	52	42	32	27				
			137	114	103	96	90	85	82	79	76	74	73	71	67	62	52	42	32	27				
S30403	GB/T 24511	1.5~80	①120	120	118	110	103	98	94	91	88													
			120	98	87	81	76	73	69	67	65													
S30409	GB/T 24511	1.5~80	①137	137	137	130	122	114	111	107	103	100	98	91	79	64	52	42	32	27				
			137	114	103	96	90	85	82	79	76	74	73	71	67	62	52	42	32	27				
S31008	GB/T 24511	1.5~80	①137	137	137	137	134	130	125	122	119	115	113	105	84	61	43	31	23	19	15	12	10	8
			137	121	111	105	99	96	93	90	88	85	84	83	81	61	43	31	23	19	15	12	10	8
S31608	GB/T 24511	1.5~80	①137	137	137	134	125	118	113	111	109	107	106	105	96	81	65	50	38	30				
			137	117	107	99	93	87	84	82	81	79	78	78	76	73	65	50	38	30				
S31603	GB/T 24511	1.5~80	①120	120	117	108	100	95	90	86	84													
			120	98	87	80	74	70	67	64	62													

① 该行许用应力仅适用于允许产生微量永久变形的元件，对于法兰或其他有微量永久变形就引起泄漏或故障的场合不能采用。

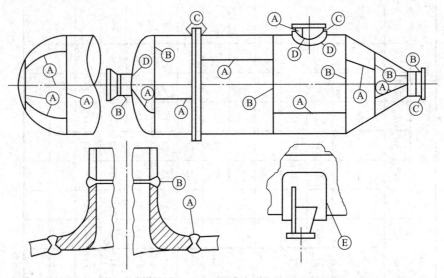

图 9-1 焊接接头分类

由于焊缝处往往存在夹渣、未熔透、气孔、裂纹等焊接缺陷，焊接热影响区往往形成粗大晶粒区而使材料强度和塑性降低，由于结构的刚度约束造成焊后应力过大等因素，焊接接头处往往是容器上强度比较薄弱的地方。为弥补焊接接头对容器整体强度的削弱，在容器强度计算中引入焊接接头系数，表示焊缝金属与母材强度的比值，反应容器强度受削弱的程度。

焊接接头系数 ϕ 值的确定除应根据对接接头的焊缝形式外，主要与无损检测的长度比例相对应。无损检测的长度比例分为全部（100%）检测和局部检测两种。GB 150 规定对于设计压力≥1.6MPa 的第Ⅲ类容器、采用气压或是气液组合耐压试验的容器、盛装毒性为极度或是高度危险介质的容器等，需进行 100% 无损检测，其余可进行局部无损检测。局部无损检测根据不同的产品标准，又分为 20% 和 50% 等不同的比例。钢制压力容器的焊接接头系数按表 9-5 选取。A、B 类焊接接头射线和超声波检测的合格指标见表 9-6。

表 9-5 钢制压力容器的焊接接头系数 ϕ 值

焊接接头形式	无损检测比例	ϕ 值	焊接接头形式	无损检测比例	ϕ 值
双面焊对接接头和相当于双面焊的全熔透对接接头	100%	1.00	单面焊对接接头（沿焊缝根部全长有紧贴基本金属的垫板）	100%	0.90
	局部	0.85		局部	0.80

表 9-6 射线、超声检测合格指标

检测方法	检测技术等级	检测范围		合格级别
射线检测	A、B	A、B类接头	全部	Ⅱ
			局部	Ⅲ
		角接接头、T形接头		Ⅱ
超声检测	脉冲反射法 B	A、B类接头	全部	Ⅰ
			局部	Ⅱ
		角接接头、T形接头		Ⅰ
	衍射时差法 —			Ⅱ

注：表 9-6 中关于检测技术等级及合格标准的定义可参见 NB/T 47013—2015《承压设备无损检测》。

采用上述方法进行焊缝检测后，按各自标准均应合格，方可认为检测合格。当用另一种检测方法复验后，如发现超标缺陷时，应增加 10％（相应焊缝总长）的复验长度；如仍发现超标缺陷，则应 100％ 进行复验。为了消除焊接内应力并恢复组织，钢制压力容器及其受压元件应按 GB 150.4 的有关规定进行焊后热处理。

6.厚度附加量

容器厚度附加量包括钢板的负偏差 C_1 和介质的腐蚀裕量 C_2，即

$$C = C_1 + C_2$$

（1）钢板厚度的负偏差 C_1　钢板厚度的负偏差按相应的钢板标准选取，见表 9-7 和表 9-8。负偏差的选取应按名义厚度 δ_n。

表 9-7　压力容器用碳钢和低合金钢板厚度负偏差　　　　　　　　　　　　　mm

钢板标准	GB 713—2014《锅炉和压力容器用钢板》，GB 3531—2014《低温压力容器用钢板》
钢板厚度	全部厚度
负偏差 C_1	0.30

表 9-8　承压设备用不锈钢钢板厚度负偏差　　　　　　　　　　　　　　　　mm

钢板标准	GB 24511—2009《承压设备用不锈钢钢板和钢带》
钢板厚度	5～100
负偏差 C_1	0.30

（2）腐蚀裕量 C_2　腐蚀裕量由介质对材料的均匀腐蚀速率与容器的设计寿命决定。

$$C_2 = \lambda n$$

式中　λ——腐蚀速率（mm/a），查材料腐蚀手册或由实验确定；

n——容器的设计寿命，通常为 10～15 年。

当材料的腐蚀速率为 0.05～0.1mm/a 时，单面腐蚀取 $C_2 = 1$mm；双面腐蚀取 $C_2 = 2～4$mm。

当材料的腐蚀速率小于或等于 0.05mm/a 时，单面腐蚀取 $C_2 = 1$mm；双面腐蚀取 $C_2 = 2$mm。

一般对碳素钢和低合金钢，C_2 不小于 1mm；对不锈钢，当介质的腐蚀性极微时，取 $C_2 = 0$。

腐蚀裕量只对防止发生均匀腐蚀破坏有意义，对于应力腐蚀、氢腐蚀和晶间腐蚀等非均匀腐蚀，用增加腐蚀裕量的办法来防止腐蚀破坏效果不大，这时应着重于选择耐腐蚀材料和进行适当的防腐蚀处理。

第三节　容器的耐压试验和泄漏试验

压力容器在制成后，要进行耐压试验。耐压试验包括液压试验、气压试验和气-液组合试验。试验目的主要是考察压力容器制造产品的整体强度。耐压试验一般采用液压试验，对于不适宜进行液压试验的容器，可采用气压试验或气-液组合试验。

一、耐压试验压力

试验压力取值与设计压力、设计温度与试验温度、容器材料三要素有关。

内压容器液压试验的耐压试验压力最低值按式（9-12）确定，气压和气液组合的试验压力按式（9-13）确定。

$$p_T = 1.25 p \frac{[\sigma]}{[\sigma]^t} \qquad (9\text{-}12)$$

$$p_T = 1.10 p \qquad (9\text{-}13)$$

式中　　p——压力容器的设计压力或者压力容器铭牌上规定的最大允许工作压力，MPa；

　　　　p_T——耐压试验压力，MPa；当设计考虑液柱静压力时，应当加上液柱静压力。

　　　　$[\sigma]$——试验温度下材料的许用应力，MPa；

　　　　$[\sigma]^t$——设计温度下材料的许用应力，MPa。

压力容器各元件所用材料不同时，应取各元件材料的 $[\sigma]/[\sigma]^t$ 比值中最小者。

二、耐压试验时容器的强度校核

在耐压试验前，应对试验压力下产生的筒体应力进行校核，即容器壁产生的最大应力不超过所用材料在试验温度下屈服强度的 90%（液压试验），或 80%（气压或气液组合试验）。即液压试验时

$$\sigma_T = \frac{p_T(D_i + \delta_e)}{2\delta_e} \leqslant 0.9 R_{eL} \phi \qquad (9\text{-}14)$$

气压试验或气液组合试验时

$$\sigma_T = \frac{p_T(D_i + \delta_e)}{2\delta_e} \leqslant 0.8 R_{eL} \phi \qquad (9\text{-}15)$$

式中，σ_T 为容器在试验压力下的应力，MPa。其他符号同前。

三、液压试验要求和合格标准

压力容器液压试验按以下要求，若液压试验过程中无渗漏。无可见的变形和无异常的响声即为合格。

① 凡在试验时不会导致发生危险的液体，在低于其沸点的温度下，都可用液压试验介质。当采用可燃性液体进行液压试验时，试验温度应当低于可燃性液体的闪点，试验场地附近不得有火源，并且配备适用的消防器材。

② 以水为介质进行液压试验，其所用的水应当是洁净的。不同材料制压力容器对水中氯离子含量的限制，按引用标准的规定和图样要求。试验合格后，应当立即将水渍去除干净。

③ 压力容器中应当充满液体，滞留在压力容器内的气体应当排净。压力容器外表面应当保持干燥，当压力容器器壁金属温度与液体温度接近时，才能缓慢升压至设计压力；确认无泄漏后继续升压到规定的试验压力，保压足够时间，然后，降至设计压力，保压足够时间进行检查，检查期间压力应当保持不变。

④ 液压试验时，试验温度（容器器壁金属温度）应当比容器器壁金属脆性转变温度高30℃，或者按引用标准的规定执行。如果由于板厚等因素造成材料脆性转变温度升高，则需要相应提高试验温度。

⑤ 新制造的压力容器液压试验完毕后，应当用压缩空气将其内部吹干。

四、气压试验要求和合格标准

由于结构或者支撑原因，不能向压力容器内充灌液体以及运行条件不允许残留试验液体的压力容器，可按设计图样规定采用气压试验。

气压试验按以下要求，若气压实验过程中，压力容器无异常响声，经过肥皂液或者其他检漏液检查无漏气，无可见的变形即为合格。

① 试验所用气体应当为干燥洁净的空气、氮气或者其他惰性气体。

② 气压试验时，试验温度（容器器壁金属温度）应当比容器器壁金属脆性转变温度高 30℃。

③ 气压试验时，应当先缓慢升压至规定试验压力的 10%，保证足够时间，并且对所有焊缝和连接部位进行初次检查。如无泄漏可继续升压到规定试验压力的 50%；如无异常现象，其后按规定试验压力的 10% 逐级升压，直到试验压力，保压足够时间；然后降至设计压力，保压足够时间进行检查，检查期间压力应当保持不变。

五、气液组合压力试验要求和合格标准

通常对因承重等原因无法注满液体的压力容器，可根据承重能力先注入部分液体，然后注入气体，进行气液组合压力试验；试验用液体、气体应当分别按液压试验和气压试验的有关要求，气液组合压力试验时试验温度、试验的升降要求、安全防护要求以及试验的合格标准按气压试验的有关规定执行。

六、泄漏试验

通常，盛装介质毒性为极度、高度危害的容器，设计上不允许有微量泄漏的容器，应在耐压试验合格后进行泄漏试验。泄漏试验根据试验介质的不同，分为气密性试验、氨检漏试验、卤素检漏试验和氦检漏试验等，一般采用气密性试验。

【例 9-1】 有一圆筒形锅炉汽包，内径 $D_i = 1200\text{mm}$，操作压力为 4MPa，此时蒸汽为 250℃，汽包上装有安全阀，材料为 Q245R，筒体采用带垫板的对接焊，全部探伤，试设计该汽包的壁厚。

解 （1）确定参数

$p_c = 1.1p_w = 1.1 \times 4 = 4.4$（MPa）；$D_i = 1200\text{mm}$；$[\sigma]^t = 111$ MPa（表 9-3，预计汽包厚度在 16~36mm 之间）；$\phi = 0.9$（查表 9-5）。

（2）计算厚度

$$\delta = \frac{p_c D_i}{2[\sigma]^t \phi - p_c} = \frac{4.4 \times 1200}{2 \times 111 \times 0.9 - 4.4} = 27 \text{（mm）}$$

（3）确定厚度附加量

根据上面计算厚度 $\delta = 27\text{mm}$，由表 9-7 可查得 $C_1 = 0.3\text{mm}$，取 $C_2 = 1\text{mm}$，则

$$C = C_1 + C_2 = 1.3\text{mm}$$

因此，该汽包实际所需的厚度为

$$\delta = 27 + 1.3 = 28.3 \text{（mm）}$$

圆整成钢板规格厚度，应取 $\delta = 30\text{mm}$ 的 Q245R 钢板来制造此锅炉汽包。

【例 9-2】 某石油化工厂欲设计一台石油分离中的乙烯精馏塔。工艺要求为：塔体内径 $D_i = 600\text{mm}$，设计压力 $p = 2.2\text{MPa}$，工作温度 $t = -18 \sim -3℃$。试选择塔体材料并确定壁厚。

解 由于介质对钢材的腐蚀性不大，温度在 -20℃ 以上（中、常温钢板的使用温度下限一般为 -20℃），压力为中压，查阅表 9-3，可以看出选用 Q245R 或 Q345R 较为合适。

（1）选用 Q245R 钢板

根据式（9-1） $$\delta = \frac{p_c D_i}{2[\sigma]^t \phi - p_c}$$

式中，取 $p_c = p = 2.2\text{MPa}$；$D_i = 600\text{mm}$；$[\sigma]^t = 148\text{MPa}$；$\phi = 0.85$（采用全熔透对接接头，局部无损检测）；$C_1 = 0.3\text{mm}$；$C_2 = 1\text{mm}$。

于是
$$\delta = \frac{2.2 \times 600}{2 \times 148 \times 0.85 - 2.2} = 5.3 \ (\text{mm})$$

加上厚度附加量 $C = 1.3\text{mm}$，圆整后的实际厚度为 8mm [钢板的常用厚度为 2，3，4，(5)，6，8，10，12，14，16，18，20，22，25，28，30，…]。

水压试验强度校核：水压试验时塔壁内产生的最大应力为

$$\sigma_T = \frac{p_T [D_i + (\delta_n - C)]}{2(\delta_n - C)}$$

式中，$p_T = 1.25p = 1.25 \times 2.2\text{MPa} = 2.75\text{MPa}$；$\delta_n = 8\text{mm}$；$C = 1.3\text{mm}$。

于是

$$\sigma_T = \frac{2.75 \times [600 + (8 - 1.3)]}{2 \times (8 - 1.3)} = 124.5 \ (\text{MPa})$$

而 Q245R 钢板的屈服强度 $R_{eL} = 245\text{MPa}$（表 9-3），则常温下水压试验时的许可应力为
$$0.9 R_{eL} \phi = 0.9 \times 0.85 \times 245 = 187.4 \ (\text{MPa})$$

因 $\sigma_T < 0.9 R_{eL} \phi$，因此水压试验合格。

（2）选用 Q345R 钢板

仍按式（9-1）计算，式中的许用应力 $[\sigma]^t = 189\text{MPa}$（表 9-3），其余参数不变，因此

$$\delta = \frac{2.2 \times 600}{2 \times 189 \times 0.85 - 2.2} = 4.2 \ (\text{mm})$$

圆整后取 $\delta_n = 6\text{mm}$。

水压试验强度校核略。

由于钢材用量与钢板厚度成正比，以上两种选材计算可知，塔体选用 Q345R 钢板时较选用 Q245R 其钢材用量可减少约 25%。当然，Q345R 钢板的价格比 Q245R 的略贵，所以需要作出考虑经济性的综合评价。本设计中采用 Q345R 钢板比较合适。

【例 9-3】 某化工厂设计一台储罐，内径为 1200mm，储罐长 4000mm，工作温度为 $-10 \sim 50\text{℃}$，设计压力为 2.2MPa，试确定储罐筒体部分的厚度。

解 （1）确定储罐筒体的厚度

选用 Q345R 钢板，由表 9-3 查得 $[\sigma]^t = 189\text{MPa}$，焊接采用双面焊 100% 无损检测，焊接接头系数 $\phi = 1.0$，则筒体的计算厚度为

$$\delta = \frac{p_c D_i}{2[\sigma]^t \phi - p_c} = \frac{2.2 \times 1200}{2 \times 189 \times 1 - 2.2} = 7 \ (\text{mm})$$

腐蚀裕量 $C_2 = 2\text{mm}$，$C_1 = 0.3\text{mm}$，则
$$\delta_d = \delta + C_2 = 7 + 2 = 9 \ (\text{mm})$$

圆整后取 $\quad \delta_n = \delta_d + C_1 + \Delta = 9 + 0.3 + \Delta = 10 \ (\text{mm})$

（2）水压试验 应力校核

试验压力为

$$p_T = 1.25p \frac{[\sigma]}{[\sigma]^t} = 1.25 \times 2.2 \times \frac{189}{189} = 2.75 \ (\text{MPa})$$

试验压力下的筒体应力

$$\sigma_T = \frac{p_T (D_i + \delta_e)}{2\delta_e}$$

有效厚度 $\quad \delta_e = \delta_n - C = 10 - 2.3 = 7.7 \ (\text{mm})$

因此
$$\sigma_T = \frac{2.75 \times (1200 + 7.7)}{2 \times 7.7} = 215.7 \text{（MPa）}$$

查表 9-3，Q345R 的 $R_{eL} = 345\text{MPa}$，故

$$0.9\phi R_{eL} = 0.9 \times 1 \times 345 = 310.5 \text{（MPa）} > 215.7\text{MPa} = \sigma_T$$

所以满足耐压试验要求。

习　题

9-1　容器进行耐压试验的目的是什么？根据试验介质不同，它们又可分为哪些试验？

9-2　有一 $DN2000\text{mm}$ 的内压薄壁圆筒，厚度 $\delta_n = 22\text{mm}$，承受的气体最大压力 $p = 2\text{MPa}$，焊接接头系数 $\phi = 0.85$，厚度附加量 $C = 1.3\text{mm}$，试求筒体的最大工作应力。

9-3　某球形内压薄壁容器，内径 $D_i = 10\text{m}$，厚度 $\delta_n = 22\text{mm}$，焊接接头系数 $\phi = 1.0$，厚度附加量 $C = 1.3\text{mm}$，试计算该球形容器的最大允许工作压力。已知钢材的许用应力 $[\sigma]^t = 148\text{MPa}$。

9-4　今欲设计一台反应釜，内径 $D_i = 1600\text{mm}$，工作温度 5～105℃，工作压力为 1.6MPa，材料选用 S30408，采用全熔透对接接头，作局部无损检测，凸形封头上装有安全阀，试计算釜体所需厚度。

9-5　一储槽，内径 1600mm，设计压力 2.5MPa，工作温度 25℃，材料为 Q345R 双面焊全熔透对接接头，局部无损检测，厚度附加量 $C = 1.3\text{mm}$，试校核强度。

第十章
内压容器封头的设计

容器封头又称端盖，是容器的重要组成部分，按其形状分为三类：凸形封头、锥形封头和平板形封头。其中凸形封头包括半球形封头、椭圆形封头、碟形封头（或称带折边的球形封头）、球冠形封头（或称无折边球形封头）四种。采用什么样的封头要根据工艺条件的要求、制造的难易和材料的消耗等决定。

第一节 凸形封头

一、半球形封头

半球形封头是由半个球壳构成的，它的计算厚度公式与球壳相同。

$$\delta = \frac{p_c D_i}{4[\sigma]^t \phi - p_c} \tag{10-1}$$

式中　p_c——计算压力，MPa；

　　　D_i——封头内直径，mm；

　　　$[\sigma]^t$——设计温度下材料的许用应力，MPa；

　　　ϕ——焊接接头系数。

所以，半球形封头厚度可较相同直径与压力的圆筒厚度减薄一半左右。但在实际设计中，为了焊接方便以及降低边界处的边缘压力，半球形封头厚度会在计算厚度的基础上适当增大。半球形封头由于深度大，整体冲压成形较困难，对大直径（$D_i > 2.5 \mathrm{m}$）的半球形封头，可先在水压机上将数块钢板冲压成形后再在现场拼焊而成，如图 10-1 所示。半球形封头多用于大型高压容器和压力较高的储罐上。

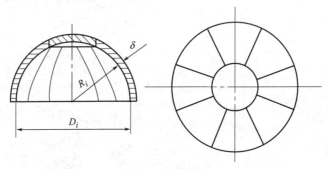

图 10-1 半球形封头

二、椭圆形封头

椭圆形封头如图 10-2 所示，封头的母线为半椭圆形，长短半轴分别为 a 和 b，故而曲率处处连续，和筒体连接区有 $h_0 = 25 \mathrm{mm}$、$40 \mathrm{mm}$、$50 \mathrm{mm}$ 的短圆筒（通称直边），因而，仅在半椭圆形封头和直边段连接处存在一处不连续点。增加直边的目的是避开在椭球边缘与圆筒壳体的连接处设置焊缝，使焊缝转移至圆筒区域，以免出现边缘应力与热应力叠加的情况。

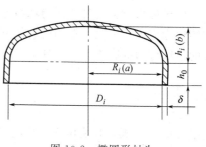

图 10-2　椭圆形封头

采用应力为二倍于相同筒体直径 D_i 时半球形封头的应力公式，考虑到长短轴比值 $D_i/2h_i$（h_i 为封头曲面深度）不同应力分布规律不同，引入椭圆形封头的形状系数 K 对计算厚度进行修正

$$\delta = \frac{Kp_c D_i}{2[\sigma]^t\phi - 0.5p_c} \tag{10-2}$$

式中，K 为椭圆形封头的形状系数，与 $D_i/2h_i$ 有关。对于一般椭圆封头，$K = \frac{1}{6}\left[2 + \left(\frac{D_i}{2h_i}\right)^2\right]$其值列于表 10-1。

表 10-1　椭圆封头的形状系数

$D_i/2h_i$	2.6	2.5	2.4	2.3	2.2	2.1	2.0	1.9	1.8
K	1.46	1.37	1.29	1.21	1.14	1.07	1.00	0.93	0.87
$D_i/2h_i$	1.7	1.6	1.5	1.4	1.3	1.2	1.1	1.0	
K	0.81	0.76	0.71	0.66	0.61	0.57	0.53	0.50	

当 $D_i/2h_i = 2$ 时，定义为标准椭圆封头，$K = 1.0$，则式（10-2）变为

$$\delta = \frac{p_c D_i}{2[\sigma]^t\phi - 0.5p_c} \tag{10-3}$$

式（10-3）和圆筒体的厚度计算公式几乎一样，说明圆筒体采用标准椭圆形封头，其封头厚度近似等于筒体厚度，这样筒体和封头可采用同样厚度的钢板来制造，故常选用标准椭圆形封头作为圆筒体的封头。

椭圆形封头的最大允许工作压力按下式计算

$$[p_w] = \frac{2[\sigma]^t\phi\delta_e}{KD_i + 0.5\delta_e} \tag{10-4}$$

标准椭圆形封头已经标准化（GB/T 25198—2010《压力容器封头》），设计时可根据公称直径和厚度选取。

三、碟形封头

碟形封头（图 10-3）又称带折边的球形封头，由三部分组成：以 R_i 为半径的球面，以 r 为半径的过渡圆弧（即折边）和高度为 $h_0 = 25\text{mm}$、40mm、50mm 的直边。碟形封头的

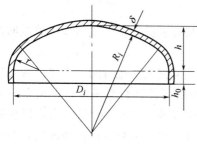

图 10-3　碟形封头

主要优点是便于手工加工成形，只要有球面模具就可以用人工锻打的方法成形，且可以在安装现场制造。主要缺点是球形部分、过渡区的圆弧部分及直边部分的连接处曲率半径有突变，有较大的边缘应力产生。若球面半径越大，折边半径越小，封头的深度将越浅，这对于人工锻打成形有利。但是考虑到球面部分与过渡区连接处的局部高应力，规定碟形封头的 $R_i \leqslant D_i$，$r/D_i \geqslant 0.1$，且 $r \geqslant 3\delta_n$。

由于碟形封头过渡圆弧与球面连接处的经线曲率有突变，在内压作用下连接处将产生较大的边缘应力。因此，在相同条件下碟形封头的厚度比椭圆封头的厚度要大些。考虑碟形封头的边缘应力的影响，在设计中引入形状系数 M，其厚度计算公式

$$\delta = \frac{Mp_c R_i}{2[\sigma]^t \phi - 0.5 p_c}$$ (10-5)

式中　R_i——碟形封头球面部分内半径，mm；

　　　M——碟形封头形状系数，$M = \frac{1}{4}\left(3 + \sqrt{\frac{R_i}{r}}\right)$，其值见表 10-2；

　　　r——过渡圆弧内半径，mm。

其他符号意义同前。

表 10-2　碟形封头形状系数 M

R_i/r	1.0	1.25	1.50	1.75	2.0	2.25	2.50	2.75
M	1.0	1.03	1.06	1.08	1.10	1.13	1.15	1.17
R_i/r	3.00	3.25	3.50	4.0	4.50	5.0	5.5	6.0
M	1.18	1.20	1.22	1.25	1.28	1.31	1.34	1.36
R_i/r	6.5	7.0	7.5	8.0	8.5	9.0	9.5	10.0
M	1.39	1.41	1.44	1.46	1.48	1.50	1.52	1.54

当 $R_i = 0.9 D_i$、$r = 0.17 D_i$ 时，称为标准碟形封头，此时 $M = 1.325$，于是标准碟形封头的厚度计算公式可写成如下形式

$$\delta = \frac{1.325 p_c R_i}{2[\sigma]^t \phi - 0.5 p_c}$$ (10-6)

对于标准碟形封头，其有效厚度 δ_e 不小于封头内直径的 0.15%，其他碟形封头的有效厚度应不小于 0.30%。但当确定封头厚度时如果考虑了内压下的弹性失稳问题，可不受此限制。

碟形封头的最大允许工作压力为

$$[p_w] = \frac{2[\sigma]^t \phi \delta_e}{MR_i + 0.5 \delta_e}$$ (10-7)

各种凸形封头的直边高度可按表 10-3 确定。

表 10-3　凸形封头的直边高度 h_0　　　　　　　　　　mm

DN	$\leqslant 2000$	> 2000
直边高度 h_0	25	40

四、球冠形封头

将碟形封头的直边及过渡圆弧部分去掉，球面部分直接焊在筒体上，就构成了球冠形封头，也称无折边球形封头，它可降低封头的高度。

球冠形封头在多数情况下用作容器中两独立受压室的中间封头，也可用作端盖。封头与筒体连接的角焊缝应采用全焊透结构（图 10-4），因此，应适当控制封头厚度以保证全焊透结构的焊接质量。封头球面内半径 R_i 控制为圆筒体内直径 D_i 的 0.7~1.0 倍。当容器承受内压时，在球形封头内将产生拉应力，由球形封头的计算知，这个力只是筒体环向应力的一半，而在封头与筒壁的连接处，却存在着较大的局部边缘应力，由图 10-5 可见，受内压作

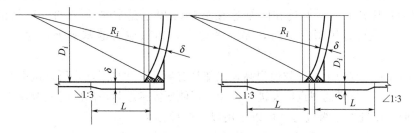

图 10-4　球冠形端封头和中间封头

用的封头之所以未被筒体内的压力顶走,是由于筒壁拉住了它。于是,封头在沿其连接点处的切线方向有一圈拉力 F_T 作用在筒壁上。它的垂直分量 F_N 使筒壁产生轴向拉应力,它的水平分量 F_S (横推力) 造成筒壁的弯曲,使筒壁在与封头的连接处附近产生局部的轴向弯曲应力。另外,封头与筒壁在内压作用下,由于它们的径向变形量不同,也导致连接处附近的筒壁产生很大的边缘应力。因此,在确定球冠形封头的厚度时,重点应放在这些局部应力上。

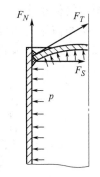

图 10-5　球冠形封头与筒体连接边缘的受力图

　　受内压球冠形端封头的计算厚度按式 (9-6) 确定,封头加强段的计算厚度按下式确定

$$\delta_r = \frac{Qp_cD_i}{2[\sigma]^t\phi - p_c}$$

(10-8)

式中　D_i ——封头和筒体的内直径,$D_i \neq 2R_i$,mm;

　　　Q ——系数,对容器端封头由 GB/T 150.3 查取。

　　在任何情况下,与球冠形封头连接的圆筒厚度应不小于封头厚度。否则,应在封头与圆筒间设置加强段过渡连接。圆筒加强段的厚度应与封头等厚;端封头一侧或中间封头两侧的加强段长度 L 均应不小于 $\sqrt{2D_i\delta}$,如图 10-4 所示。对两侧受压的球冠形中间封头厚度的设计,参见 GB/T 150.3。

第二节　锥形封头

　　锥形封头在同样条件下与半球形、椭圆形和碟形封头比较,其受力情况较差,其中一个主要原因是因为锥形封头与圆筒连接处的转折较大,故曲率半径发生突变而产生边缘力的缘故。在化工生产中,对于黏度大或者悬浮性的液体物料、设备中的固体物料,采用锥形封头有利于排料。另外,对于两个不同直径的圆筒体的连接也采用圆锥形壳体,称为变径段。

　　假设锥形封头大端边界上每单位长度的经向力用 F_T 表示,而沿轴向的分力以 q 表示,沿径向的分力以 q_0 表示。如图 10-6 所示,则根据牛顿第三定律可知,在圆筒的边界上每单位长度也必然产生一个和 F_T 大小相等、方向相反的作用力,这个力也以 F_T 表示,它的径向分力 q_0 是指向轴心的,称它为横推力。在

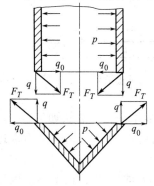

图 10-6　锥形封头的横推力

横推力的作用下，将迫使圆筒向内收缩。当该力足够大时有可能在与该处的边缘力矩共同作用下使圆筒被压瘪，这对圆筒和圆锥连接处的环焊缝是非常不利的。正是由于存在上述的边缘应力，在设计锥形封头时，要在考虑上述边缘应力的基础上，建立一些补充的设计公式。

连接处附近的边缘应力尽管数值很高，但却具有局部性和自限性，所以这里发生小量的塑性变形是允许的，从这样的观点出发进行设计，可使所需锥形封头的厚度大为降低。

为了降低连接处的边缘应力，可以采用以下两种方法。

第一种方法：使连接处附近的封头及筒体厚度增大，即采用局部加强的方法。图 10-7 是无局部加强的锥形封头，图 10-8 是有局部加强的锥形封头（其中 α 是半顶角），它们都是直接与筒体相连，中间没有过渡圆弧，因而叫做无折边锥形封头。但并不是所有的无折边锥形封头与筒体的连接部分都需要加强，这是因为内压引起的环向拉应力可以抵消部分横推力引起的压应力，因此只有当 q_0 达到一定值时才需采取加强措施。

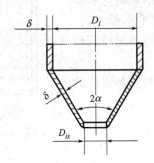

图 10-7　无局部加强的无折边锥形封头

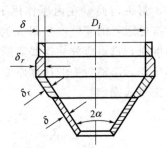

图 10-8　有局部加强的无折边锥形封头

第二种方法：在封头与筒体间增加一个过渡圆弧，则整个封头由锥体、过渡圆弧及高度为 h_0 的直边三部分所构成，称折边锥形封头。图 10-9 为大端折边锥形封头；图 10-10 为锥体的大、小端均有过渡圆弧的折边锥形封头。

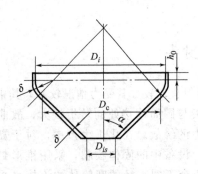

图 10-9　大端折边锥形封头

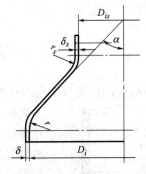

图 10-10　折边锥形封头

对于锥壳半顶角 $\alpha \leqslant 60°$ 的轴对称无折边锥壳或折边锥壳设置要求的计算方法如下。

对于锥壳大端，当锥壳半顶角 $\alpha \leqslant 30°$ 时，可以采用无折边结构；当 $\alpha > 30°$ 应采用带过渡段的折边结构，否则应按应力分析的方法进行设计。

大端折边锥壳的过渡段转角半径 r 应不小于封头大端内直径 D_i 的 10%、且不小于该过渡段厚度的 3 倍。

对于锥壳小端，当锥壳半顶角 $\alpha \leqslant 45°$ 时，可以采用无折边结构；当 $\alpha > 45°$ 时，应采用带过渡段的折边结构。

小端折边锥壳的过渡段转角半径 r_s 应不小于封头小端内直径 D_{is} 的 5%，且不小于该过渡段厚度的 3 倍。

当锥壳的半顶角 $\alpha > 60°$ 时，其厚度可按平盖计算，也可以用应力分析方法确定。

锥壳与圆筒的连接应采用全焊透结构。

受内压锥形封头的计算厚度按下式确定

$$\delta_c = \frac{p_c D_c}{2[\sigma]_c^t \phi - p_c} \frac{1}{\cos\alpha} \tag{10-9}$$

式中　D_c——锥壳计算内直径，mm；

　　　α——锥壳半顶角，(°)；

　　$[\sigma]_c^t$——设计温度下锥壳材料的许用应力，mm。

第三节　平板封头

平板封头也称平盖，是化工容器或设备常采用的一种封头。几何形状有圆形、椭圆形、长圆形、矩形和方形等，最常用的是圆形。它主要用于常压和低压的设备上，或者高压小直径的设备上。它的特点是结构简单，制造方便，故也常作为可拆的人孔盖、换热器端盖等。但是平盖与凸形封头相比，主要承受弯曲应力的作用，平盖的设计公式是根据承受均布载荷的平板理论推导出来的，板中产生两向弯曲应力——径向弯曲应力和环向弯曲应力，其最大值可能在板的中心，也可能在板的边缘，要视周边的支承方式而定。实际上平盖的连接既不是单纯的简支连接，也不是单纯的固支连接，而是介于它们之间。

平盖按连接方式分为两种，一种是不可拆的平盖（表10-4序号1～7），采用整体锻造或用平板焊接；整体锻造的平盖与筒体的连接处带有一段半径为 r 的过渡圆弧（序号1），这种结构减小了平盖边缘与筒体连接处的边缘应力，因此它的最大弯曲应力不是在边缘而是在平盖的中心。对平盖与圆筒连接没有过渡圆弧的连接结构型式（序号2～7），其最大弯曲应力可能出现在筒体与平盖的连接部位，也可能出现在平盖的中心。另一种是可拆的平盖（序号8～10），用螺栓固定，靠压紧垫片密封。

表 10-4　平盖系数 K 选择表

固定方法	序号	简　图	结构特征系数 K	备　注
与圆筒一体或对焊	1		0.145	仅适用于圆形平盖 $p_c \leqslant 0.6\text{MPa}$ $L \geqslant 1.1\sqrt{D_c \delta_e}$ $r \geqslant 3\delta_{ep}$

固定方法	序号	简图	结构特征系数 K	备注
角焊缝或组合焊缝连接	2	f、δ_e、δ_{ep}、D_c	圆形平盖：$0.44m\,(m=\delta/\delta_e)$，且不小于 0.3；非圆形平盖 0.44	$f\geqslant1.4\delta_e$
	3	f、δ_e、δ_{ep}、D_c	圆形平盖：$0.44m\,(m=\delta/\delta_e)$，且不小于 0.3；非圆形平盖 0.44	$f\geqslant\delta_e$
	4	f、δ_e、δ_{ep}、D_c	圆形平盖：$0.5m\,(m=\delta/\delta_e)$，且不小于 0.3；非圆形平盖 0.5	$f\geqslant0.7\delta_e$
	5	f、δ_e、δ_{ep}、D_c		$f\geqslant1.4\delta_e$
锁底对接焊缝	6	δ_1、$R6$、$30°$、3、δ_e、δ_{ep}、D_c	$0.44m\,(m=\delta/\delta_e)$，且不小于 0.3	仅适用于圆形平盖，且 $\delta_1\geqslant\delta_e+3\mathrm{mm}$
	7	δ_1、$R6$、$30°$、3、δ_e、δ_{ep}、D_c	0.5	

固定方法	序号	简 图	结构特征系数 K	备 注
	8	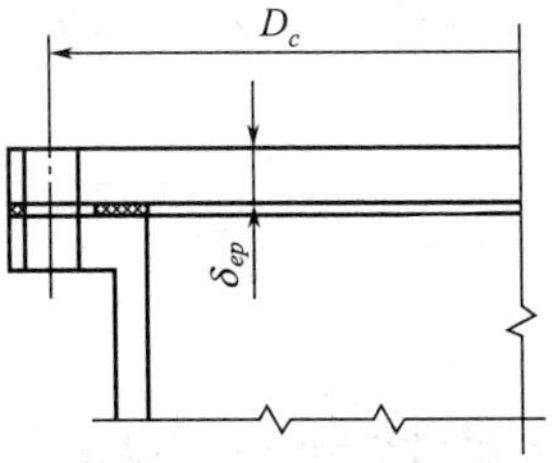	圆形平盖或 非圆形平盖 0.25	
螺栓连接	9	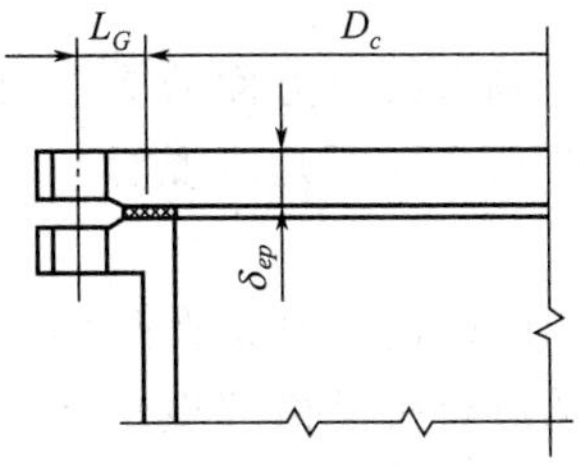	圆形平盖： 操作时，$0.3+\dfrac{1.78WL_G}{p_c D_c^3}$； 预紧时，$\dfrac{1.78WL_G}{p_c D_c^3}$ 非圆形平盖： 操作时，$0.3Z+\dfrac{6WL_G}{p_c La^2}$； 预紧时，$\dfrac{6WL_G}{p_c La^2}$	
	10	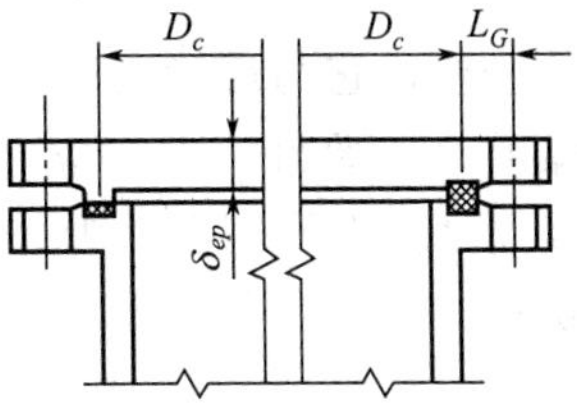		

注：图中 δ_{ep} 为平盖的有效厚度。

1. 圆形平盖厚度的计算

对于表 10-4 中所示的平盖计算厚度 δ_p 按下式确定

$$\delta_p = D_c \sqrt{\frac{K p_c}{[\sigma]^t \phi}} \qquad (10\text{-}10)$$

式中　D_c——平盖计算直径（表 10-4 中简图），mm；

　　　K——结构特征系数（查表 10-4）；

　　　W——预紧或操作状态时的螺栓设计载荷，N；

　　　L_G——螺栓中心至垫片压紧力作用中心线的径向距离（见表 10-4 简图），mm。

其他符号意义同前。

对于表 10-4 中序号 9、10 的平盖，应按表 10-4 的预紧状态和操作状态下的结构特征系数 K，由式（10-10）分别计算厚度并取较大值。

2. 非圆形平盖厚度的计算

① 对于表 10-4 中序号 2、3、4、5、8 所示平盖按下式计算

$$\delta_p = a \sqrt{\frac{KZ p_c}{[\sigma]^t \phi}} \qquad (10\text{-}11)$$

② 对于表 10-4 中序号 9、10 所示平盖，按下式计算

$$\delta_p = a \sqrt{\frac{K p_c}{[\sigma]^t \phi}} \qquad (10\text{-}12)$$

式中 Z——非圆形平盖的形状系数，$Z = 3.4 - 2.4 \dfrac{a}{b}$，且 $Z \leqslant 2.5$；

a——非圆形平盖的短轴长度，mm；

b——非圆形平盖的长轴长度，mm。

其他符号意义同前。

第四节　封头的结构特性及选择

封头的结构形式是由工艺过程、承载能力、制造技术方面的要求而决定的，其选用主要根据设计对象的要求。下面就对各种封头的优缺点作以下几点说明。

1. 半球形封头

半球形封头是由半个球壳构成，就单位容积的表面积来说在凸形封头中最小；需要的厚度是同样直径圆筒的二分之一；从受力来看，球形封头是最理想的结构形式；但缺点是深度大，直径小时，整体冲压困难，大直径采用分瓣冲压后的拼焊工作量也较大。

2. 椭圆形封头

椭圆形封头是由半个椭球面和一圆柱直边段组成，它与碟形封头的容积和表面积基本相同，它的应力情况不如半球形封头均匀，但比碟形封头要好。对于 $a/b = 2$ 的标准椭圆形封头与厚度相等的筒体连接时，可以达到与筒体等强度。椭圆形封头吸取了碟形封头深度浅的优点，用冲压法易于成形，制造比球形封头容易。

3. 碟形封头

碟形封头是由球面、过渡段以及圆柱直边段三个不同曲面组成。虽然由于过渡段的存在降低了封头的深度，方便了成形加工，但在三部分连接处，由于经线曲率发生突变，在过渡区边界上不连续应力比内压薄膜应力大得多，故受力状况不佳，目前渐渐有被椭圆形封头取代之势。它的制造常用冲压、手工敲打、旋压而成。

4. 球冠形封头

球冠形封头是部分球形封头与圆筒直接连接，它结构简单、制造方便，常用作容器中两独立受压室的中间封头，也可用作端盖。封头与筒体连接处的角焊缝应采用全焊透结构。在球封头与圆筒连接处其曲率半径发生突变，且两壳体因无公切线而存在横向推力，所以产生相当大的不连续应力，这种封头一般只能用于压力不高的场合。

5. 锥形封头

锥形封头有两种形式，即无折边锥形封头和有折边锥形封头。就强度而论，锥形封头的结构并不理想，但从受力来看，锥顶部分强度很高，故在锥尖开孔一般不需要补强。锥形封头经常作为流体的均匀引入和引出、悬浮或黏稠液体和固体颗粒等的排放、不同直径圆筒的过渡件。锥形封头可用滚制成形或压制成形，折边部分可以压制或敲打成形，但锥顶尖部分很难成形。

6. 平板封头

平板封头是各种封头中结构最简单、制造最容易的一种封头形式。对于同样直径和压力的容器，采用平板封头的厚度最大。

总之，从受力情况来看，半球形封头最好，椭圆形、碟形其次，球冠形、锥形更次之，而平板最差。从制造角度来看，平板最容易，球冠形、锥形其次，碟形、椭圆形更次，而半球形最难；就使用而论，锥形有其特色，用于压力不高的设备上，椭圆形封头用作大多数中低压容器的封头，平板封头用作常压或直径不大的高压容器的封头，球冠形封头用作压力不高的场合或容器中两独立受压室的中间封头，半球形封头一般用于大型储罐或高压容器的封头。

【例 10-1】 某化工厂欲设计一台乙烯精馏塔。已知该塔内径 $D_i = 600\text{mm}$，厚度 $\delta_n = 7\text{mm}$，材质为 Q345R，计算压力 $p_c = 2.2\text{MPa}$，工作温度 $t = -18 \sim -3\text{℃}$。试确定该塔的封头形式与尺寸。

解 从工艺操作要求来看，封头形状无特殊要求，现按凸形封头和平板封头作计算，以便比较。

（1）若采用半球封头，其厚度按式（10-1）计算

$$\delta = \frac{p_c D_i}{4[\sigma]^t \phi - p_c}$$

式中，$p_c = 2.2\text{MPa}$，$D_i = 600\text{mm}$，$[\sigma]^t = 189\text{MPa}$。

取 $C_2 = 1\text{mm}$，$\phi = 0.8$（封头虽可整体冲压，但考虑与筒体连接处的环焊缝，其轴向拉伸应力与球壳内的应力相等，故应计入这一环向焊接接头系数）。

于是
$$\delta = \frac{2.2 \times 600}{4 \times 189 \times 0.8 - 2.2} = 2.2 \text{（mm）}$$

$$\delta_n = \delta + C_1 + C_2 + \Delta = 2.2 + 0.3 + 1 + \Delta = 4 \text{（mm）}$$

即圆整后采用 $\delta_n = 4\text{mm}$ 厚的钢板。

（2）若采用标准椭圆形封头，其厚度按式（10-3）计算

$$\delta = \frac{p_c D_i}{2[\sigma]^t \phi - 0.5 p_c}$$

式中，$\phi = 1.0$（整板冲压），其他参数同前。

于是
$$\delta = \frac{2.2 \times 600}{4 \times 189 \times 1 - 0.5 \times 2.2} = 3.5 \text{（mm）}$$

$$\delta_n = \delta + C_1 + C_2 + \Delta = 3.5 + 0.3 + 1 + \Delta = 5 \text{（mm）}$$

即圆整后采用 5mm 厚的钢板。

（3）若采用标准碟形封头，其厚度按式（10-6）计算

$$\delta = \frac{1.2 p_c D_i}{2[\sigma]^t \phi - 0.5 p_c} = \frac{1.2 \times 2.2 \times 600}{2 \times 189 \times 1 - 0.5 \times 2.2} = 4.2 \text{（mm）}$$

$$\delta_n = \delta + C_1 + C_2 + \Delta = 4.2 + 0.3 + 1 + \Delta = 6 \text{（mm）}$$

即圆整后采用 6mm 厚的钢板。

（4）若采用平板封头，其厚度按式（10-10）计算

$$\delta = D_c \sqrt{\frac{K p_c}{[\sigma]^t \phi}}$$

式中，$D_c = 600\text{mm}$，K 取 0.25，$\phi = 1.0$。

于是
$$\delta = 600 \sqrt{\frac{0.25 \times 2.2}{189 \times 1}} = 30.8 \text{（mm）}$$

$$\delta_n = \delta + C_1 + C_2 + \Delta = 30.8 + 0.3 + 1 + \Delta = 34 \text{（mm）}$$

即圆整后采用 34mm 厚的钢板。

采用平板封头时，在连接处附近，筒壁上亦存在较大的边缘应力，而且平板封头受内压时处于受弯曲应力的不利状态，且采用平板封头厚度太大，故本例题不宜采用平板封头。

根据上述计算，可将各种形式的封头计算结果见表 10-5。

表 10-5　各种封头计算结果比较

封头型式	厚度/mm	制造难易程度
半球形	4	较难
椭圆形	5	较易
碟形	6	较易
平盖	34	易

习　题

10-1　某化工厂反应釜，内径为 1600mm，工作温度为 5~105℃，工作压力为 1.6MPa，釜体材料选用 Q345R。焊接采用双面对接焊，局部无损探伤，椭圆封头上装有安全阀，试设计筒体和封头的厚度。

10-2　设计容器筒体和封头厚度。已知内径 $D_i = 1200$mm，设计压力 $p = 1.8$MPa，设计温度为 40℃，材质为 Q245R，介质无大腐蚀。双面对接焊，100% 探伤。封头按半球形、标准椭圆形和标准碟形三种形式算出所需厚度，最后根据各有关因素进行分析，确定一最佳方案。

10-3　今欲设计一台内径为 1200mm 的圆筒形容器。工作温度为 10℃，最高工作压力为 1.6MPa。筒体采用双面对接焊，局部探伤。端盖为标准椭圆形封头，采用整板冲压成形，容器装有安全阀，材质为 Q245R。容器为单面腐蚀，腐蚀速度为 0.2mm/a。设计使用年限为 10 年，试设计该容器筒体及封头厚度。

10-4　有一库存很久的气瓶，材质为 Q345R，圆筒筒体外径 $D_o = 219$mm，其实测最小厚度为 6.5mm，气瓶两端为半球形状，今欲充压 10MPa，常温使用并考虑腐蚀裕量 $C_2 = 1$mm，问强度是否足够？如果不够，最大允许工作压力为多少？

第十一章
外压容器设计基础

第一节 概 述

一、外压容器的失稳

在化工生产中，有许多承受外压的容器，例如真空储罐、减压蒸馏塔；蒸发器及蒸馏塔所用的真空冷凝器、真空结晶器。对于带有夹套加热或冷却的反应器，当夹套中介质的压力高于容器内介质的压力时，也构成一外压容器。

圆筒受到外压作用后，在筒壁内将产生经向和环向压缩应力，其值与内压圆筒一样，也是 $\sigma_m = pD/4\delta$，$\sigma_\theta = pD/2\delta$。这种压缩应力增大到材料的屈服强度时，将和内压圆筒一样，引起筒体的强度破坏。然而这种现象极为少见。实践证明，外压圆筒筒壁内的压缩应力经常是当其数值还远远低于材料的屈服强度时，筒壁就已经被压瘪或发生褶皱，在一瞬间失去自身原来的形状。这种在外压作用下，突然发生的筒体失去原有形状，即突然失去原有平衡状态的现象称为弹性失稳。保证壳体的稳定性是外压容器能正常操作的必要条件。

二、圆筒失稳形式的分类

（1）周向失稳 圆筒由于均匀径向外压引起的失稳叫做周（侧）向失稳，周向失稳时壳体断面由原来的圆形被压瘪而呈现波形，其波数可以为 2，3，4，…，如图 11-1 所示。

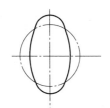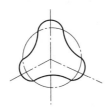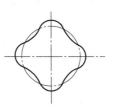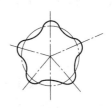

图 11-1 外压圆筒侧向失稳后的形状

（2）轴向失稳 如果一个薄壁圆筒承受轴向外压，当载荷达到某一数值时，也能丧失稳定性，但在失去稳定时，它仍然具有圆形的环截面，只是破坏了母线的直线性，母线产生了波形，即圆筒发生了褶皱，如图 11-2 所示。

（3）局部失稳 失稳现象除上述的周向失稳和轴向失稳两种失稳之外，还有局部失稳，如容器在支座或其他支承处以及在安装运输中由于过大的局部外压力引起的局部失稳。

本章主要讨论圆筒受均匀径向外压时的设计问题，也即周向失稳的问题。

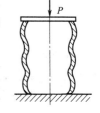

图 11-2 薄壁壳体的轴向失稳

第二节　临界压力

一、临界压力

承受外压的容器，在外压达到某一临界值之前，壳体也能发生变形，不过当压力卸除后壳体能恢复其原来的形状。但是一旦当外力增大到某一临界值时，筒体的形状就会发生突然改变，也就是说，原来的平衡构型遭到破坏，即失去原来形状的稳定性。

导致筒体外压失稳的压力称为该筒体的临界压力，以 p_{cr} 表示。筒体在临界压力作用下，筒壁内存在的压应力称为临界应力，以 σ_{cr} 表示。

二、长、短圆筒和刚性圆筒

按照破坏情况，受外压的圆筒壳体可分为长圆筒、短圆筒和刚性圆筒三种，作为区分所谓长、短圆筒与刚性圆筒的长度均指与外直径 D_o、有效厚度 δ_e 等有关的相对长度，而非绝对长度。

（1）长圆筒　这种圆筒的 L/D_o 值较大，两端的边界影响可以忽略，临界压力 p_{cr} 仅与 δ_e/D_o 有关，而与 L/D_o 无关（L 为圆筒的计算长度）。

（2）短圆筒　两端的边界影响显著，不容忽略，临界压力 p_{cr} 不仅与 δ_e/D_o 有关，而且与 L/D_o 也有关。短圆筒失稳时的波数 n 为大于 2 的整数。

（3）刚性圆筒　这种圆筒的 L/D_o 较小，而 δ_e/D_o 较大，故刚性较好。其破坏原因是由于器壁内的应力超过了材料的屈服强度所致，而不会发生失稳，在计算时，只要满足强度要求即可。

对于在外压下的长圆筒或短圆筒，则除了需要进行强度计算外，尤其需要进行稳定性校验，因为在一般情况下，这两种圆筒的失效主要是由于稳定性不够而引起的失稳破坏。

三、临界压力的理论计算公式

1. 长圆筒

长圆筒的临界压力可由圆环的临界压力公式推导得出，即

$$p_{cr} = \frac{2E^t}{1-\mu^2}\left(\frac{\delta_e}{D_o}\right)^3$$

式中　p_{cr}——临界压力，MPa；

　　　E^t——设计温度下材料的弹性模量，MPa；

　　　δ_e——筒体的有效厚度，mm；

　　　D_o——筒体的外直径，mm；

　　　μ——材料的泊松比。

对于钢制圆筒，$\mu=0.3$，则上式可写成

$$p_{cr} = 2.2E^t\left(\frac{\delta_e}{D_o}\right)^3 \tag{11-1}$$

由公式（11-1）可以得出：长圆筒的临界压力仅与圆筒的材料和圆筒的有效厚度与直径之比 δ_e/D_o 有关，而与圆筒的长径比 L/D_o 无关。

这一临界压力引起的临界周向压应力为

$$\sigma_{cr} = \frac{p_{cr}D_o}{2\delta_e} = 1.1E^t\left(\frac{\delta_e}{D_o}\right)^2 \tag{11-2}$$

2. 短圆筒

$$p'_{cr} = 2.59 E^t \frac{\left(\dfrac{\delta_e}{D_o}\right)^{2.5}}{L/D_o} \tag{11-3}$$

式中 L——筒体的计算长度，mm。

其他符号同前。

从短圆筒临界压力计算公式（11-3）中，可以看到短圆筒的临界压力除与圆筒的材料和圆筒的有效厚度与直径之比有关外，还与圆筒的长径比 L/D_o 有关。

由这一临界压力引起的临界周向压应力为

$$\sigma'_{cr} = \frac{p_{cr} D_o}{2\delta_e} = 1.3 E^t \frac{\left(\dfrac{\delta_e}{D_o}\right)^{1.5}}{L/D_o} \tag{11-4}$$

3. 刚性圆筒

对于刚性圆筒，由于它的厚径比 δ_e/D_o 较大，而长径比 L/D_o 较小，所以它一般不存在因失稳而破坏的问题，只需要校验其强度是否足够就可以了。其强度校验公式与计算内压圆筒的公式是一样的，即

$$\sigma = \frac{p_c(D_i + \delta_e)}{2\delta_e} < [\sigma]^t_{压} \tag{11-5}$$

也可以写成

$$[p] = \frac{2\delta_e \phi [\sigma]^t_{压}}{(D_i + \delta_e)} \tag{11-6}$$

式中 $[p]$——许用外压，MPa；

$[\sigma]^t_{压}$——材料在设计温度下的许用压应力，MPa；

D_i——圆筒的内径，mm；

ϕ——焊接接头系数，在计算压应力时可取 $\phi = 1$；

p_c——计算外压力，MPa。

四、影响临界压力的因素

1. 筒体几何尺寸的影响

观察一项实验，试件是四个赛璐珞制的圆筒，筒内抽真空，将它们失稳时的真空度列于表 11-1。

表 11-1　外压圆筒稳定性实验

实验序号	筒径 D /mm	筒长 L /mm	筒体中间有无加强圈	厚度 δ /mm	失稳时的真空度 /Pa	失稳时波形数
①	90	175	无	0.51	5000	4
②	90	175	无	0.3	3000	4
③	90	350	无	0.3	1200~1500	3
④	90	350	有一个	0.3	3000	4

比较①和②可见：当 L/D 相同时，δ/D 大者临界压力高。

比较②和③可见：当 δ/D 相同时，L/D 小者临界压力高。

比较③和④可见：当 δ/D 相同时，有加强圈者临界压力高。

对上述试验结果可作如下定性分析。

① 圆筒失稳时，圆形筒壁变成了波形，筒壁各点的曲率发生了突变，这说明筒壁金属

的环向"纤维"受到了弯曲。筒壁的 δ/D 越大,筒壁抵抗弯曲的能力越强。所以,δ/D 大者,圆筒的临界压力高。

② 封头的刚性较筒体高,圆筒承受外压时,封头对筒壁能够起着一定的支撑作用。这种支撑作用的效果将随着圆筒几何长度的增加而减弱。因而,当圆筒的 δ/D 相同时,筒体短者临界压力高。

③ 当圆筒长度超过某一限度后,封头对筒壁中部的支撑作用将全部消失,这种得不到封头支撑作用的圆筒,临界压力就低。为了在不改变圆筒总长度的条件下,提高其临界压力值,可在筒体外壁(或内壁)焊上一至数个加强圈,只要加强圈有足够大的刚性,它可以同样对筒壁起到支撑作用,从而使原来得不到封头支撑作用的筒壁,得到了加强圈的支撑,所以,当筒体的 δ/D 和 L/D 值均相同时,有加强圈者临界压力高。

当筒体焊上加强圈以后,原来筒体的总长度对于计算临界压力就没有直接意义了。这时需要的是所谓计算长度,这一长度是指两相邻加强圈的间距,对与封头相连的那段筒体来说,应把凸形封头中的 1/3 的凸面高度计入,如图 11-3 所示。

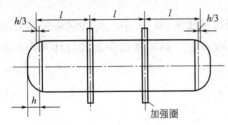

图 11-3 外压圆筒的计算长度

2. 筒体材料性能的影响

圆筒失稳时,在绝大多数情况下,筒壁内的应力并没有达到材料的屈服强度。这说明筒体几何形状的突变,并不是由于材料的强度不够而引起的。筒体的临界压力与材料的屈服强度没有直接关系。然而,材料的弹性模量 E 和泊松比 μ 值大,其抵抗变形的能力就强,因而其临界压力也就高。但是由于各种钢材的 E 和 μ 值相差不大,所以选用高强度钢代替一般碳钢制造外压容器并不能提高筒体弹性失稳的临界压力,但选用高强度钢对非弹性失稳是有效的。

3. 筒体椭圆度和材料不均匀的影响

首先应该指出,稳定性的破坏并不是由于壳体存在椭圆度或材料不均匀而引起的。因为即使壳体的形状很精确和材料很均匀,当外压力达到一定数值时,也会失稳,但壳体的椭圆度与材料的不均匀性能使临界压力的数值降低。

椭圆度的定义为 $e=(D_{max}-D_{min})/D_i$,此处 D_{max} 及 D_{min} 分别为壳体的最大及最小内直径,如图 11-4 所示,而 D_i 为圆筒的断面内径。

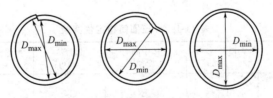

图 11-4 圆筒截面形状的椭圆度

除上述因素外,还有载荷的不对称性,边界条件等因素亦对临界压力有一定的影响。

五、临界长度

外压圆筒的临界长度 L_{cr} 是长圆筒、短圆筒和刚性圆筒的分界线。常借此判断圆筒类型,以便选用不同外压圆筒厚度计算公式进行计算。

当圆筒处于临界长度 L_{cr} 时,则用长圆筒公式计算所得临界压力 p_{cr} 值和用短圆筒公式

计算的临界压力 p_{cr} 值应相等，由此可以得到长、短圆筒的临界长度 L_{cr} 值，即

$$2.2E^t\left(\frac{\delta_e}{D_o}\right)^3 = 2.59E^t\frac{\left(\dfrac{\delta_e}{D_o}\right)^{2.5}}{\dfrac{L_{cr}}{D_o}}$$

得到

$$L_{cr} = 1.17D_o\sqrt{\frac{D_o}{\delta_e}} \qquad (11\text{-}7)$$

同理，可以得到短圆筒与刚性圆筒的临界长度 L'_{cr} 值，即

$$2.59E^t\left(\frac{\delta_e}{D_o}\right)^{2.5}\left(\frac{D_o}{L'_{cr}}\right) = \frac{2\delta_e\phi[\sigma]^t_{压}}{D_i+\delta_i} \approx \frac{2\delta_e[\sigma]^t_{压}}{D_o}$$

得到

$$L'_{cr} = \frac{1.3E^t\delta_e}{[\sigma]^t_{压}\sqrt{\dfrac{D_o}{\delta_e}}} \qquad (11\text{-}8)$$

当圆筒的计算长度 $L>L_{cr}$ 时，属长圆筒；若 $L'_{cr}<L<L_{cr}$ 时，属短圆筒；若 $L<L'_{cr}$ 时，属刚性圆筒。

此外，圆筒的计算方法还与其相对厚度有关。当 $\delta_e/D_o>0.04$ 时，一般在器壁应力达到屈服极限以前不可能发生失稳现象，故在这种条件下，任何长径比均可按刚性圆筒计算。

第三节　外压容器设计方法及要求

一、设计准则

上述计算临界压力式（11-1）和式（11-3）是在假定圆筒完全没有初始椭圆度和材料均匀没有任何缺陷条件下得到的，而实际的圆筒总是存在椭圆度且材料也不可能是绝对均匀和无缺陷的。实践证明，许多长圆筒或管子一般压力达到临界值 $1/3\sim1/2$ 时，他们就会被压瘪。此外，在操作时壳体实际所承担的外压有可能会比计算外压大一些。因此，为了保证不发生失稳破坏，决不允许在外压等于或接近临界值时进行操作，必须使许用外压比临界外压小 m 倍，即

$$[p] = \frac{p_{cr}}{m} \qquad (11\text{-}9)$$

式中　$[p]$——许用外压力，MPa；

　　　　m——稳定安全因数。

式（11-9）中的稳定安全因数 m 的大小取决于圆筒形状的精确性、载荷的对称性、材料的均匀性、制造方法及设备在空间的位置等因素。根据 GB/T 150.3 的规定，对圆筒取 $m=3$，对球壳和成型封头，取 $m=15$。同时对外压或真空设备的筒体同一断面要求其制造的椭圆度不大于 1%。

二、外压圆筒厚度设计的图算法

由于外压圆筒厚度的理论计算方法繁杂，GB/T 150.3 采用图算法确定外压圆筒的厚度。

1. 算图的依据

圆筒受外压时，其临界压力的计算公式为

长圆筒

$$p_{cr} = 2.2E^t \left(\frac{\delta_e}{D_o}\right)^3$$

短圆筒

$$p'_{cr} = 2.59E^t \frac{\left(\dfrac{\delta_e}{D_o}\right)^{2.5}}{\dfrac{L}{D_o}}$$

在临界压力作用下，筒壁产生相应的临界应力 σ_{cr} 及相应的应变 ε_{cr} 为

$$\sigma_{cr} = \frac{p_{cr}D_o}{2\delta_e}$$

$$\varepsilon_{cr} = \frac{\sigma_{cr}}{E^t} = \frac{p_{cr}\left(\dfrac{D_o}{\delta_e}\right)}{2E^t}$$

将式（11-2）和式（11-4）分别代入上式可得

长圆筒

$$\varepsilon_{cr} = 1.1\left(\frac{\delta_e}{D_o}\right)^2 \tag{11-10}$$

短圆筒

$$\varepsilon_{cr} = 1.3 \frac{\left(\dfrac{\delta_e}{D_o}\right)^{1.5}}{\dfrac{L}{D_o}} \tag{11-11}$$

上两式表明，外压圆筒失稳时，圆筒的外压应变值与筒体尺寸（δ_e，D_o，L）有关，即

$$\varepsilon_{cr} = f\left(\frac{D_o}{\delta_e}, \frac{L}{D_o}\right)$$

对于一个厚度和直径已经确定的筒体（该筒体的 D_o/δ_e 值一定）来说，筒体失稳时的应变值将只是 L/D_o 的函数，不同的 L/D_o 值的圆筒体，失稳时产生不同的应变值。

用 A 代替 ε_{cr} 表示外压应变系数，以 A 为横坐标，L/D_o 为纵坐标，将式（11-10）和式（11-11）的关系用曲线表示，就得到一系列具有不同 D_o/δ_e 值的 A-L/D_o 的关系曲线，见图 11-5。

图中的每一条曲线均由两部分组成：根据式（11-10）得到的垂直线段与大致符合式（11-11）的倾斜直线。每条曲线的转折点所表示的长度为圆筒的临界长度。

利用这组曲线，可以方便迅速地找出一个已知受外压圆筒失稳时其筒壁上的应变是多少。现在，希望解决的问题是：对一个尺寸已知的受外压圆筒，失稳时的临界压力是多少；为保证安全操作，其允许的工作外压是多少。

已经有了筒体尺寸和失稳时外压应变系数之间的关系曲线，如果能进一步将失稳时的外压应变系数与许用外压的关系曲线找出来，那么就可以通过失稳时的外压应变系数为媒介，将圆筒的尺寸（δ_e，D_o，L）与允许工作外压直接通过曲线图联系起来。所以，下面将讨论外压应变系数与许用外压力 $[p]$ 之间的关系，并将其绘成曲线。

因为 $\qquad\qquad\qquad\qquad [p] = p_{cr}/m$

所以 $\qquad\qquad\qquad\qquad p_{cr} = m[p]$

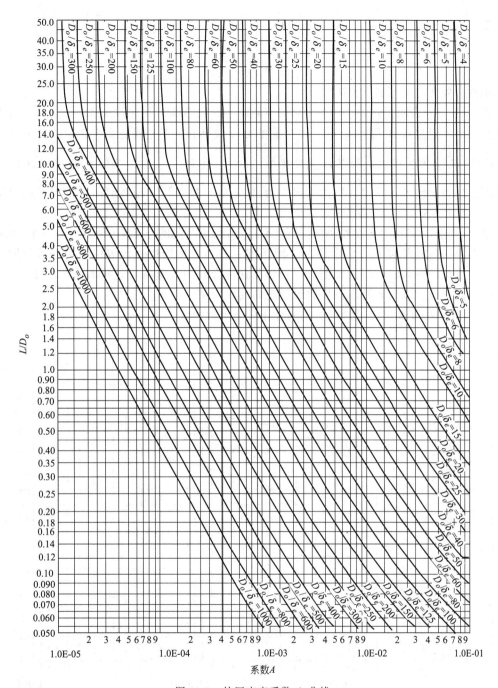

图 11-5　外压应变系数 A 曲线

于是有
$$A = \varepsilon_{\mathrm{cr}} = \frac{\sigma_{\mathrm{cr}}}{E} = \frac{p_{\mathrm{cr}} D_o}{2\delta_e E^t} = \frac{m[p]D_o}{2\delta_e E^t}$$

可得
$$[p] = \left(\frac{2}{m}E^t A\right)\frac{\delta_e}{D_o}$$

该式虽然表达了 $[p]$ 与 A 之间的关系，但由于式中有 D_o/δ_e，如果按此关系绘制曲线，势必对应每一个 D_o/δ_e 值均需一根曲线，这样不便应用。作如下处理：

令
$$\frac{2}{m}AE^t=\frac{2}{3}AE^t=B \qquad (11\text{-}12)$$

则
$$[p]=\frac{B}{D_o/\delta_e} \qquad (11\text{-}13)$$

B 称作外压应力系数，MPa。

式（11-13）表明，对一个已知厚度 δ_e 和直径 D_o 的筒体，其允许工作外压 $[p]$ 等于 B 除以 D_o/δ_e，要想从 A 得到 $[p]$，首先需要从 A 找到 B。于是问题变为如何从 A 找到 B。

由于 $\frac{2}{m}E^tA=\frac{2}{3}E^tA$，若以 A 为横坐标，$B=[p](D_o/\delta_e)$ 为纵坐标，将 B 与 A 的上述关系用曲线表示出来，利用这些曲线可以方便地从 A 找到与之相对应的系数 B，进而用式（11-13）求出 $[p]$。

温度不同时，材料的 E 值也不同，所以不同的温度有不同的外压应力系数 $B=f(A)$ 曲线。

大部分钢材有着大体相近的 E 值，因而 $B=f(A)$ 曲线中直线段的斜率大致相同。然而，钢材种类不同时，他们的比例极限和屈服强度会有很大差别，这种差别将在 $B=f(A)$ 曲线的转折点位置以及转折点以后曲线的走向反映出来。

图 11-6～图 11-8 给出了常用材料的外压应力系数曲线。

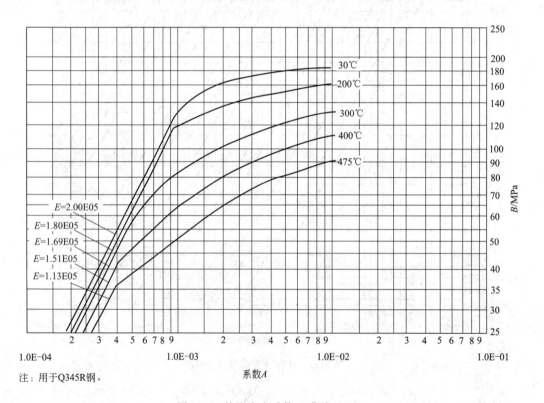

注：用于Q345R钢。

图 11-6　外压应力系数 B 曲线（一）

2. 外压圆筒和管子厚度的图算法

外压圆筒和外压管子所需的有效厚度用图 11-5～图 11-8 进行计算。

（1）$(D_o/\delta_e) \geqslant 20$ 的圆筒和管子　步骤如下。

① 假设 δ_n，令 $\delta_e=\delta_n-C$，定出 L/D_o 和 D_o/δ_e。

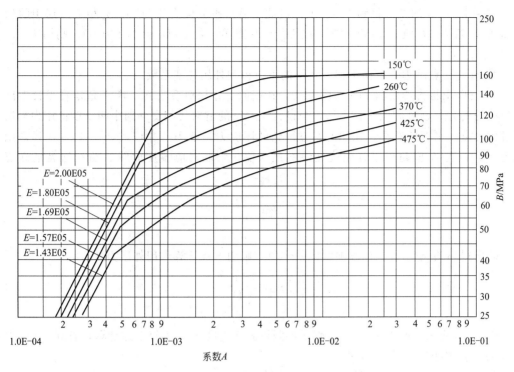

图 11-7 外压应力系数 B 曲线（二）

（用于除图 11-6 注明的材料外，材料的屈服强度 $R_{eL}>207$MPa 的碳钢、低合金钢和 S11306 等）

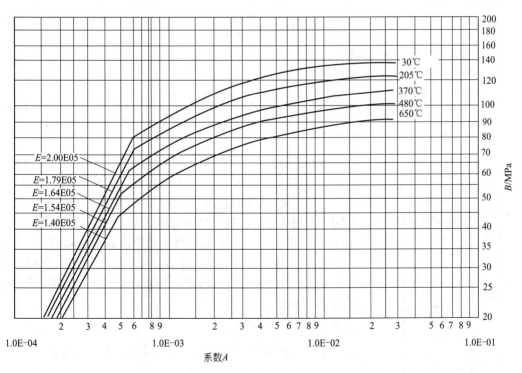

图 11-8 外压应力系数 B 曲线（用于 S30408 等）

② 在图 11-5 的左方找到 L/D_o 值，过此点沿水平方向右移与 D_o/δ_e 相交（遇中间值用内插法），若 L/D_o 值大于 50，则用 $L/D_o=50$ 查图，若 L/D_o 值小于 0.05，则用 $L/D_o=0.05$ 查图。

③ 过此交点沿垂直方向下移，在图的下方得到外压应变系数 A。

④ 按所用材料选用图 11-6～图 11-8，在图的下方找到系数 A；若 A 值落在设计温度下材料线的右方，则过此点垂直上移，与设计温度下的材料线相交（遇中间温度值用内插法），再过此交点水平方向右移，在图的右方得到外压应力系数 B，并按式（11-13）计算许用外压力 $[p]$。若 A 值超出设计温度曲线的最大值，则取对应温度曲线右端点的纵坐标值为 B 值。

$$[p]=\frac{B}{\dfrac{D_o}{\delta_e}}$$

若所得 A 值小于设计温度曲线的最小值，则用下式计算许用外压力 $[p]$

$$[p]=\frac{2AE^t}{3\dfrac{D_o}{\delta_e}} \tag{11-14}$$

⑤ $[p]$ 应大于或等于 p_c，否则须再假设名义厚度 δ_n，重复上述计算，直到 $[p]$ 大于且接近于 p_c 为止（p_c 为计算外压力）。

(2) $(D_o/\delta_e)<20$ 的圆筒和管子　步骤如下。

① 用与 $(D_o/\delta_e)\geqslant20$ 时相同的步骤得到系数 B 值，但对 $(D_o/\delta_e)<4.0$ 的圆筒和管子应按下式计算 A 值

$$A=\frac{1.1}{(D_o/\delta_e)^2} \tag{11-15}$$

系数 $A>0.1$ 时，取 $A=0.1$；

② 按下式计算许用外压力 $[p]$

$$[p]=\min\left\{\left[\frac{2.25}{D_o/\delta_e}-0.0625\right]B,\ \frac{2\sigma_0}{D_o/\delta_e}\left[1-\frac{1}{D_o/\delta_e}\right]\right\} \tag{11-16}$$

式中，σ_0 取以下两值中的较小值

$$\sigma_0=\min\{2[\sigma]^t,0.9R^t_{eL}(R^t_{p0.2})\} \tag{11-17}$$

③ $[p]$ 应大于或等于 p_c，否则再假设名义厚度 δ_n 重复上述计算，直到 $[p]$ 大于且接近 p_c 为止。

【例 11-1】　今需制造一台分馏塔（图 11-9），塔的内径 $D_i=2000\text{mm}$，塔身长（指筒体长＋两端椭圆形封头直边高度）$L'=6000\text{mm}$，封头深 $h=500\text{mm}$，塔在 370℃ 及真空条件下操作，现库存有 10mm、12mm、14mm 厚的 Q245R 钢板，问能否用这三种钢板来制造这台设备。

解　塔的计算长度 L：

$$L=L'+2\times\frac{L}{3}=6000+2\times\frac{500}{3}=6333\ (\text{mm})$$

厚度为 10mm、12mm、14mm 的钢板，它们的厚度负偏差皆为 $C_1=0.3\text{mm}$；钢板的腐蚀裕量 $C_2=1\text{mm}$，则塔壁的有效厚度分别为 8.7mm、10.7mm、12.7mm。

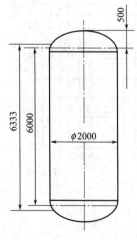

图 11-9　例 11-1 图

（1）当 $\delta_n = 10$mm 时

$$D_o = D_i + 2\delta_n = 2000 + 2 \times 10 = 2020 \text{（mm）}$$

$$\frac{L}{D_o} = \frac{6333}{2020} = 3.14$$

$$\frac{D_o}{\delta_e} = \frac{2020}{8.7} = 232.2$$

查图 11-5 得外压应变系数 $A = 0.00011$，Q245R 的 $R_{eL} = 245$MPa，查图 11-7，A 值点位于曲线左边，故直接用式（11-14）计算 $[p]$

$$[p] = \frac{2AE^t}{3\dfrac{D_o}{\delta_e}}$$

式中，E 为 Q245R 钢板在 370℃时的值 $E = 169$GPa，故

$$[p] = \frac{2 \times 0.00011 \times 169 \times 10^3}{3 \times 232.2} = 0.053 \text{（MPa）}$$

由于 $[p] < 0.1$MPa，所以 10mm 厚钢板不能用。

（2）当 $\delta_n = 12$mm 时

$$D_o = D_i + 2\delta_n = 2000 + 2 \times 12 = 2024 \text{（mm）}$$

$$\frac{L}{D_o} = \frac{6333}{2024} = 3.13$$

$$\frac{D_o}{\delta_e} = \frac{2024}{10.7} = 189.2$$

查图 11-5 得：$A = 0.00016$，可见 A 值点仍在图 11-7 曲线左边，仍用式（11-14）计算 $[p]$

$$[p] = \frac{2AE^t}{3\dfrac{D_o}{\delta_e}} = \frac{2 \times 0.00016 \times 169 \times 10^3}{3 \times 189.2} = 0.095 \text{（MPa）}$$

由于 $[p] < 0.1$MPa，所以 12mm 厚钢板也不能用。

（3）当 $\delta_n = 14$mm 时

$$D_o = D_i + 2\delta_n = 2000 + 2 \times 14 = 2028 \text{（mm）}$$

$$\frac{L}{D_o} = \frac{6333}{2028} = 3.12$$

$$\frac{D_o}{\delta_e} = \frac{2028}{12.7} = 159.7$$

查图 11-5 得：$A = 0.0002$，发现 A 值点在图 11-7 曲线左边，所以仍用式（11-14）计算 $[p]$

$$[p] = \frac{2AE^t}{3\dfrac{D_o}{\delta_e}} = \frac{2 \times 0.0002 \times 169 \times 10^3}{3 \times 159.7} = 0.14 \text{（MPa）}$$

由于 $[p] > 0.1$MPa，故 14mm 钢板可用。

第四节　外压球壳与凸形封头的设计

一、外压球壳的设计

① 外压球壳所需的有效厚度按以下步骤确定。

② 假设 δ_n，令 $\delta_e = \delta_n - C$，定出 R_o/δ_e。

③ 用下式计算外压应变系数 A

$$A = \frac{0.125}{R_o/\delta_e} \qquad (11\text{-}18)$$

根据所用材料选用图 11-6～图 11-8，在图的下方找到系数 A，根据 A 值查取外压应力系数 B 值（遇中间值用内插法），若 A 值超出设计温度曲线的最大值，则取对应温度曲线右端点的纵坐标为 B 值；若 A 值小于设计温度曲线的最小值，则取

$$B = \frac{2AE^t}{3}$$

并按式（11-19）计算许用外压力

$$[p] = \frac{B}{R_o/\delta_e} \qquad (11\text{-}19)$$

④ 比较 p_c 与 $[p]$，若 $p_c > [p]$，则需重新假设 δ_n，重复上述计算，直到满足设计要求。这里 R_o 为球壳外半径，mm。

二、外压凸形封头的设计

1. 受外压椭圆形封头

凸面受压椭圆形封头的厚度计算，采用外压球壳的设计方法，其中 R_o 为椭圆形封头的当量球壳外半径，$R_o = K_1 D_o$。

K_1 由椭圆形长短轴比值决定的系数，见表 11-2。

表 11-2　系数 K_1 值

$\dfrac{D_o}{2h_o}$	2.6	2.4	2.2	2.0	1.8	1.6	1.4	1.2	1.0
K_1	1.18	1.08	0.99	0.90	0.81	0.73	0.65	0.57	0.50

注：1. 中间值用内插法求得。

2. $K_1 = 0.9$ 为标准椭圆形封头。

3. $h_o = h_i + \delta_{nh}$，δ_{nh} 为凸形封头的有效厚度，mm。

2. 碟形封头

受外压碟形封头的厚度计算同外压球壳的计算，其中 R_o 为碟形封头球面部分的外半径。

【例 11-2】 一夹套反应釜如图 11-10 所示，封头为标准椭圆封头。釜体内径 $D_i = 1200$mm，设计压力 $p = 5$MPa；夹套内径 $D_i = 1300$mm，设计压力为夹套内饱和水蒸气压力 $p = 4$MPa；夹套和釜体材料均为 Q345R，单面腐蚀裕量 $C_2 = 1$mm，焊接接头系数 $\phi = 1.0$，设计温度为蒸汽温度 250℃。现已按内压工况设计确定出釜体圆筒及封头厚度 $\delta_n = 25$mm，其中 $C_1 = 0.3$mm，夹套筒体及封头的 $\delta_n = 20$mm，其中 $C_1 = 0.3$mm。试校核其稳定性并确定最终厚度。

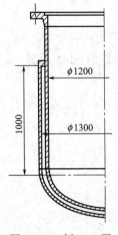

图 11-10　例 11-2 图

解 该反应釜夹套为内压容器，不存在稳定性校核问题，故其厚度 $\delta_n = 20$mm 是满足要求的。但反应釜在停车及操作过程中，会出现夹套及釜体不同时卸压的情况，使内筒成为外压容器，且最大外压差 $p = 4$MPa，故必须进行稳定性校核。

1. 釜体圆筒稳定性校核和设计

（1）稳定性校核

设计外压 $p = 4\text{MPa}$，名义厚度 $\delta_n = 25\text{mm}$，因釜体为双面腐蚀，所以，$C = C_1 + 2C_2 = 2.3\text{mm}$，有效厚度 $\delta_e = \delta_n - C = 25 - 2.3 = 22.7$（mm），圆筒外径 $D_o = D_i + 2\delta_n = 1200 + 2 \times 25 = 1250$（mm）。由图 11-10 知，筒体计算长度 $L = 1000 + \frac{1}{3} \times 300 = 1100$（mm），由 $\frac{L}{D_o} = 0.88$，$\frac{D_o}{\delta_e} = 55.06$，查 11-5 图得 $A = 0.0036$，根据 $t = 250\text{℃}$ 及 Q345R 材料厚度计算图，由 A 查得 $B = 130\text{MPa}$。

釜体许用外压力

$$[p] = \frac{B}{D_o/\delta_e} = \frac{130}{55.06} = 2.36 \text{（MPa）}$$

因为

$$[p] = 2.36\text{MPa} < p_c = 4\text{MPa}$$

所以釜体圆筒不满足稳定性要求。

（2）按稳定性确定厚度

设有效厚度 $\delta_e = \delta_n - C = 40 - 2.3 = 37.7$（mm），圆筒外径 $D_o = D_i + 2\delta_n = 1200 + 2 \times 40 = 1280$（mm）。由 $\frac{L}{D_o} = 0.86$，$\frac{D_o}{\delta_e} = 33.95$，查图 11-5 得 $A = 0.0079$，由 A 查图 11-6（Q345R，250℃）得 $B = 143\text{MPa}$。

许用外压力

$$[p] = \frac{B}{D_o/\delta_e} = \frac{143}{33.95} = 4.21 \text{（MPa）}$$

因为 $[p] = 4.21\text{MPa} > p_c = 4\text{MPa}$，故 $\delta_n = 40\text{mm}$ 满足要求。

2. 釜体椭圆封头稳定性校核与设计

（1）稳定性校核

已知设计外压 $p = 4\text{MPa}$，名义厚度 $\delta_n = 25\text{mm}$，考虑双面腐蚀 $C = C_1 + 2C_2 = 2.3$（mm），有效厚度 $\delta_e = \delta_n - C = 25 - 2.3 = 22.7$（mm），标准椭圆封头当量球壳外半径 $R_o = K_1 D_o = 0.9 \times (1200 + 2 \times 25) = 1125$（mm），所以

$$\frac{R_o}{\delta_e} = \frac{1125}{22.7} = 49.56$$

按半球封头设计，$A = \frac{0.125}{R_o/\delta_e} = \frac{0.125}{49.56} = 0.0025$，由 A 查 11-6 计算图（Q345R，250℃）得 $B = 124\text{MPa}$。

许用外压力

$$[p] = \frac{B}{R_o/\delta_e} = \frac{124}{49.56} = 2.50 \text{（MPa）}$$

因 $[p] = 2.50\text{MPa} < p_c = 4\text{MPa}$，故封头不满足要求。

（2）按稳定性确定封头厚度

设名义厚度 $\delta_n = 40\text{mm}$，$C_1 = 0.3\text{mm}$；有效厚度 $\delta_e = \delta_n - C = 40 - 2.3 = 37.7$（mm）。所以

$$R_o = K_1 D_o = 0.9 \times (1200 + 2 \times 40) = 1152 \text{（mm）}$$

$$\frac{R_o}{\delta_e} = \frac{1125}{22.7} = 30.56, \quad A = \frac{0.125}{R_o/\delta_e} = \frac{0.125}{30.56} = 0.004$$

由 A 查 11-6 计算图，得 $B = 130\text{MPa}$。

许用外压力

$$[p] = \frac{B}{R_o/\delta_e} = \frac{124}{30.56} = 4.25 \text{ (MPa)}$$

因 $[p]=4.25\text{MPa}>p_c=4\text{MPa}$，故封头 $\delta_n=40\text{mm}$ 满足稳定性要求。

3. 讨论

① 尽管该反应釜釜体内及夹套内均正压操作，但考虑到釜体与夹套不同时卸压时会使釜体成为受外压的容器，因而进行稳定性设计。设计中尤其应注意这类表面看仅受内压，而实际上还存在稳定性问题的情况。

② 按内压设计釜体的名义厚度 $\delta_n=25\text{mm}$，考虑稳定性问题后釜体圆筒及封头厚度都取为 $\delta_n=40\text{mm}$。

③ 由于釜体内筒厚度增加到 $\delta_n=40\text{mm}$，使夹套内壁与釜体外壁间隙仅有 10mm，此时必须考虑到加热蒸汽在这 10mm 的间隙内的流动与传热能否满足工艺要求。

第五节　加强圈的作用与结构

设计外压圆筒时，在试算过程中，如果许用外压力 $[p]$ 小于计算外压力 p_c，则必须增加圆筒的厚度或缩短圆筒的计算长度。从式 11-3 可知，当圆筒的直径和厚度不变时，减少圆筒的计算长度可以提高临界压力，从而提高许用操作外压力。外压圆筒的计算长度是指两个刚性构件（如法兰、端盖、管板及加强圈等）间的距离，如图 11-3 所示。从经济观点来看，用增加厚度的办法来提高圆筒的许用操作外压力是不合算的，适宜的办法是在外压圆筒的外部或内部装几个加强圈，以缩短圆筒的计算长度，增加圆筒的刚性。当外压圆筒需要用不锈钢或其他贵重的有色金属制造时，则在圆筒外部设置一些碳钢制的加强圈可以减少贵重金属的消耗，具有经济意义。所以采用加强圈结构在外压圆筒设计上得到广泛的应用。

加强圈应有足够的刚性，通常采用扁钢、角钢、工字钢或其他型钢，因为型钢截面惯性矩较大，刚性较好。常用的加强圈结构如图 11-11 所示。

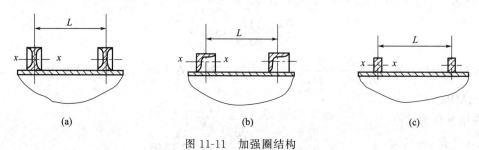

(a)　　　　　　　　　　(b)　　　　　　　　　　(c)

图 11-11　加强圈结构

加强圈的具体设计计算可参加 GB/T 150.3。

习　　题

11-1　一台聚乙烯聚合釜，其外径为 1580mm，高 7060mm（切线间长度），厚度 $\delta_e=11\text{mm}$，材料为 S30408，试确定釜体的最大允许外压力（设计温度为 200℃）

11-2　化工生产中的真空精馏塔，塔径 $D_o=1000\text{mm}$，塔高 9000mm（切线间长度），最高工作温度为 200℃，材质为 Q345R，可取计算外压力为 0.1MPa，试设计塔体厚度。

11-3　同一种材料制造的四个短圆筒，其尺寸如图 11-12 所示，在相同操作温度下，承受均匀周向外压，试按临界压力的大小予以编号。

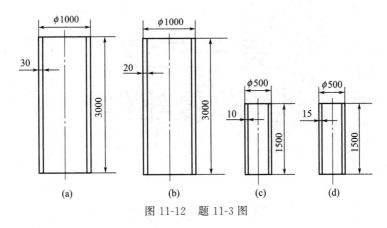

图 11-12   题 11-3 图

11-4   一分馏塔由内径 $D_i=1800$mm，长 $L=6000$mm 的筒节和标准椭圆封头（直边段长 25mm）焊接而成，材料为 Q245R，塔内最高温度为 370℃，负压操作，腐蚀裕量 $C_2=2$mm，试设计筒体厚度。

11-5   容器筒体内径 $D_i=1000$mm，筒长（不包括封头直边）$L=2000$mm，名义厚度 $\delta_n=10$mm，标准椭圆封头，封头厚为 10mm，直边高度为 40mm，设计压力 1MPa，设计温度 120℃，材料为 Q245R，焊接接头系数 $\phi=0.85$，腐蚀裕量 $C_2=2.5$mm。试确定该容器的许用内压和许用外压。

11-6   一圆筒容器，材料为 Q245R，内径 $D_i=2800$mm，长 $L=6000$mm（含封头直边段），两端为标准椭圆封头，封头及壳体名义厚度均为 12mm，其中厚度附加量 $C=1.3$mm，容器负压操作，最高操作温度为 50℃。试确定容器最大许用外压为多少？

第十二章
容器零部件

第一节 法兰连接

一、概述

化工设备由于制造、安装、运输、检修及操作工艺等方面的要求，通常是由几个可拆的部分连接在一起而构成的。例如许多换热器、反应器和塔器的筒体与封头之间常做成可拆连接，然后再组装成一个整体。设备上的人孔盖、手孔盖以及设备与管道、管道与管道的连接几乎也都是做成可拆卸的。

为了安全，可拆连接必须满足下列基本要求：

① 有足够的刚度，且连接件之间具有必须的密封压紧力，以保证在操作过程中介质不会泄漏；

② 有足够的强度，即不因可拆连接的存在而削弱了整个结构的强度，且本身能承受所有的外力；

③ 能耐腐蚀，在一定的温度范围内能正常的工作，能迅速并多次地拆开和装配；

④ 成本低廉，适合大批量制造。

法兰连接便是一种能较好地满足上述要求的可拆连接。据统计仅一座年产 250 万吨的炼油厂，法兰连接总数就达 20 万个以上。

法兰连接结构是一个组合件，它由一对法兰，数个螺栓、螺母和一个垫片组成。

从使用角度看，法兰可分为两大类，即压力容器法兰和管法兰。压力容器法兰是指筒体与封头、筒体与筒体或封头与管板之间连接的法兰。管法兰指管道与管道之间连接的法兰。

这两类法兰作用相同，外形也相似，但不能互换。也就是说压力容器法兰不能代替公称直径、公称压力与其完全相同的管法兰，反之亦然。因为压力容器法兰的公称直径通常就是与其相连接的筒体内径，而管法兰的公称直径却是与其连接的管子的公称直径，既不是管子的外径也不是管子的内径，因而公称直径相同的压力容器法兰与管法兰的连接尺寸并不相等，不能相互替换。

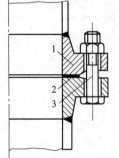

图 12-1 法兰密封结构

二、法兰连接结构与密封原理

法兰连接结构是一个组合件，如图 12-1 所示。一般由 1 法兰（被连接件），2 垫片（密封元件），3 螺栓、螺母（连接件）组成。

法兰连接失效的主要表现为泄漏。对于法兰连接不仅要确保螺栓、法兰各部件有一定的强度，使之在工作条件下长期使用不破坏，而且最基本的要求是在工作条件下，螺栓法兰整个系统有足够的刚度，控制容器内物料向外或向内（真空或外压条件下）的泄漏量在工艺和环境允许的范围内。

法兰的密封原理可简述如下。

法兰通过紧固螺栓压紧垫片实现密封。一般来说，流体在垫片处的泄漏以两种形式出现，即所谓的"渗透泄漏"和"界面泄漏"，如图12-2所示。渗透泄漏是流体通过垫片材料本体毛细管的泄漏，故除了介质压力、温度、黏度、分子结构等流体状态性质外，主要与垫片的结构和材质有关；而界面泄漏是流体沿着垫片与法兰接触面之间的泄漏，泄漏量大小主要与界面间隙尺寸有关。由于加工时的机械变形与振动，加工后的法兰压紧面总会存在凹凸不平的间隙，如果压紧力不够，界面泄漏即是法兰连接的主要泄漏来源。

法兰的整个工作过程可简单地分为预紧工况与操作工况来分析。

预紧工况：预紧螺栓时，螺栓力通过法兰压紧面作用到垫片上，使垫片发生弹性或塑性变形，以填满法兰压紧面上的不平间隙，如图12-3（a）所示，这就为阻止介质泄漏形成了初始密封条件。形成初始密封条件时在垫片单位面积上受到的压紧力称为预紧密封比压。操作工况：当通入介质压力时，如图12-3（b）所示，螺栓被拉长，法兰压紧面沿着彼此分离的方向移动，垫片的压缩量减小，垫片产生部分回弹，预紧密封比压下降。如果垫片具有足够的回弹能力，使压缩变形的回复能补偿螺栓和压紧面的变形，而使预紧密封比压值至少降到不小于某一值（这个比压值称为工作密封比压），则密封良好。反之垫片的回弹能力不足，预紧密封比压下降到工作密封比压之下，则密封失效。可见，在操作工况下，为了保证"紧密不漏"，垫片上必须留有一定的残余压紧力，螺栓和法兰都必须有足够的强度和刚度，使螺栓在容器内压形成的轴向力作用下不发生过大的变形。

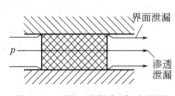

图12-2　界面泄漏与渗透泄漏

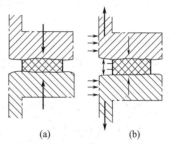

图12-3　法兰密封的垫片变形

三、法兰的结构与分类

1. 法兰按接触面形式分类

（1）窄面法兰　法兰与垫片的整个接触面积都位于螺栓孔包围的圆周范围内，如图12-4（a）所示。

（2）宽面法兰　法兰与垫片接触面积位于法兰螺栓中心圆的内外两侧，如图12-4（b）所示。

2. 法兰按其整体性程度分类

（1）松式法兰　法兰不直接固定在壳体上或者虽固定而不能保证法兰与壳体作为一个整体承受螺栓载荷的结构均划归为松式法兰，如活套法兰、螺纹法兰、搭接法兰等。这些法兰可以带颈或不带颈，见图12-5（a）、（b）、（c）。活套法兰是典型的松式法兰，它对设备或管道不产生附加弯曲应力，因而适用于有色金属和不锈钢制的设备管道上。且因法兰可用碳钢制作，可以节约贵重金属。但因法兰刚度小，厚度较厚，一般只适用于压力较低的场合。螺纹法兰广泛用于高压管道上，法兰对管壁产生的附加应力较小。

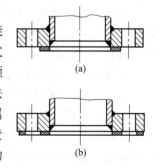

图12-4　窄面法兰
与宽面法兰

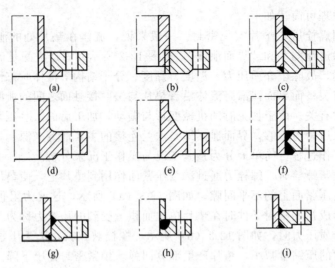

(a)　　　　　　　　(b)　　　　　　　　(c)

(d)　　　　　　　　(e)　　　　　　　　(f)

(g)　　　　　　　　(h)　　　　　　　　(i)

图 12-5　法兰结构类型

（2）**整体法兰**　将法兰与壳体锻或铸成一体或经全焊透的平焊法兰，见图 12-5（d）、（e）、（f）。这种结构能保证壳体与法兰同时受力，使法兰厚度可以适当减薄，但会在壳体上产生较大的附加应力。带颈法兰可以提高法兰与壳体的连接刚度，适用于压力、温度较高的场合。

（3）**任意式法兰**　这种法兰与壳体连成一体，刚度介于整体法兰与松式法兰之间，见图 12-5（g）、（h）、（i）。

3. **法兰的形状**

绝大多数法兰的形状为圆盘形或带颈的圆盘形，也有少量方形、椭圆形法兰盘，如图 12-6 所示。方形法兰有利于管子排列紧凑，椭圆形法兰盘通常用于阀门和小直径的高压管上。

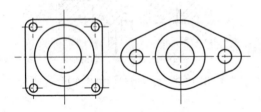

图 12-6　方形与椭圆形法兰

四、影响法兰密封的因素

影响法兰密封的因素很多，现就以下几个主要因素进行归纳讨论。

1. **螺栓预紧力**

螺栓预紧力是影响密封的一个重要因素。预紧力必须足够大，使垫片被压紧并实现初始密封条件。内压升起后，垫片上也必须残留有足够的螺栓预紧力以保证不发生泄漏。提高螺栓预紧力可以提高工作密封比压。但是，螺栓预紧力也不能太大，否则将会使垫片压坏或挤出。

预紧力是通过法兰压紧面传递给垫片的，要达到良好的密封，必须使预紧力均匀地作用在垫片上。因此，当所需要的预紧力一定时，采取增加螺栓个数，减小螺栓直径的办法对密封是有利的。但当采用标准法兰时，螺栓的个数是给定的。

工程中，可以通过力矩扳手上紧螺栓以获得预紧力。

2. **压紧面（密封面）**

压紧面直接与垫片接触，它既传递螺栓力使垫片变形，同时也是垫片变形的表面约束。减小压紧面与垫片的接触面积可以有效地降低螺栓预紧力，但若减得过小，则易压坏垫片。要保证法兰连接的密封性，必须合理地选用压紧面的型式。

法兰压紧面的形式主要应根据工艺条件（压力、温度、介质）、密封口径以及打算采用的垫片等进行选择，压力容器和管道中常用的法兰压紧面形式有全平面 ［图 12-7（a）］、突面 ［图 12-7

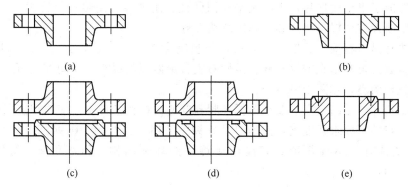

图 12-7　法兰压紧面的形式

(b)］、凹凸面［图 12-7 (c)］、榫槽面［图 12-7 (d)］、环连接面（T 形槽）［图 12-7 (e)］。

（1）平面压紧面　压紧面的表面是一个光滑的平面，其结构简单、加工方便、造价低且便于进行防腐衬里。这种压紧面垫片接触面积较大，密封性能较差，不能用于介质为毒性或易燃易爆的情况。

（2）突面压紧面　压紧面表面有一个凸台，其结构简单、加工方便，装卸容易且便于进行防腐衬里，压紧面可以做成平滑的，也可以在压紧面上开 2～4 条同心的三角形沟槽，这种带沟槽的突面能有效地防止非金属垫片被挤出压紧面。

（3）凹凸压紧面　这种压紧面是由一个凸面和一个凹面配合而成，在凹面上放置垫片，其优点是便于对中，并能有效地防止垫片被挤出压紧面。

（4）榫槽压紧面　这种压紧面是由一个榫和一个槽组成的，垫片置于槽中，不与介质相接触，不会被挤出。垫片可以较窄，因此所需螺栓力也相应较小。但其结构复杂，更换垫片较难，适用于压力较高、易燃易爆或高度和极度毒性危害介质等重要场合。

（5）T 形槽压紧面　T 形槽压紧面与椭圆环垫和八角环垫配用，其槽的锥面与环垫形成线接触密封，可用于高压力的场合。

压紧面中以突面、凹凸面、榫槽面最为常用。

选用原则是保证密封可靠的基础上，力求做到加工容易、装配便利和成本低。

3. 垫片

垫片是法兰连接的核心，密封效果的好坏主要取决于垫片的密封性能。制作垫片的材料要求耐腐蚀、不与操作介质发生化学反应、不污染产品的环境、具有良好的弹性且有一定的强度和适当的柔软性、在工作温度和压力下不易变质（变质是指垫片材料硬化、老化、软化）等特点。

按材料特性垫片可分为三种。

（1）非金属垫片　一般常用的材料有橡胶、石棉橡胶、聚四氟乙烯和柔性石墨等，如图 12-8 (a) 所示。

普通橡胶垫片仅用于压力低于 1.6MPa 和温度低于 100℃ 的水、石油产品等无腐蚀介质。合成橡胶（如氟橡胶等）的适用温度可以达到 200℃。石棉橡胶垫片适用于压力低于 2.5MPa，使用温度范围为 -40～300℃。在处理腐蚀介质时，常用聚四氟乙烯和柔性石墨垫片，其中柔性石墨垫片具有耐高温、耐腐蚀以及压缩回弹性能较好等优点，使用温度范围可达 -240～650℃，使用压力可达 6.4MPa。

（2）半金属垫片　非金属垫片具有很好的柔软性、压缩性等优点，但由于强度差、回弹性差的缺点，不适合高温、高压的场合。因此，结合金属材料强度高、回弹好等优点，将两种材料结合形成了半金属垫片。半金属垫片回弹性、耐蚀性、耐热性等均优于非金属垫片。常用的半金属垫片有金属包垫片和金属缠绕垫片等。

金属包垫片是以石棉、石墨等为芯材，外包覆金属薄板制成，见图 12-8（b）。金属缠绕垫片是由金属薄带和填充带（石棉、柔性石墨、聚四氟乙烯等）相间缠绕而成，有带定位环和不带定位环两类，见图 12-8（c）、（d）。

（3）金属垫片　在高温高压及载荷循环频繁等恶劣操作条件下，应选用金属垫片。金属垫片的材料一般并不要求强度高，而是要求软韧。常用材料有铝、碳钢、铬钢和不锈钢等。除了金属平垫片外，还有各种具有线接触特征的环垫结构，如八角垫、透镜垫等，见图 12-8（g）、（f）。

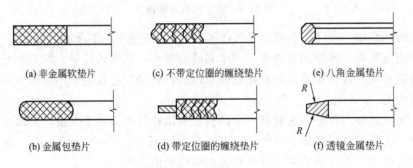

(a) 非金属软垫片　　　　(c) 不带定位圈的缠绕垫片　　　　(e) 八角金属垫片

(b) 金属包垫片　　　　(d) 带定位圈的缠绕垫片　　　　(f) 透镜金属垫片

图 12-8　垫片的结构型式

垫片的选择主要取决于介质的性质、操作温度、操作压力等，同时要考虑垫片材料和结构的力学性能、压紧面的形式、压缩性和回弹性、螺栓力的大小等因素。对高温高压情况，一般多采用金属垫片，中温中压可采用半金属或非金属垫片，中、低压下多采用非金属垫片，高真空或深冷条件下宜采用金属垫片。表 12-1 为垫片的选用原则。

表 12-1　垫片选用表

介　质	法兰公称压力 /MPa	工作温度 /℃	密封面	垫　片	
				形　式	材　料
油品、油气，溶剂（丙烷、丙酮、苯、酚、糠醛、异丙醇），石油化工原料及产品	≤1.6	≤200	突（凹凸）	耐油垫、四氟垫	耐油橡胶石棉板、聚四氟乙烯板
		201~250	突（凹凸）	缠绕垫、金属包垫、柔性石墨复合垫	0Cr13 钢带-石棉板石墨-0Cr13 等骨架
	2.5	≤200	突（凹凸）	耐油垫、缠绕垫、金属包垫、柔性石墨复合垫	耐油橡胶石棉板、0Cr13 钢带-石棉板
		201~450	突（凹凸）	缠绕垫、金属包垫、柔性石墨复合垫	0Cr13 钢带-石棉板石墨-0Cr13 等骨架
	4.0	≤40	凹凸	缠绕垫、柔性石墨复合垫	0Cr13 钢带-石棉板石墨-0Cr13 等骨架
		41~450	凹凸	缠绕垫、金属包垫、柔性石墨复合垫	0Cr13 钢带-石棉板石墨-0Cr13 等骨架
	6.4 10.0	≤450	凹凸	金属齿形垫	10、0Cr13、0Cr18Ni9
		451~530	环连接面	金属环垫	0Cr13、0Cr18Ni9、0Cr17Ni12Mo2

介　质	法兰公称压力/MPa	工作温度/℃	密封面	垫　片	
				形　式	材　料
氢气、氢气与油气混合物	4.0	≤250	凹凸	缠绕垫、柔性石墨复合垫	0Cr13钢带-石棉板　石墨-0Cr13等骨架
	4.0	251~450	凹凸	缠绕垫、柔性石墨复合垫	0Cr18Ni19钢带-石墨带　石墨-0Cr18Ni19等骨架
	4.0	451~530	凹凸	缠绕垫、金属齿形垫	0Cr18Ni19钢带-石墨带、0Cr18Ni9、0Cr17Ni12Mo2
	6.4	≤250	环连接面	金属环垫	10、0Cr13、0Cr18Ni9
	10.0	251~400	环连接面	金属环垫	0Cr13、0Cr18Ni9
		401~530	环连接面	金属环垫	0Cr18Ni9、0Cr17Ni12Mo2
氨	2.5	≤150	凹凸	橡胶垫	中压橡胶石棉板
压缩空气	1.6	≤150	突	橡胶垫	中压橡胶石棉板
蒸汽 0.3MPa	1.0	≤200	突	橡胶垫	中压橡胶石棉板
1.0MPa	1.6	≤280	突	缠绕垫、柔性石墨复合垫	0Cr13钢带-石棉板　石墨-0Cr13等骨架
2.5MPa	4.0	300		缠绕垫、柔性石墨复合垫、紫铜垫	0Cr13钢带-石棉板　石墨-0Cr13等骨架、紫铜板
3.5MPa	6.4	400	凹凸	紫铜垫	紫铜板
	10.0	450	环连接面	金属环垫	0Cr13、0Cr18Ni9
惰性气体	1.6	≤200	突	橡胶垫	中压橡胶石棉板
	4.0	≤60	凹凸	缠绕垫、柔性石墨复合垫	0Cr13钢带-石棉板　石墨-0Cr13等骨架
	6.4	≤60	凹凸	缠绕垫	0Cr13（0Cr18Ni9）钢带-石棉板
水	≤1.6	≤300	突	橡胶垫	中压橡胶石棉板
剧毒介质	≥1.6		环连接面	缠绕垫	0Cr13钢带-石墨带
弱酸、弱碱、酸渣、碱渣	≤1.6	≤300	突	橡胶垫	中压橡胶石棉板
	≥2.5	≤450	凹凸	缠绕垫、柔性石墨复合垫	0Cr13钢带-石棉板　石墨-0Cr13等骨架
液化石油气	1.6	≤50	突	耐油垫	耐油橡胶石棉板
	2.5	≤50	突	缠绕垫、柔性石墨复合垫	0Cr13钢带-石棉板　石墨-0Cr13等骨架
环氧乙烷	1.0	260		金属平垫	紫铜
氢氟酸	4.0	170	凹凸	缠绕垫、金属平垫	蒙乃尔合金带-石墨带、蒙乃尔合金板
低温油气	4.0	-20~0	突	耐油垫、柔性石墨复合垫	耐油橡胶石棉板　石墨-0Cr13等骨架

4. 法兰刚度

在实际生产中，由于法兰的刚度不足而产生法兰的翘曲变形往往是导致法兰密封失效的原因（图12-9）。刚度大的法兰变形小，可以使螺栓力均匀地传递给垫片，因而能够提高密封性能。

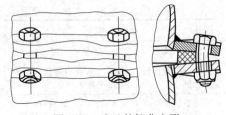

图 12-9　法兰的翘曲变形

可以通过以下几种途径提高法兰的刚度：增加法兰的厚度；减小螺栓力作用的力臂（即缩小螺栓中心圆直径）。对带长颈的整体法兰和活套法兰，增大长颈部分的尺寸能显著提高法兰的抗弯能力。但过分提高法兰的刚度将会使法兰笨重，增加整个法兰的造价。

5. 操作条件

操作条件指的是压力、温度和介质的物理化学性质。单纯的压力或介质因素对法兰密封的影响不是主要的，只有和温度联合作用时，对密封的影响才变的十分明显。

温度对密封性能的影响有以下几个方面：介质在高温下黏度小，渗透性强，容易发生泄漏；高温下可能会导致法兰、螺栓发生蠕变和应力松弛，使密封比压下降；在温度和压力的共同作用下，会导致介质对垫片材料的腐蚀加快或加速非金属垫片的老化和变质，造成密封失效；在高温作用下，由于密封组合件各部分的温度不同发生热膨胀不均匀，增加了泄漏的可能。

各种外界条件的联合作用对法兰密封的影响不容忽视。由于操作条件是生产工艺决定的，无法回避，为了弥补这种影响，只能从密封组合件的结构和材料选择上加以解决。

五、法兰标准及选用

法兰现在已经标准化，对于非标准法兰如大直径、特殊工作参数和结构形式才需自行设计。当选用标准法兰时，不需进行应力校核。石油化工行业的法兰标准有两个，一个是压力容器法兰标准（NB/T 7020～47027—2012《器法兰、垫片、紧固件》），另一个是管法兰标准。

1. 压力容器法兰标准

压力容器法兰分为平焊法兰和长颈对焊法兰。

（1）平焊法兰

平焊法兰又分为甲型平焊法兰（图 12-10）和乙型平焊法兰（图 12-11）。甲型平焊法兰和乙型平焊法兰的区别在于乙型平焊法兰本身带一个圆筒形的短节，短节的厚度一般不小于 16mm，这个厚度较筒体的厚度大，因而增加了法兰的刚度。另一方面，甲型的焊缝开 V 形坡口；乙型开 U 形坡口，设备与短节采用对接焊。比较而言，乙型对焊法兰比甲型对焊法兰有较高的强度和刚度。因此，乙型对焊法兰可用于较大公称直径和公称压力的范围。

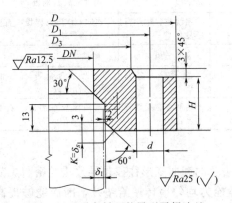

图 12-10　平密封面的甲型平焊法兰

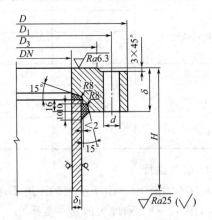

图 12-11　平密封面的乙型平焊法兰

甲型平焊法兰有 $PN0.25$MPa，$PN0.6$MPa，$PN1.0$MPa，$PN1.6$MPa 四个压力等级，公称直径范围为 $DN300\sim2000$mm，温度范围为$-20\sim300℃$。甲型平焊法兰只限于使用非金属垫片，并配有光滑密封面和凹凸密封面。

乙型平焊法兰有 $PN0.25$MPa，$PN0.6$MPa，$PN1.0$MPa，$PN1.6$MPa 四个压力等级中较大的公称直径范围，并与甲型平焊法兰相衔接，且还可用于 $PN2.5$MPa，$PN4.0$MPa 两个压力等级中较小的直径范围，适用的全部直径范围为 $DN300\sim3000$mm，工作温度范围为$-20\sim350℃$。乙型平焊法兰可采用非金属垫片、半金属垫片，密封面有光滑密封面、凹凸密封面和榫槽密封面。

(2) 长颈对焊法兰

长颈对焊法兰是由较大厚度的锥颈与法兰盘构成一体（图 12-12），增加了法兰盘的刚度，同时法兰与设备连接采用对接焊，因此可用于更高的压力等级，从 $PN0.6$MPa 至 $PN6.4$MPa 共六个压力等级，适用的全部直径范围为 $DN300\sim2600$mm，工作温度范围为$-70\sim450℃$。

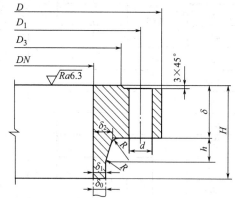

由表 12-2 可以看出，乙型平焊法兰中 $DN2600$ 以下规格均已包括在长颈对焊法兰的规定范围之内。这两种法兰的连接尺寸和法兰厚度完全一样。所以 $DN2600$ 以下的乙型平焊法兰可以用轧制的长颈对焊法兰代替，以降低生产成本。长颈对焊法兰的垫片、密封面形式同乙型平焊法兰。平焊与对焊法兰都有带衬环的和不带衬环的两种。当设备是由不锈钢制作时，采用碳钢法兰加不锈钢衬环可以节省不锈钢。

(3) 压力容器法兰标准的选用

图 12-12 平密封面的长颈对焊法兰

选择压力容器法兰的主要参数是公称直径和公称压力，同时要考虑工作温度及法兰材料。压力容器法兰的公称直径与压力容器的公称直径应取同一系列数值。例如 $DN1200$ 的压力容器应选配 $DN1200$ 的压力容器法兰。

法兰的公称压力的选取与容器的最大工作压力、工作温度及法兰材料有关。因为在制定法兰标准的尺寸系列时，特别是计算法兰盘厚度时，选择的基准是以 Q345R 在 200℃ 时的力学性能确定的。即，按这个基准计算出来的法兰尺寸，若是用 Q345R 制造，在 200℃ 温度下操作，它允许的最大工作压力就是该尺寸的公称压力。例如，公称压力为 0.6MPa 的法兰是指具有这种尺寸规格的法兰，这个法兰如果是用 Q345R 制造，且用于 200℃ 的场合，那么它的最大工作压力可以达到 0.6MPa。如果将该法兰用于高于 200℃ 的场合，那么它的最大工作压力就要低于 0.6MPa。反之，该尺寸规格的法兰，仍用 Q345R 制造，用在低于 200℃ 的场合，允许的最大工作压力可以高于公称压力。也就是说，当几何尺寸规格不变及材料不变时，温度和压力之间的变化工程上称为"升温降压"。

另外，法兰制造采用的材料不同，其同一尺寸规格的法兰，允许承受的最大工作压力也不同。如用强度低于 Q345R 的 Q235 来制造，这个法兰仍在 200℃ 下工作，该法兰允许的最大工作压力将低于公称压力，反之若采用强度高于 Q345R 的材料制造的同一规格的法兰在相同条件下允许的压力将高于公称压力。表 12-2 表示了压力容器法兰的分类参数。

表 12-2 法兰分类及参数表

类型	平焊法兰										对焊法兰					
	甲型				乙型						长颈					
标准号	NB/T 47021				NB/T 47022						NB/T 47023					
简图																
公称直径DN /mm	公称压力PN /MPa															
	0.25	0.6	1.00	1.60	0.25	0.60	1.00	1.60	2.50	4.00	0.60	1.00	1.60	2.50	4.00	6.40
300	按PN=1.00															
350																
400																
450	按 PN = 1.00							—								
500																
550																
600						—					—					
650																
700																
800																
900			—													
1000																
1100																
1200																
1300				—												
1400																
1500			—											—		
1600														—		
1700										—						
1800																
1900																
2000								—								
2200					按PN=0.6											
2400							—									
2600	—														—	
2800											—	—	—	—		
3000																

表 12-3 反映了材料、工作温度、法兰规格尺寸和公称压力的关系。

表 12-3　甲型、乙型平焊法兰的最大允许工作压力

公称压力 PN /MPa	法兰材料		工作温度/℃				备注
			$> -20 \sim 200$	250	300	350	
0.25	板材	Q235B	0.16	0.15	0.14	0.13	工作温度下限 20℃ 工作温度下限 0℃
		Q235C	0.18	0.17	0.15	0.14	
		Q245R	0.19	0.17	0.15	0.14	
		Q345R	0.25	0.24	0.21	0.20	
	锻件	20	0.19	0.17	0.15	0.14	
		16Mn	0.26	0.24	0.22	0.21	
		20MnMo	0.27	0.27	0.26	0.25	
0.60	板材	Q235B	0.40	0.36	0.33	0.30	工作温度下限 20℃ 工作温度下限 0℃
		Q235C	0.44	0.40	0.37	0.33	
		Q245R	0.45	0.40	0.36	0.34	
		Q345R	0.60	0.57	0.51	0.49	
	锻件	20	0.45	0.40	0.36	0.34	
		16Mn	0.61	0.59	0.53	0.50	
		20MnMo	0.65	0.64	0.63	0.60	
1.00	板材	Q235B	0.66	0.61	0.55	0.50	工作温度下限 20℃ 工作温度下限 0℃
		Q235C	0.73	0.67	0.61	0.55	
		Q245R	0.74	0.67	0.60	0.56	
		Q345R	1.00	0.95	0.86	0.82	
	锻件	20	0.74	0.67	0.60	0.56	
		16Mn	1.02	0.98	0.88	0.83	
		20MnMo	1.09	1.07	1.05	1.00	
1.60	板材	Q235B	1.06	0.97	0.89	0.80	工作温度下限 20℃ 工作温度下限 0℃
		Q235C	1.17	1.08	0.98	0.89	
		Q245R	1.19	1.08	0.96	0.90	
		Q345R	1.60	1.53	1.37	1.31	
	锻件	20	1.19	1.08	0.96	0.90	
		16Mn	1.64	1.56	1.41	1.33	
		20MnMo	1.74	1.72	1.68	1.60	
2.50	板材	Q235C	1.83	1.68	1.53	1.38	工作温度下限 0℃ $DN < 1400$ $DN \geqslant 1400$
		Q245R	1.86	1.69	1.50	1.40	
		Q345R	2.50	2.39	2.14	2.05	
	锻件	20	1.86	1.69	1.50	1.40	
		16Mn	2.56	2.44	2.20	2.08	
		20MnMo	2.92	2.86	2.82	2.73	
		20MnMo	2.67	2.63	2.59	2.50	
4.00	板材	Q245R	2.97	2.70	2.39	2.24	$DN < 1500$ $DN \geqslant 1500$
		Q345R	4.00	3.82	3.42	3.27	
	锻件	20	2.97	2.70	2.39	2.24	
		16Mn	4.09	3.91	3.52	3.33	
		20MnMo	4.64	4.56	4.51	4.36	
		20MnMo	4.27	4.20	4.14	4.00	

　　有关各种法兰尺寸系列，法兰连接的螺栓与螺母材料的规定及垫片选择可参照 NB/T 7020～47027—2012

　　2. 管法兰标准

　　当前国内的管法兰标准较多，使用较多的是国家标准 GB/T 9112～9124—2010《钢制

管法兰》以及化工行业标准 HG/T 20592～20635—2009《钢制管法兰、垫片、紧固件》，这一标准包括国际通用的欧洲和美洲两大体系，使用时可直接查阅标准。

第二节　容器支座

容器和设备的支座是用来支撑其重量，并使其固定在一定的位置上。在某些场合下支座还要承受操作时产生的振动，承受风载荷和地震载荷。

容器和设备支座的结构型式很多，根据容器和设备自身的型式，支座可以分为两大类，即卧式容器支座和立式容器支座。

一、卧式容器支座

卧式容器的支座有三种形式：鞍座、圈座和支腿，如图 12-13 所示。

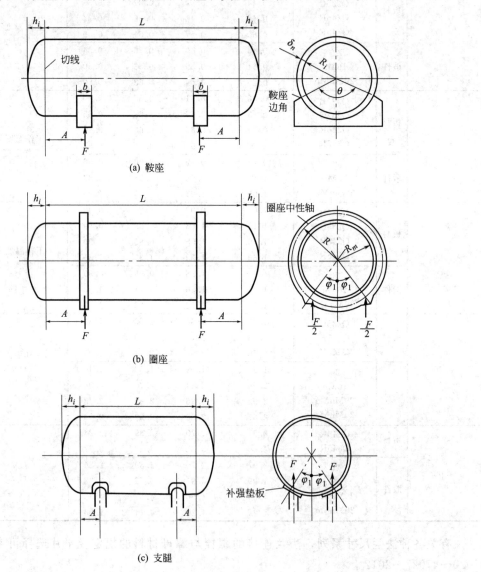

(a) 鞍座

(b) 圈座

(c) 支腿

图 12-13　卧式容器支座

常见的卧式容器和大型卧式储罐、换热器等多采用鞍座，它是应用最为广泛的一种卧式容器支座。但对于大直径薄壁容器和真空设备，为增加筒体支座处的局部刚度常采用圈座。小型设备采用结构简单的支腿。

1. 双鞍式支座及支座标准

置于支座上的卧式容器，其受力情况和梁相似。由材料力学分析可知，梁弯曲产生的应力与支座的数目和位置有关。当尺寸和载荷一定时，多支点在梁内产生的应力较小，因此支座数量应该多些好，但对于大型卧式容器而言，当采用多支座时为超静定结构，如果各支座的水平高度有差异或地基沉陷不均匀，或壳体不直不圆等微小差异以及容器不同部位受力挠曲的相对变形不同，使支座反力难以为各支座平均分摊而导致壳体应力增大，体现不出多支座的优点，故一般情况下采用双支座。

采用双支座时，支座位置的选取一方面要考虑到利用封头的加强效应，另一方面又要考虑到不使壳体中因载荷引起的应力过大，所以选取原则如下。

① 双鞍座卧式容器的受力状态可简化为受均布载荷的两端外伸梁，由材料力学可知，当外伸长度 $A = 0.207L$ 时，跨度中央的弯矩与支座截面处的弯矩绝对值相等，所以一般取 $A \leq 0.2L$，其中 L 为筒体长度，A 为鞍座中心线至筒体一端的距离（图 12-13）。

② 当鞍座临近封头时，则封头对支座处筒体有加强作用。为了充分利用这一加强效应，在满足 $A \leq 0.2L$ 下应尽量使 $A \leq 0.5R_o$（R_o 为筒体外半径）

此外，卧式容器由于温度或载荷变化时都会产生轴向伸缩，因此容器两端的支座不能都是固定的，必须有一端能在基础上滑动以避免产生过大的附加应力。通常的做法是将一个支座上的地脚螺栓孔做成长圆形，并且螺母不上紧，使其成为活动支座。而另一端仍为固定支座。还有一种做法是采用滚动支座（图 12-14），它克服了滑动摩擦力大的缺点，但结构复杂，造价高，一般只用在受力大的重要设备上。

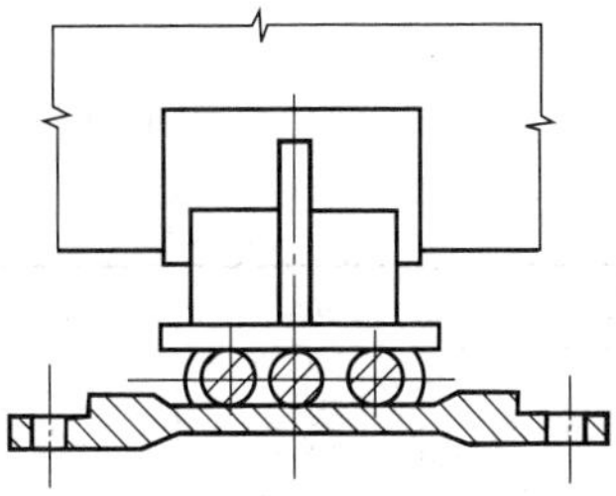

对于鞍式支座的结构和尺寸，除特殊情况需要另外设计外，一般可根据设备的公称直径选用标准形式，目前鞍座标准为 JB/T 4712.1—2007。由于对卧式容器除了要考虑操作压力引起的应力外，还要考虑容器重量在壳体上引起的弯曲应力，所以即使选用标准鞍座，也要对容器进行强度和稳定性的校核，具体可参见相关标准。

图 12-14 滚动支座

鞍座的结构如图 12-15 所示，它由横向直立筋板，轴向直立筋板和底板焊接而成，在与设备筒体相连处，有带加强垫板和不带加强垫板的两种结构，图 12-15 为带垫板的结构。加强垫板的材料应与设备壳体材料相同。鞍座的材料（加强垫板除外）为 Q235A。

鞍座的底板尺寸应保证基础的水泥面不被压坏。根据底板上的螺栓孔形状不同，又分为 F 型（固定支座）和 S 型（活动支座），除螺栓孔外，F 型与 S 型各部分的尺寸相同，在一台卧式容器上，F 型和 S 型总是配对使用。活动支座的螺栓孔采用长圆形，地脚螺栓配用两个螺母，第一个螺母拧紧后倒退一圈，然后用第二个螺母锁紧，以便能使鞍座在基础面上自由滑动。

鞍座标准分为轻型（A）和重型（B）两大类，重型又分为 BⅠ～BⅤ五种型号，见表 12-4。

图 12-15 和表 12-5 给出了 $DN1000 \sim 2000mm$ 轻型（A）带垫板，包角为 120° 的鞍座结构和尺寸参数。其他型号鞍座结构与尺寸参数以及许可载荷、材料与制造、检验、验收和安装技术要求详见 JB/T 4712.1。

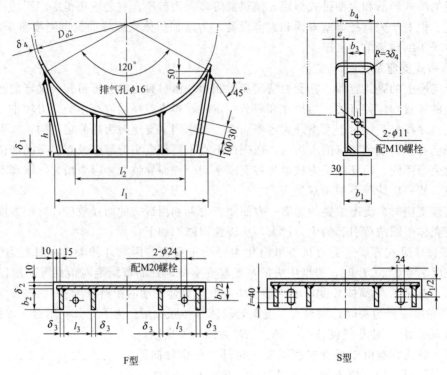

图 12-15　$DN1000 \sim 2000\text{mm}$ 轻型带垫板包角 $120°$ 的鞍式支座

表 12-4　各种型号的鞍座结构特征

型式			包角	垫版	筋板数	适用公称直径 DN/mm
轻型	焊制	A	120°	有	4	1000~2000
					6	2100~4000
重型	焊制	BⅠ	120°	有	1	159~426
						300~450
					2	500~900
					4	1000~2000
					6	2100~4000
		BⅡ	150°	有	4	1000~2000
					6	2100~4000
重型	焊制	BⅢ	120°	无	1	159~426
						300~450
					2	500~900
	弯制	BⅣ	120°	有	1	159~426
						300~450
					2	500~900
		BⅤ	120°	无	1	159~426
						300~450
					2	500~900

表 12-5　DN1000～2000mm 轻型带垫板包角 120°的鞍座尺寸　　　　　　mm

公称直径 /DN	允许载荷 Q /kN	鞍座高度 h	底板			腹板	筋板				垫板				螺栓间距 l_2	鞍座质量 /kg	增加 100mm 高度增加的质量/kg
			l_1	b_1	δ_1	δ_2	l_3	b_2	b_3	δ_3	弧长	b_4	δ_4	e			
1000	140		760				170				1180				600	47	7
1100	145		820			6	185				1290	320	6	55	660	51	7
1200	145	200	880	170	10		200	140	200	6	1410				720	56	7
1300	155		940				215				1520	350			780	74	9
1400	160		1000				230				1640				840	80	9
1500	270		1060			8	240				1760		8	70	900	109	12
1600	275		1120	200			255	170	240		1870	390			960	116	12
1700	275	250	1200		12		275				1990				1040	122	12
1800	295		1280				295			8	2100				1120	162	16
1900	295		1360	220		10	315	190	260		2220	430	10	80	1200	171	16
2000	300		1420				330				2330				1260	160	17

鞍座标准的选用，首先根据鞍座实际承载的大小，确定选用轻型（A 型）或重型（B 型）鞍座，找出对应的公称直径，再根据容器圆筒强度确定选用 120°或 150°包角的鞍座，标准高度下鞍座的允许载荷和各部分结构尺寸可从表 12-5 和 JB/T 4712.1 中得到。

2. 圈式支座

圈式支座适用的范围是：因自身重量而可能在支座处造成壳体较大变形的薄壁容器，某些外压或真空容器，多于两个支座的长容器。圈式支座的结构如图 12-13（b）所示。

3. 支腿

这种支座由于在与容器相连接处会造成严重的局部应力，因此一般只用于小型容器，支腿的结构如图 12-13（c）所示。

二、立式容器支座

立式容器的支座有四种：耳式支座、支撑式支座、腿式支座和裙式支座。中小型直立容器常采用前三种支座，高大的塔设备则广泛采用裙式支座。

1. 耳式支座

耳式支座又称悬挂式支座，由筋板、底板和垫板组成，广泛用于反应釜及立式换热器等直立设备上。图 12-16 为耳式支座的示意图。除了以上的结构元素外，一些耳式支座还要求有盖板。

耳式支座分为 A 型（短臂），B 型（长臂）和 C 型（加长臂）三类，其形式特征见表 12-6。

耳式支座的垫板材料一般与筒体材料相同，支座筋板和底板的材料分为四种，材料代号见表 12-7。

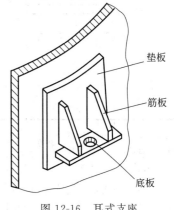

图 12-16　耳式支座

垫板

筋板

底板

表 12-6　耳式支座结构形式特征

型式		支座号	垫板	盖板	适用公称直径 DN/mm
短臂	A	1～5	有	无	300～2600
		6～8		有	1500～4000
长臂	B	1～5	有	无	300～2600
		6～8		有	1500～4000
加长臂	C	1～3	有	有	300～1400
		4～8			1000～4000

表 12-7　支座筋板和底板的材料代号

材料代号	Ⅰ	Ⅱ	Ⅲ	Ⅳ
支座的筋板和底板材料	Q235A	16MnR	0Cr18Ni9	15CrMoR

图 12-17 和表 12-8 给出了 A 型耳式支座的结构和系列参数、尺寸（B 型和 C 型耳式支座的参数、尺寸参见 JB/T 4712.3）。表中支座取决于支座允许载荷 $[Q]$ 和容器公称直径 DN。

耳式支座的选用方法是：根据公称直径 DN 及设备的总质量预选一标准支座，按 JB/T 4712.3 附录 A 的方法计算支座承受的实际载荷 Q，并使 $Q \leqslant [Q]$。其中 $[Q]$ 为支座允许载荷，单位为 kg，其值可由 JB/T 4712.3 查得。一般情况下还应校核支座处所受弯矩 M_L，并使 $M_L \leqslant [M_L]$，具体校核参见 JB/T 4712.3。

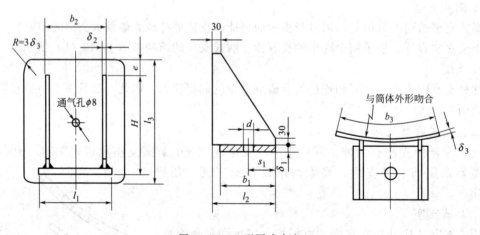

图 12-17　A 型耳式支座

表 12-8　A 型支座系列参数尺寸　　　　　　　　　　　　　　　　　　mm

支座号	支座允许载荷 Q/kN	适用容器公称直径 DN	高度 H	底板				筋板			垫板			e	地脚螺栓		支座质量 /kg	
				l_1	b_1	δ_1	s_1	l_2	b_2	δ_2	l_3	b_3	δ_3		d	规格		
1	10	300～600	125	100	60	6	30	80	80	4	160	125	6	20	24	M20	1.7	0.7
2	20	500～1000	160	125	80	8	40	100	100	5	200	160	6	24	24	M20	3.0	1.5
3	30	700～1400	200	160	105	10	50	125	125	6	250	200	8	30	30	M24	6.0	2.8

支座号	支座允许载荷 Q/kN	适用容器公称直径 DN	高度 H	底板				筋板			垫板				地脚螺栓		支座质量 /kg	
				l_1	b_1	δ_1	s_1	l_2	b_2	δ_2	l_3	b_3	δ_3	e	d	规格		
4	60	1000~2000	250	200	140	14	70	160	160	8	315	250	8	40	30	M24	11.1	—
5	100	1300~2600	320	250	180	16	90	200	200	10	400	320	10	48	30	M24	21.6	—
6	150	1500~3000	400	315	230	20	115	250	250	12	500	400	12	60	36	M30	40.8	—
7	200	1700~3400	480	375	280	22	130	300	300	14	600	480	14	70	36	M30	67.3	—
8	250	2000~4000	600	480	360	26	145	380	380	16	720	600	16	72	36	M30	120.4	—

2. 支承式支座

对于高度较低且有凸形封头的中小型立式容器可采用支承式支座。支承式支座与容器底部封头焊在一起，直接支承在地基基础上。支承式支座分为 A 型和 B 型两种，A 型支座由钢板焊接而成，B 型支座由钢管制作。其型式特征见表 12-9，图 12-18 表示 1~4 号 A 型支承式支座。

表 12-9　支承式支座的型式特征

型式		支座号	垫板	适用公称直径 DN/mm
钢板焊接	A	1~4	有	800~2200
		5~6		2400~3000
钢管制作	B	1~8	有	800~4000

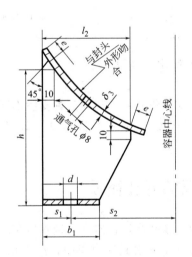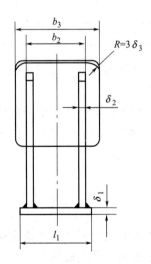

图 12-18　1~4 号 A 型支承式支座

支承式支座垫板的材料一般与容器封头材料相同，支座底板的材料为 Q235A，B 型支座钢管材料一般为 10 号钢。

支承式支座的具体型式、尺寸、选用等可查阅 JB/T 4712.4。

3. 腿式支座

腿式支座一般用于高度较低的中小型立式容器，腿式支座与支承式支座的最大区别为：腿式支座是支承在容器的筒体部分，而支承式支座是支承在容器的底封头上。

腿式支座的型式特征见表 12-10。支座型式见图 12-19。

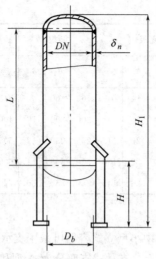

图 12-19　腿式支座

表 12-10　腿式支座的型式特征

型式		支座号	垫板	通用公称直径/mm
角钢支柱	AN	1~7	无	400~1600
	A		有	
钢管支柱	BN	1~5	无	400~1600
	B		有	
H 型钢支柱	CN	1~10	无	400~1600
	C		有	

腿式支座的具体型式、尺寸、选用等可查阅 JB/T 4712.2。

4. 裙式支座

裙式支座是高大的塔设备广泛采用的一种支座形式，它与前三种支座不同。它的各部分尺寸均需通过计算或实践经验确定。有关裙式支座的结构及其设计计算可参见 NB/T 47041—2014《塔式容器》。

第三节　容器的开孔补强

化工容器不可避免地要开孔并通常接有管子或凸缘，容器开孔接管后在应力分布与强度方面将带来如下影响：开孔破坏了原有的应力分布并引起应力集中，产生较大的局部应力；再加上作用于接管上各种载荷产生的应力、温差造成的温差应力以及容器材质和焊接缺陷等因素的综合作用，接管处往往成为容器的破坏源，特别是在有交变应力及腐蚀的情况下变得更为严重。因此容器开孔接管后必须考虑其补强问题。

一、开孔补强的设计原则与补强结构

1. 补强设计原则

开孔补强设计是指适当增加壳体或接管厚度的方法来减小孔边的应力集中，主要的开孔补强原则有基于弹性失效的等面积补强原则和基于塑性失效的极限载荷补强原则。

（1）等面积补强法设计原则　这种补强方法规定局部补强的金属截面积必须等于或大于

由于开孔被削弱的壳体承载面积。其含义在于用与开孔等面积的外加金属来补偿削弱的壳体强度。一般情况下，等面积补强可以满足开孔补强设计的需要，方法简便且在工程上有长期的实践经验。压力容器的常规设计主要采用这一方法。

（2）极限载荷补强法设计原则　这是一种基于塑性极限设计的方法，其要求带补强接管壳体的极限压力与无接管壳体的极限压力基本相同。

2. 补强结构

补强结构是指用于补强的金属采用何种结构形式与被补强的壳体或接管连成一体，以减小该处的应力集中。

常用的补强结构有下列几种。

（1）补强圈补强结构　如图 12-20（a）所示。它是以补强圈作为补强金属部分，焊接在壳体与接管的连接处。这种结构广泛用于中低压容器，它制造方便，造价低，使用经验成熟。补强圈的材料与壳体材料相同，其厚度一般也取与壳体厚度相同。补强圈与壳体之间应很好地贴合，使其与壳体同时受力，否则起不到补强的作用。为了检验焊缝的紧密性，补强圈上开一个 M10 的小螺纹孔，并从这里通入压缩空气，在补强圈与器壁的连接焊缝处涂抹肥皂水，如果焊缝有缺陷，就会在该处出现肥皂泡。这种补强圈结构也存在一些缺点：如补强区域过于分散，补强效率不高；补强圈与壳体或接管之间存在一层静气隙，传热效果差，致使两者温差与热膨胀差较大，因而在补强的局部区域往往产生较大的热应力；补强圈与壳体焊接处刚度变大，容易在焊缝处造成裂纹、开裂；由于补强圈与壳体或接管没有形成一个整体，因而抗疲劳能力低。由于上述缺点，这种结构只用于常压、常温及中、低压容器。采用此结构时应遵循下列规定：钢材的标准抗拉强度 R_m ＜540MPa，补强圈厚度小于或等于 $1.5\delta_n$，壳体名义厚度 $\delta_n \leqslant 38$mm。

(a) 补强圈补强　　　　　(b) 厚壁接管补强　　　　　(c) 整锻件补强

图 12-20　补强结构

（2）厚壁接管补强结构　如图 12-20（b）所示，它是在壳体与接管之间焊上一段厚壁加强管。加强管处于最大应力区域内，因而能有效地降低开孔周围的应力集中因数。但内伸长度要适当，如过长，效果反会降低。厚壁接管补强结构简单，只需一段厚壁管即可，制造与检验都方便，但必须保证全焊透。厚壁接管补强常用于低合金钢容器或某些高压容器。

（3）整锻件补强结构

如图 12-20（c）所示，它是将接管和部分壳体连同补强部分做成整体锻件和接管焊接，补强区更集中在应力集中区，能最有效地降低应力集中因数，采用的对接焊缝易检测和保证质量。这种结构抗疲劳性能最好，缺点是锻件供应困难，制造成本较高，一般只用于重要的压力容器。

二、等面积法补强法适用的开孔范围

当采用等面积补强时，筒体及封头上开孔的最大直径不得超过以下数值：

① 筒体内径 $D_i \leqslant 1500$mm 时，开孔最大直径 $d \leqslant D_i/2$，且 $d \leqslant 520$mm，筒体内径 $D_i \geqslant 1500$mm 时，开孔最大直径 $d \leqslant D_i/3$，且 $d \leqslant 1000$mm；d 为开孔直径，圆形孔取接管

内径加两倍厚度附加量，椭圆形或长圆形孔取所考虑平面上的尺寸（弦长，包括厚度附加量）；

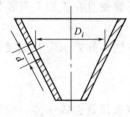

图 12-21 开孔的
锥形封头

② 凸形封头或球壳的开孔最大直径 $d \leqslant D_i/2$；

③ 锥壳（或锥形封头）的最大开孔直径 $d \leqslant D_i/3$，这里 D_i 为开孔中心处的锥壳内径，见图 12-21。

若开孔直径超出上述规定，则开孔的补强结构与计算须作特殊考虑，必要时应做验证性水压试验以校核设计的可靠性。

三、允许不另行补强的最大开孔直径

容器开孔并非都要补强，因为容器常常有各种强度裕量存在。例如接管和壳体的实际厚度超过强度需要的厚度等，这相当于降低了开孔处的应力集中，使壳体或接管得到了局部加强。因此，对满足一定条件的开孔接管，可以不另行补强。

GB 150.3 规定，壳体开孔满足下述全部要求时，可不另行补强：

① 设计压力 $p \leqslant 2.5\text{MPa}$；

② 两相邻开孔中心的间距（对曲面间距以弧长计算）应不小于两孔直径之和的两倍；

③ 接管外径小于或等于 89mm；

④ 接管壁厚满足表 12-11 要求。

表 12-11 不另行补强的接管最小厚度   mm

接管外径	25	32	38	45	48	57	65	76	89
接管壁厚	≥3.5			≥4.0		≥5.0		≥6.0	

注：1. 钢材的标准抗拉强度下限值 $R_m \geqslant 540\text{MPa}$ 时，接管与壳体的连接宜采用全焊透的结构型式。

2. 表中接管壁厚的腐蚀裕量为 1mm，需要加大腐蚀裕量时，应相应增加壁厚。

四、等面积补强的设计方法

所谓等面积补强，就是使补强的金属量等于或大于开孔所削弱的金属量。补强金属在通过开孔中心线的纵截面的正投影面积必须等于或大于壳体由于开孔而在这个纵截面上所削弱的正投影面积。具体计算可参见 GB 150.3。

第四节 容器附件

容器上开孔，是为了安装操作与检修用的各种附件，如接管、视镜、人孔和手孔。

一、接管

化工设备上的接管一般分为两类，一类是容器上的工艺接管，与供物料进出的工艺管道相连接，这类接管一般直径较大，多是带法兰的短接管，如图 12-22 所示。其接管伸出长度 l 应考虑所设置的保温层厚度以便于安装螺栓，可按表 12-12 选用。接管上焊缝与焊缝之间的距离应不小于 50mm，对于铸造设备的接管可与壳体一起铸出，见图 12-23。对于轴线不垂直于壳壁的接管，其伸出长度应使法兰外缘与保温层之间的垂直距离不小于 25mm，如图 12-24 所示。

对于小直径的接管，如伸出长度较长则要考虑加固。例如低压容器上 $DN \leqslant 40\text{mm}$ 的接管与容器壳体的连接可采用管接头加固，其结构型式如图 12-25 所示。

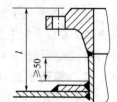

图 12-22 带有法兰
的短接管

表 12-12　接管伸出长度

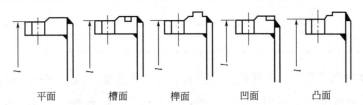

| 平面 | 槽面 | 榫面 | 凹面 | 凸面 | mm |

保温层厚度	接管公称直径 DN	伸出长度 l	保温层厚度	接管公称直径 DN	伸出长度 l
50～75	10～100	150	126～150	10～50	200
	125～300	200		70～300	250
	350～600	250		350～600	300
76～100	10～50	150	151～175	10～150	250
	70～300	200		200～600	300
	350～600	250	176～200	10～50	250
101～125	10～150	200		70～300	300
	200～600	250		350～600	350

注：保温层厚度小于 50mm，l 可适当减小。

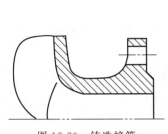

图 12-23　铸造接管

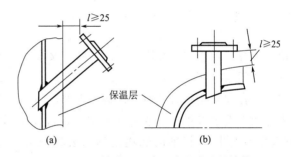

图 12-24　轴线不垂直于容器器壁的接管

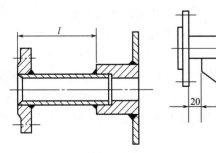

图 12-25　管接头加固

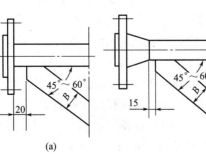

图 12-26　筋板加固

对于 $DN \leqslant 25mm$，伸出长度 $l \geqslant 150mm$ 以及 $DN = 32～50mm$，伸出长度 $l \geqslant 200mm$ 的任意方向接管（包括图 12-24 所示结构），均应设置筋板予以支撑，位置按图 12-26 要求，其筋板断面尺寸可根据筋板长度按表 12-13 选取。

表 12-13　筋板断面尺寸

筋板长度/mm	200～300	301～400
$B \times T$/mm×mm	30×3	40×5

另一类是仪表类接管。为了控制操作过程，在容器上需装置一些接管以便和测量仪表相连接。此类接管直径较小，除用带法兰的短接管外，也可以简单地用内螺纹或外螺纹焊在设备上，如图 12-27 所示。

二、凸缘

当接管长度必须很短时，可用凸缘（又称突出接口）来代替，如图 12-28 所示。凸缘本身具有开孔加强的作用，不需再另外补强。缺点是当螺栓折断在螺栓孔中时取出较困难。

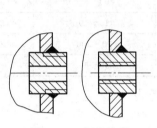

图 12-27　螺纹接管

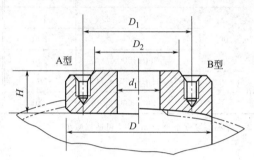

图 12-28　具有平面密封的凸缘

由于凸缘与管道法兰配用，因此它的连接尺寸应根据所选用的管法兰来确定。

三、手孔和人孔

安设手孔和人孔是为了检查设备的内部空间以及安装和拆卸设备的内部构件。

手孔和人孔属于化工设备的常用部件，目前所用的标准为 HG/T 21514～21535—2014《钢制人孔和手孔》，标准的适用范围为公称压力为 $PN0.25～6.3$MPa，工作温度 $-70～500$℃，设计时可依据设计条件直接选用。

手孔的直径一般为 $150～250$mm，标准手孔的公称直径有 $DN150$ 和 $DN250$ 两种。手孔的结构一般是在容器上接一短管，并在其上盖一盲板。标准规定的手孔一共有 8 种形式，它们是：常压手孔、板式平焊法兰手孔、带颈平焊法兰手孔、带颈对焊法兰手孔、回转盖带颈对焊法兰手孔、常压快开手孔、旋柄快开手孔和回转盖快开手孔。图 12-29（a）所示为常压手孔，图（b）为旋柄快开手孔。

当设备的直径超过 900mm 时，应开设人孔。人孔的形状有圆形和椭圆形两种。椭圆形人孔的短轴应与容器的筒体轴线平行。圆形人孔的直径一般为 400mm，容器压力不高或有特殊需要时，直径可以大一些。圆形标准人孔的公称直径有 $DN400$、$DN450$、$DN500$ 和 $DN600$ 四种。椭圆形人孔的尺寸为 450mm×350mm。

标准规定的人孔一共有 13 种形式，它们是：常压人孔、回转盖板式平焊法兰人孔、回转盖带颈平焊法兰人孔、回转盖带颈对焊法兰人孔、垂直吊盖板式平焊法兰人孔、垂直吊盖带颈平焊法兰人孔、垂直吊盖带颈对焊法兰人孔、水平吊盖板式平焊法兰人孔、水平吊盖带颈平焊法兰人孔、水平吊盖带颈对焊法兰人孔、常压旋柄快开人孔、椭圆形回转盖快开人孔、回转拱盖快开人孔。图 12-30 所示为水平吊盖带颈平焊法兰人孔。

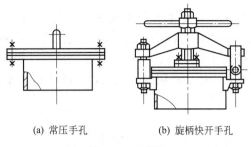
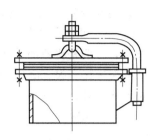

(a) 常压手孔　　　　　　(b) 旋柄快开手孔

图 12-29　手孔　　　　　　　　　　　图 12-30　水平吊盖带颈平焊法兰人孔

四、视镜

视镜除用了观察设备内部情况外，也可用作液面视镜。用凸缘构成的视镜称不带颈视镜（图 12-31），其结构简单，不易粘料，有比较宽阔的视察范围。标准中视孔的公称直径有 50～200mm 六种，公称压力达 2.5MPa，设计时可选用。

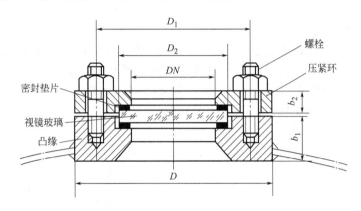

图 12-31　不带颈视镜

当视镜需要斜装或设备直径较小时，需采用带颈视镜（图 12-32），视镜玻璃为硅硼玻璃，容易因冲击、振动或温度剧变破裂，此时可选用双层玻璃安全视镜或带罩视镜。

视镜因介质结晶、水蒸气冷凝影响观察时，可采用冲洗装置，如图 12-33 所示。

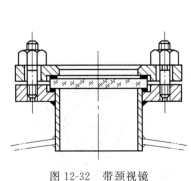
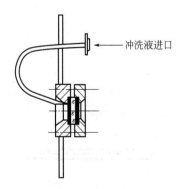

图 12-32　带颈视镜　　　　　　　　　图 12-33　视镜的冲洗装置

视镜的标准为 NB/T 47017—2011《压力容器视镜》。

五、液面计

液面计是用来观察设备内部液面位置的装置。液面计的种类很多，公称压力不超过0.07MPa 的设备，可以直接在设备上开长条孔，利用矩形凸缘或法兰将玻璃固定在设备上。对于承压设备，一般是将液面计通过法兰、活接头［图 12-34（b）］或螺纹接头［图 12-34（c）］与设备连接在一起。液位计分为玻璃板式液位计、玻璃管式液位计、磁性液位计和用于低温设备的液位计。

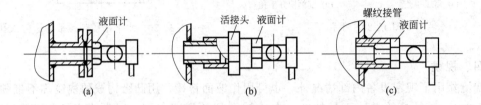

图 12-34　液面计与设备的连接

六、设备吊耳

设备吊耳主要用于设备的起吊和安装，标准为 HG/T 21574—2008《化工设备吊耳及工程技术要求》。标准共列入五类吊耳，分别是顶部板式吊耳（图 12-35），侧壁板式吊耳（图12-36），卧式容器板式吊耳（图 12-37），尾部吊耳（图 12-38）和轴式吊耳（图 12-39）。吊耳的选用可根据设备的型式和质量从标准中直接选取。

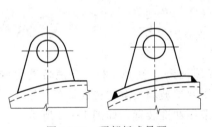

图 12-35　顶部板式吊耳

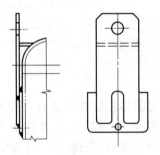

图 12-36　侧壁板式吊耳

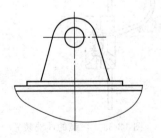

图 12-37　卧式容器板式吊耳

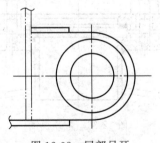

图 12-38　尾部吊耳

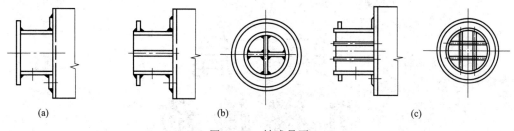

(a)   (b)   (c)

图 12-39 轴式吊耳

习　题

12-1　试为一精馏塔节与封头配一连接法兰，已知塔体内径 $D_i = 800\text{mm}$，操作温度 $t = 300℃$，操作压力 $p = 0.5\text{MPa}$，材料为 Q245R，给出法兰的结构图。

12-2　为一压力容器筒体选配与封头的连接法兰。已知容器内径为 1600mm，厚度 12mm，材料为 Q345R，最大操作压力为 1.5MPa，绘出法兰结构图。

12-3　指出下列法兰连接应选用甲型、乙型和长颈对焊法兰中的哪一种？

公称压力 PN /MPa	公称直径 DN /mm	设计温度 t /℃	型式	公称压力 PN /MPa	公称直径 DN /mm	设计温度 t /℃	型式
2.5	3000	350		1.6	600	350	
0.6	600	300		6.4	800	450	
4.0	1000	400		1.0	1800	320	
1.6	500	350		0.25	2000	200	

第三篇
机械传动

机械传动的主要作用是传递动力（分配能量）和运动（改变转速和转向或改变运动的形式）。机械传动系统是机械系统中的重要组成部分。机械传动可分为摩擦传动、啮合传动、液力传动和气力传动。本篇主要讨论摩擦传动和啮合传动以及与其有关的零部件。

第十三章
带 传 动

带传动是摩擦传动中的一种，它是通过中间挠性件传递运动和动力的，适用于两轴中心距较大的场合。在这种场合下，与齿轮传动相比，带传动具有结构简单、成本低廉、过载保护及吸振减振等优点。因此，带传动是一种常用的传动。

第一节 带传动的类型、结构和特点

一、带传动的组成及主要几何尺寸

如图 13-1 所示，带传动是由主动轮 1、从动轮 2 和张紧在两轮上的环形带 3 所组成。由于张紧，静止时带已受到初拉力，在带与带轮的接触面间产生了压力。当主动轮回转时，靠接触面间的摩擦力拖动带运动，而带又同样靠摩擦力拖动从动轮回转，完成运动和动力的传递。

在图 13-1 中，D_1 和 D_2 分别为小带轮 1（多为主动轮）和大带轮 2（多为从动轮）的直径，α_1、α_2 为带在小带轮和大带轮上的包角，L_d 为带长（基准长度），a 为中心距。带传动的主要几何尺寸计算公式为

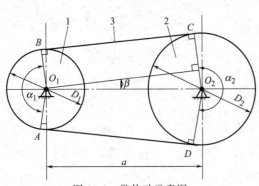

图 13-1 带传动示意图

$$\alpha_1 = 180° - 2\beta \approx 180° - \frac{D_2 - D_1}{a} \times 57.3° \tag{13-1}$$

$$\alpha_2 = 180° + 2\beta \approx 180° + \frac{D_2 - D_1}{a} \times 57.3° \tag{13-2}$$

$$L_d \approx 2a + \frac{\pi}{2}(D_2 + D_1) + \frac{(D_2 - D_1)^2}{4a} \tag{13-3}$$

$$a \approx \frac{2L_d - \pi(D_2 + D_1) - \sqrt{[2L_d - \pi(D_2 + D_1)]^2 - 8(D_2 - D_1)^2}}{8} \tag{13-4}$$

二、带传动的类型及 V 带的型号和结构

如图 13-2 所示，根据带的剖面形状分类，有平带 [图 13-2(a)]、V 带 [图 13-2(b)]、多楔带 [图 13-2(c)] 和圆带 [图 13-2(d)] 传动。

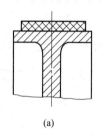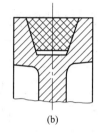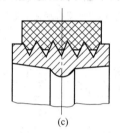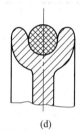

(a)   (b)   (c)   (d)

图 13-2　带传动的类型

平带一般由数层胶帆布黏合而成并用接头连接成环形带。横截面为扁平矩形。由于平带可扭曲，在小功率传动中可用来进行交叉传动 [图 13-3(a)]，以改变两平行轴间的转动方向，或用来进行半交叉传动 [图 13-3(b)]，以在两交错轴间传递转动。平带的工作面是与带轮相接触的内表面。

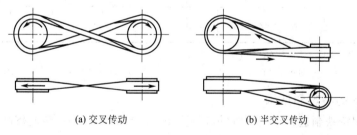

(a) 交叉传动   (b) 半交叉传动

图 13-3　平带传动

V 带的横截面为等腰梯形，其工作面是与轮槽相接触的两侧面，V 带的内表面与轮槽槽底不接触 [图 13-2(b)]。由于轮槽的楔效应，在初拉力相同时，V 带传动较平带传动能产生更大的摩擦力，故能传递较大的功率。V 带无接头，传动平稳，应用广泛，但不宜用在交叉传动和半交叉传动中。本章重点介绍 V 带传动。

常用的 V 带的横剖面结构如图 13-4 所示，由顶胶 1、抗拉体 2、底胶 3 和包布（胶帆布）4 部分组成。抗拉体又分为帘布芯和绳芯两种类型。帘布芯 V 带，制造方便。绳芯 V 带柔韧性好，抗弯强度高，适用于转速较高，载

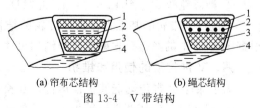

(a) 帘布芯结构   (b) 绳芯结构

图 13-4　V 带结构

荷不大和带轮直径较小的场合。

带绕在带轮上时要发生弯曲，造成顶胶伸长，底胶缩短，而在两者之间存在一中性层，其长度不变，在此称为节面。带的节面宽度称为节宽 b_p，当带弯曲时，该宽度保持不变。V 带的高度 h 与其节宽 b_p 之比（h/b_p）称为相对高度。普通 V 带的相对高度约为 0.7。

在 V 带轮上，与所配用 V 带的节宽 b_p 相对应的带轮直径称为基准直径 D。在规定的初拉力下，V 带位于带轮基准直径上的周线长度称为基准长度 L_d。这一长度也是 V 带的公称长度。

V 带有普通 V 带、窄 V 带、联组 V 带、齿形 V 带、大楔角 V 带、宽 V 带等多种类型。其中普通 V 带应用最广。

普通 V 带的截型分为 Y、Z、A、B、C、D、E 七种。其截面尺寸和基准长度见表 13-1。

表 13-1　V 带型号、截面尺寸和基准长度

	截型	节宽 b_p/mm	顶宽 b/mm	高度 h/mm	截面面积 A/mm²	单位长度质量 q/(kg/m)	基准长度 L_d/mm
	Y	5.3	6	4	18	0.02	200,224,250,280,315,355,400,450,500
	Z	8.3	10	6	47	0.06	406,475,530,625,700,780,920,1080,1330,1420,1540
	A	11	13	8	81	0.10	630, 700, 790, 890, 990, 1100, 1250,1430,1550,1640,1750,1940, 2050,2200,2300,2840,2700
	B	14	17	11	138	0.17	930, 1000, 1100, 1210, 1370, 1560,1760,1950,2180,2300,2500, 2700,2870,3200,3600,4060,4430, 4820,5370,6070
	C	19	22	14	230	0.30	1565, 1760, 1950, 2195, 2420, 2715,2880,3080,3520,4060,4600, 5380,6100,6815,7600,9100,10700
	D	27	32	19	476	0.62	2740, 3100, 3330, 3730, 4080, 4620,5400,6100,6840,7620,9140, 10700,12200,13700,15200
	E	32	38	23.5	692	0.90	4660, 5040, 5420, 6100, 6850, 7650,9150,12230,13750,15280,16800

注：1. b_p 和 h 为基本尺寸，摘自 GB/T 11544—2012。

2. 普通 V 带的标记：A—1600 GB/T 11544—2012（A 型普通 V 带，基准长度 L_d＝1600mm）。

三、V 带轮的材料和结构

V 带轮常用铸铁制造。常用的铸铁牌号为 HT150 或 HT200；转速较高时宜采用铸钢或钢板焊接；小功率时也可采用铸铝或塑料。

铸铁制 V 带轮的典型结构有以下几种形式：

① 实心式 [图 13-5(a)]，此时基准直径 $D \leqslant (2.5 \sim 3) d$（$d$ 为轴的直径，mm）；

② 腹板式 [图 13-5(b)]，此时 $D \leqslant 300$mm；

③ 孔板式 [图 13-5(c)]，此时 $D \leqslant 300$mm 且 $D_1 - d_1 \geqslant 100$mm；

④ 椭圆轮辐式 [图 13-5(d)]，此时 $D > 300$mm。

一般根据带轮的基准直径选择带轮的结构型式，并按 V 带的截型确定轮槽尺寸，然后根据图 13-5 中的经验公式确定其他结构尺寸。

四、V 带传动的使用和维护

为了保证 V 带传动能够正常运转，延长带的使用寿命，必须做到正确使用和维护。

① 安装时，保持两带轮轴平行，并使两轮轮槽在同一平面内，以免运转时加剧带的磨

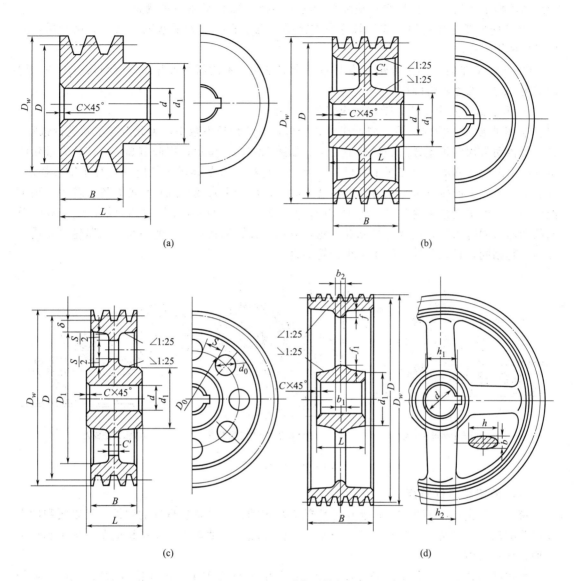

图 13-5　V带轮的结构

$d_1 = (1.8 \sim 2) d$，d 为轴的直径　　　　　　　　$h_2 = 0.8h_1$

$D_0 = 0.5 (D_1 + d_1)$　　　　　　　　　　　　　　　$b_1 = 0.4h_1$

$d_0 = (0.2 \sim 0.3) (D_1 - d_1)$　　　　　　　　　　$b_2 = 0.8b_1$

$C' = \left(\dfrac{1}{7} \sim \dfrac{1}{4}\right) B$　　　　　　　　　　　　　　$S = C'$

$L = (1.5 \sim 2) d$，当 $B < 1.5d$ 时，$L = B$　　　$f_1 = 0.2h_1$

$h_1 = 290 \sqrt[3]{\dfrac{P}{nz_a}}$　　　　　　　　　　　　　　　　$f_2 = 0.2h_2$

式中　P——传递的功率，kW；

　　　n——带轮的转速，r/min；

　　　z_a——轮辐数。

损或由轮槽中脱出。套上 V 带前应缩短带轮中心距，套上 V 带后再调紧。

②严防胶带与矿物油、酸、碱等介质接触，也不宜在阳光下暴晒，以免老化变质，降低带的使用寿命。

③更换 V 带时，同一带轮上的 V 带应全部更换，不能新旧带并用，否则长短不一，引起受力不均，加速新带的损坏。

④为了保证安全生产，带传动应安装防护罩。

⑤V 带使用一段时间后，将产生永久变形，导致初拉力减小，因此需要重新进行张紧。

带传动常用的张紧方法是调整中心距。如图 13-6(a) 所示，用调节螺钉 3 使装有带轮的电动机沿滑轨 1 移动，或如图 13-6(b) 所示，用螺杆及调节螺母 1 使电动机绕小轴 2 摆动。前者适用于水平或接近水平布置的带传动，后者适用于垂直或接近垂直的布置。若中心距不能调节时，可采用张紧轮装置 [图 13-6(c)]。张紧轮一般应放在松边的内侧，使带只受单向的弯曲。同时张紧轮还应尽量靠近大轮，以免过分影响在小轮上的包角。张紧轮的轮槽尺寸与带轮相同，且张紧轮直径小于小带轮的直径。

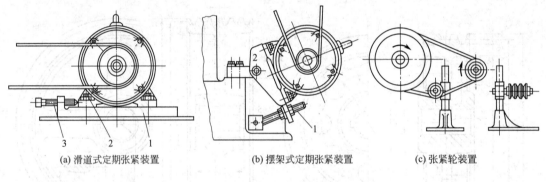

(a) 滑道式定期张紧装置   (b) 摆架式定期张紧装置   (c) 张紧轮装置

图 13-6　张紧装置

五、带传动的优缺点

带传动的优点：①适用于两轴中心距较大的传动；②带具有良好的弹性，可以缓和冲击和吸收振动；③过载时，带在带轮上打滑，可防止损坏其他零件；④结构简单，加工和维护方便，成本低廉。

带传动的缺点：①传动的外廓尺寸较大；②由于带的弹性伸长（见本章第二节），不能保证固定不变的传动比；③带的寿命较短；④带传动中的摩擦会产生电火花，故不能用于容易引起燃烧爆炸的危险场合；⑤传动效率较低；⑥需要张紧装置。

根据上述优缺点，带传动多用于两轴传动比无严格要求、中心距较大的机械中。一般情况下，带速 $v = 5 \sim 25 \text{m/s}$，传动比 $i \leqslant 7$ (10)，传动效率 $\eta \approx 0.94 \sim 0.97$，传递功率 $P \leqslant 100 \text{kW}$。

第二节　带传动的工作特性分析

一、带传动的受力分析

带传动中的带是紧套在主、从动带轮上的。静止时，带两边的拉力都等于初拉力 F_0 [图 13-7(a)]，此时，带与带轮接触面之间存在一定的正压力。当主动轮转动时 [图 13-7(b)]，正压力引起的摩擦力拖动带运动，带又通过摩擦力拖动从动轮转动，从而将主动轴

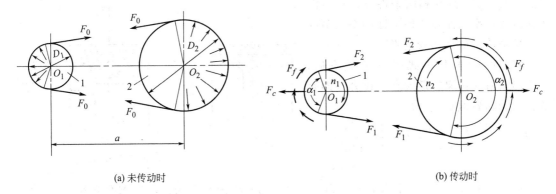

(a) 未传动时   (b) 传动时

图 13-7 带传动的受力情况

的运动和动力传给从动轴。传动时，由于摩擦力的作用，带两边的拉力不再相等，使绕入主动轮一边的带拉得更紧，带中拉力由 F_0 增至 F_1，称为紧边；而带从主动轮另一边绕出时，拉力由 F_0 降至 F_2，称为松边。设环形带的总长度不变，则带的紧边伸长量等于松边的缩短量，由此得到紧边拉力的增加量 $F_1 - F_0$ 应等于松边拉力的减少量 $F_0 - F_2$，即

$$F_1 - F_0 = F_0 - F_2 \quad 或 \quad F_1 + F_2 = 2F_0 \tag{13-5}$$

两边拉力之差称为带传动的有效拉力，也就是带所传递的圆周力 F_e，即

$$F_e = F_1 - F_2 \tag{13-6}$$

将式(13-5) 代入式(13-6) 可得

$$F_1 = F_0 + \frac{F_e}{2} \quad 和 \quad F_2 = F_0 - \frac{F_e}{2} \tag{13-7}$$

若带速为 $v(\mathrm{m/s})$ 和所传递的功率为 $P_1(\mathrm{kW})$，则有效拉力 F_e（N）为

$$F_e = \frac{1000 P_1}{v} \tag{13-8}$$

当有效拉力 F_e 超过带与带轮接触面间的极限摩擦力总和时，带与带轮将发生显著的相对滑动，这种现象称为打滑。经常出现打滑时，将使带的磨损加剧、传动效率降低，以致使传动失效，故应避免。

当带即将打滑时，紧边拉力 F_1 和松边拉力 F_2 之间的关系，可由柔韧体摩擦的欧拉公式得到

$$F_1 = F_2 \mathrm{e}^{f\alpha_1} \tag{13-9}$$

式中 f——带与带轮接触面间的摩擦因数；

      α_1——小带轮的包角，rad；

      e——自然对数的底，e≈2.718。

将式(13-9) 代入式(13-6) 得

$$F_e = F_1 \left(1 - \frac{1}{\mathrm{e}^{f\alpha_1}}\right) = F_2 (\mathrm{e}^{f\alpha_1} - 1) \tag{13-10}$$

由此可知，增大包角 α_1 或（和）摩擦因数 f，都可提高带所能传递的圆周力。

当 V 带传动与平带传动的初拉力相等时，即带作用在带轮上的压力均为 F_Q 时（图 13-8），平带的摩擦力 $F_N f = F_Q f$ [图 13-8(a)]；V 带的摩擦力 $2\dfrac{F_N}{2} f = F_N f = F_Q \dfrac{f}{\sin(\varphi/2)} = F_Q f_v$ [图 13-8(b)]。式中 φ 为 V 带轮轮槽的楔角，$f_v = f/\sin(\varphi/2)$ 为当量摩擦因数。

显然，$f_v > f$，故在相同条件下，V 带能传递较大功率。而在传递同样功率的情况下，V 带传动的结构较紧凑。

将式（13-9）代入式（13-7）整理后，可得出带所能传递的最大有效拉力（即有效拉力的临界值）F_{ec} 为

$$F_{ec} = 2F_0 \frac{e^{f\alpha_1} - 1}{e^{f\alpha_1} + 1} = 2F_0 \frac{1 - 1/e^{f\alpha_1}}{1 + 1/e^{f\alpha_1}}$$

（13-11）

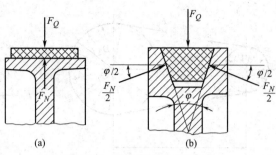

图 13-8　带与带轮间的法向力

由式（13-11）可知，最大有效拉力 F_{ec} 与下列几个因素有关：①最大有效拉力 F_{ec} 与初拉力 F_0 成正比，但 F_0 过大时，将使带的磨损加剧，以致过快松弛，缩短带的工作寿命，如 F_0 过小，则带传动的工作能力得不到充分发挥，运转时容易发生跳动和打滑；②最大有效拉力 F_{ec} 随包角 α_1 的增大而增大；③最大有效拉力 F_{ec} 随摩擦因数 f 的增大而增大。对于 V 带传动，应该用当量摩擦因数 f_v 替代式（13-11）中的 f，摩擦因数 f 的大小与带及带轮的材料和表面状况、工作环境条件等有关。

二、带传动的弹性滑动和传动比

带是弹性体，所受拉力不同时，其伸长量也不同。如图 13-9 所示，在主动轮上，带由

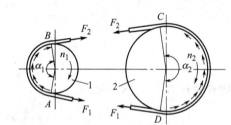

图 13-9　带传动的弹性滑动

A 点运动到 B 点的过程中，带中拉力由 F_1 逐渐降至 F_2，带的弹性伸长也相应地逐渐缩短，使带的速度落后于主动轮的圆周速度。在从动轮上，带从 C 点运动到 D 点的过程中，带中拉力由 F_2 逐渐增加到 F_1，带的弹性伸长也逐渐增大；使带的速度超前于从动轮的圆周速度。这种由于带的弹性及其在带轮两边的拉力差引起的带与带轮间的滑动称为弹性滑动。

弹性滑动和打滑是两个截然不同的概念。打滑是指由于过载引起的全面滑动，造成传动失效，应该避免。弹性滑动是由于带的弹性和拉力差引起的，只要传递圆周力，必然会发生弹性滑动。

设 D_1、D_2 为主、从动轮的基准直径，单位为 mm；n_1、n_2 为主、从动轮的转速，单位为 r/min。则两轮轮缘上的圆周速度分别为

$$v_1 = \frac{\pi D_1 n_1}{60 \times 1000} \ (\text{m/s}), \quad v_2 = \frac{\pi D_2 n_2}{60 \times 1000} \ (\text{m/s})$$

（13-12）

由于弹性滑动的影响，将使从动轮的圆周速度 v_2 低于主动轮的圆周速度 v_1，其降低量可用滑动率 ε 来表示

$$\varepsilon = \frac{v_1 - v_2}{v_1} = \frac{D_1 n_1 - D_2 n_2}{D_1 n_1}$$

（13-13）

由此可得带传动的传动比为

$$i = \frac{n_1}{n_2} = \frac{D_2}{D_1(1 - \varepsilon)}$$

（13-14）

在一般传动中，因滑动率并不大（$\varepsilon \approx 0.01 \sim 0.02$），故可不予考虑，而取传动比为

$$i = \frac{n_1}{n_2} \approx \frac{D_2}{D_1}$$

（13-15）

在正常情况下，弹性滑动仅发生在包角中的一部分范围内，而在另一部分不发生弹性滑动。

三、带的耐久性

传动时，带中应力由三部分组成：①由紧边拉力 F_1 和松边拉力 F_2 产生的拉应力，分别为 σ_1 和 σ_2；②由离心力产生的离心应力 σ_c；③由带在小、大带轮上的弯曲而产生的弯曲应力，分别为 σ_{b1} 和 σ_{b2}。当带的材料和带的截面高度一定时，弯曲应力与带轮基准直径成反比。为了避免弯曲应力过大，带轮直径就不能过小。V 带轮的最小基准直径与 V 带截型有关，其值列于表 13-2。

表 13-2　普通 V 带轮的最小基准直径 $D_{\min}$

带型	Y	Z	A	B	C	D	E
$D_{\min}/\text{mm}$	20	50	75	125	200	355	500

图 13-10 所示为带中应力分布情况。由图可知，带在运转中承受的是交变应力，最大应力发生在带的紧边绕到小带轮处，其值为 $\sigma_{\max}=\sigma_1+\sigma_{b1}+\sigma_c$。当应力较大和应力循环次数过多时，带容易产生疲劳破坏而失效，从而限制了带的使用寿命。

由上述分析可知，带传动的主要失效形式是带在带轮面上的打滑和带的疲劳破坏。

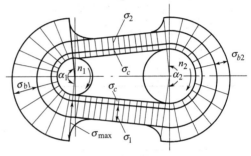

图 13-10　带的应力分析

第三节　普通 V 带传动的设计计算

带传动的设计准则：在保证带传动不打滑的条件下，具有一定的疲劳强度和寿命。

V 带传动的设计内容，包括确定带的截型、长度、根数、传动中心距、带轮基准直径及结构尺寸等。设计时需要给定的原始数据：传递的功率 P，转速 n_1、n_2（或传动比），传动位置要求及工作条件等。

普通 V 带设计的一般步骤如下。

1. 确定 V 带截型

V 带截型是根据计算功率 P_{ca} 和小带轮的转速 n_1 按图 13-11 选择。P_{ca} 是由工作时的载荷性质、原动机的种类、每天运转时间长短及传递的额定功率（例如电动机的额定功率）P 确定的，即

$$P_{ca}=K_A P \tag{13-16}$$

式中　K_A——工作情况因数，见表 13-3。

2. 确定带轮基准直径和验算带速

小带轮基准直径 D_1 应大于或等于表 13-2 中的最小基准直径 $D_{\min}$。为了提高 V 带的寿命，宜选取较大的基准直径，并符合表 13-4 中的直径系列。大带轮基准直径为

$$D_2=\frac{n_1}{n_2}D_1(1-\varepsilon) \tag{13-17}$$

计算结果也应按表 13-4 中的基准直径系列圆整。

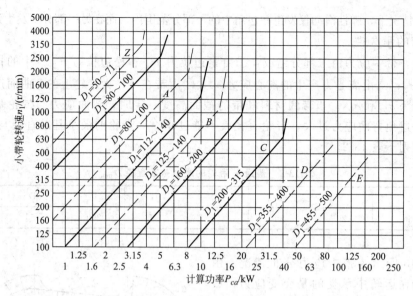

图 13-11　普通 V 带选型图

表 13-3　工作情况因数 K_A

工　　况		K_A					
		软　启　动			负　载　启　动		
		每天工作小时数/h					
		<10	10~16	>16	<10	10~16	>16
载荷变动微小	液体搅拌机,通风机和鼓风机(≤7.5kW),离心式水泵和压缩机,轻型输送机	1.0	1.1	1.2	1.1	1.2	1.3
载荷变动小	带式输送机(不均匀载荷),通风机(>7.5kW),旋转式水泵和压缩机,发电机,金属切削机床,印刷机,旋转筛,锯木机和木工机械	1.1	1.2	1.3	1.2	1.3	1.4
载荷变动较大	制砖机,斗式提升机,往复式水泵和压缩机,起重机,磨粉机,冲剪机床,橡胶机械,振动筛,纺织机械,重载输送机	1.2	1.3	1.4	1.4	1.5	1.6
载荷变动很大	破碎机(旋转式、颚式等),磨碎机(球磨、棒磨、管磨)	1.3	1.4	1.5	1.5	1.6	1.8

注：1. 软启动——电动机（交流启动、三角形启动、直流并励），四缸以上的内燃机，装有离心式离合器、液力联轴器的动力机。

负载启动——电动机（联机交流启动、直流复励或串励），四缸以下的内燃机。

2. 反复启动、正反转频繁、工作条件恶劣等场合，K_A 应乘 1.2。

3. 增速传动时 K_A 应乘下列因数：

增速比: 1.25~1.74　　1.75~2.49　　2.5~3.49　　≥3.5

因　数:　1.05　　　　1.11　　　　1.18　　　　1.28

表 13-4　普通 V 带轮的基准直径系列

截型	基准直径 D/mm
Y	20,22.4,25,28,31.5,35.5,40,45,50,56,63,71,80,90,100,112,125
Z	50,56,63,71,75,80,90,100,112,125,132,140,150,160,180,200,224,250,280,315,355,400,500,630
A	75,80,85,90,95,100,106,112,118,125,132,140,150,160,180,200,224,250,280,315,355,400,450,500,560,630,710,800
B	125,132,140,150,160,180,200,224,250,280,315,355,400,450,500,560,600,630,710,750,800,900,1000,1120
C	200,212,224,236,250,265,280,300,315,355,400,450,500,560,600,630,710,750,800,900,1000,1120,1250,1400,1600,2000

带速可用式(13-12) 计算，即

$$v_1 = \frac{\pi D_1 n_1}{60 \times 1000} \ (\text{m/s})$$

一般应满足 $5 < v < 25\text{m/s}$，否则重新选 D_1。

3. 确定中心距、带的基准长度和验算小带轮包角

如果中心距未给出，可根据传动的结构需要初定中心距 a_0，取

$$0.7(D_1 + D_2) < a_0 < 2(D_1 + D_2) \tag{13-18}$$

a_0 取定后，可按式(13-3)计算得到初定的 V 带基准长度 L_0，进而由表 13-1 选取接近 L_0 的基准长度 L_d，再按式(13-4)计算实际中心距 a。一般情况下也可按下式近似计算中心距 a

$$a \approx a_0 + \frac{L_d - L_0}{2} \tag{13-19}$$

考虑安装调整和补偿初拉力（如带伸长而松弛后的张紧）的需要，中心距的变动范围为：

$$a_{\min} = a - 0.015 L_d$$

$$a_{\max} = a + 0.03 L_d$$

根据式(13-1)及对包角的要求，应保证

$$\alpha_1 \approx 180° - \frac{D_2 - D_1}{a} \times 57.3° \geqslant 120° \ （至少 90°）$$

4. 确定带的根数 z

$$z \geqslant \frac{P_{ca}}{(P_0 + \Delta P_0) K_\alpha K_L} \tag{13-20}$$

式中　K_α——考虑包角不同时的影响因数，简称包角因数，查表 13-5；

　　　K_L——考虑带的长度不同时的影响因数，简称长度因数，查表 13-6；

　　　P_0——单根 V 带的基本额定功率，查表 13-7；

　　　ΔP_0——计入传动比的影响时，单根 V 带额定功率的增量，其值见表 13-8。

在确定 V 带的根数 z 时，为了使各根 V 带受力均匀，根数不宜太多（通常 $z < 10$），否则应改选带的截型，重新计算。

表 13-5　包角因数 K_α

小带轮包角/(°)	180	175	170	165	160	155	150	145	140	135	130	125	120
K_α	1.00	0.99	0.98	0.96	0.95	0.93	0.92	0.91	0.89	0.88	0.86	0.84	0.82

表 13-6　长度因数 K_L

基准长度 L_d/mm	K_L				
	Y	Z	A	B	C
400	0.96	0.87			
450	1.00	0.89			
500	1.02	0.91			
560		0.94			
630		0.96	0.81		
710		0.99	0.82		
800		1.00	0.85		
900		1.03	0.87	0.81	
1000		1.06	0.89	0.84	
1120		1.08	0.91	0.86	

基准长度 L_d/mm	K_L				
	Y	Z	A	B	C
1250		1.11	0.93	0.88	
1400		1.14	0.96	0.90	
1600		1.16	0.99	0.93	0.84
1800		1.18	1.01	0.95	0.85
2000			1.03	0.98	0.88
2240			1.06	1.00	0.91
2500			1.09	1.03	0.93
2800			1.11	1.05	0.95
3150			1.13	1.07	0.97

表 13-7 单根普通 V 带的基本额定功率 P_0/kW

带型	小带轮基准直径 D_1/mm	小带轮转速 n_1/(r/min)						
		400	730	800	980	1200	1460	2800
Z	50	0.06	0.09	0.10	0.12	0.14	0.16	0.26
	63	0.08	0.13	0.15	0.18	0.22	0.25	0.41
	71	0.09	0.17	0.20	0.23	0.27	0.31	0.50
	80	0.14	0.20	0.22	0.26	0.30	0.36	0.56
A	75	0.27	0.42	0.45	0.52	0.60	0.68	1.00
	90	0.39	0.63	0.68	0.79	0.93	1.07	1.64
	100	0.47	0.77	0.83	0.97	1.14	1.32	2.05
	112	0.56	0.93	1.00	1.18	1.39	1.62	2.51
	125	0.67	1.11	1.19	1.40	1.66	1.93	2.98
B	125	0.84	1.34	1.44	1.67	1.93	2.20	2.96
	140	1.05	1.69	1.82	2.13	2.47	2.83	3.85
	160	1.32	2.16	2.32	2.72	3.17	3.64	4.89
	180	1.59	2.61	2.81	3.30	3.85	4.41	5.76
	200	1.85	3.05	3.30	3.86	4.50	5.15	6.43
C	200	2.41	3.80	4.07	4.66	5.29	5.86	5.01
	224	2.99	4.78	5.12	5.89	6.71	7.47	6.08
	250	3.62	5.82	6.23	7.18	8.21	9.06	6.56
	280	4.32	6.99	7.52	8.65	9.81	10.74	6.13
	315	5.14	8.34	8.92	10.23	11.53	12.48	4.16
	400	7.06	11.52	12.10	13.67	15.04	15.51	—

表 13-8 单根普通 V 带额定功率的增量 ΔP_0/kW

带型	小带轮转速 n_1/(r/min)	传动比 i									
		1.00~1.01	1.02~1.04	1.05~1.08	1.09~1.12	1.13~1.18	1.19~1.24	1.25~1.34	1.35~1.51	1.52~1.99	≥2.0
Z	400	0.00	0.00	0.00	0.00	0.00	0.00	0.00	0.00	0.01	0.01
	730	0.00	0.00	0.00	0.00	0.00	0.00	0.01	0.01	0.01	0.02
	800	0.00	0.00	0.00	0.00	0.01	0.01	0.01	0.01	0.02	0.02
	980	0.00	0.00	0.00	0.01	0.01	0.01	0.01	0.02	0.02	0.02
	1200	0.00	0.00	0.01	0.01	0.01	0.01	0.02	0.02	0.02	0.03
	1460	0.00	0.00	0.01	0.01	0.01	0.02	0.02	0.02	0.02	0.03
	2800	0.00	0.01	0.02	0.02	0.03	0.03	0.03	0.04	0.04	0.04

带型	小带轮转速 n_1 /(r/min)	传动比 i								
		1.00~1.01	1.02~1.04	1.05~1.08	1.09~1.12	1.13~1.18	1.19~1.24	1.25~1.34	1.35~1.51	1.52~1.99	≥2.0
A	400	0.00	0.01	0.01	0.02	0.02	0.03	0.03	0.04	0.04	0.05
	730	0.00	0.01	0.02	0.03	0.04	0.05	0.06	0.07	0.08	0.09
	800	0.00	0.01	0.02	0.03	0.04	0.05	0.06	0.08	0.09	0.10
	980	0.00	0.01	0.03	0.04	0.05	0.06	0.07	0.08	0.10	0.11
	1200	0.00	0.02	0.03	0.05	0.07	0.08	0.10	0.11	0.13	0.15
	1460	0.00	0.02	0.04	0.06	0.08	0.09	0.11	0.13	0.15	0.17
	2800	0.00	0.04	0.08	0.11	0.15	0.19	0.23	0.26	0.30	0.34
B	400	0.00	0.01	0.03	0.04	0.06	0.07	0.08	0.10	0.11	0.13
	730	0.00	0.02	0.05	0.07	0.10	0.12	0.15	0.17	0.20	0.22
	800	0.00	0.03	0.06	0.08	0.11	0.14	0.17	0.20	0.23	0.25
	980	0.00	0.03	0.07	0.10	0.13	0.17	0.20	0.23	0.26	0.30
	1200	0.00	0.04	0.08	0.13	0.17	0.21	0.25	0.30	0.34	0.38
	1460	0.00	0.05	0.10	0.15	0.20	0.25	0.31	0.36	0.40	0.46
	2800	0.00	0.10	0.20	0.29	0.39	0.49	0.59	0.69	0.79	0.89
C	400	0.00	0.04	0.08	0.12	0.16	0.20	0.23	0.27	0.31	0.35
	730	0.00	0.07	0.14	0.21	0.27	0.34	0.41	0.48	0.55	0.62
	800	0.00	0.08	0.16	0.23	0.31	0.39	0.47	0.55	0.63	0.71
	980	0.00	0.09	0.19	0.27	0.37	0.47	0.56	0.65	0.74	0.83
	1200	0.00	0.12	0.24	0.35	0.47	0.59	0.70	0.82	0.94	1.06
	1460	0.00	0.14	0.28	0.42	0.58	0.71	0.85	0.99	1.14	1.27
	2800	0.00	0.27	0.55	0.82	1.10	1.37	1.64	1.92	2.19	2.47

5. 确定带的初拉力 F_0

保持适当的初拉力是带传动正常工作的首要条件。初拉力不足，会出现打滑；初拉力过大，将增大轴和轴承上的压力，并降低带的寿命。单根普通 V 带的初拉力可按下式计算

$$F_0 = \frac{500 P_{ca}}{zv}\left(\frac{2.5}{K_\alpha} - 1\right) + qv^2 \tag{13-21}$$

式中　q——V 带单位长度的质量，kg/m，见表 13-1。

式（13-21）中，qv^2 是用来考虑离心力对初拉力的影响。

由于新带容易松弛，所以对非自动张紧的带传动，安装新带时的初拉力应为式（13-21）计算初拉力的 1.5 倍。

6. 确定带传动作用在轴上的力（压轴力）F_Q

为了设计安装带轮的轴和轴承，必须确定带传动作用在轴上的力 F_Q。压轴力 F_Q 可近似地按带的两边的初拉力 F_0 的合力来计算（图 13-12），即

$$F_Q = 2zF_0\cos\frac{\beta}{2} = 2zF_0\sin\frac{\alpha}{2} \tag{13-22}$$

【例 13-1】　设计某液体搅拌机的 V 带传动。选用 Y100L2-4 电动机，额定功率 $P = 3\text{kW}$，转速 $n_1 = 1420\text{r/min}$，从动轮转速 $n_2 = 350\text{r/min}$，二班制工作。

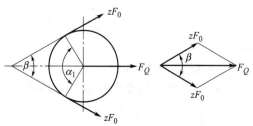

图 13-12　带传动作用在轴上的力

解 （1）确定 V 带截型

选用普通 V 带传动。由表 13-3 查得 $K_A = 1.2$，故

$$P_{ca} = K_A P = 1.2 \times 3 = 3.6 \text{（kW）}$$

根据 P_{ca} 和 n_1 由图 13-11 确定选用 A 型带。

（2）确定带轮基准直径和验算带速

根据表 13-2 及表 13-4 初选主动轮基准直径 $D_1 = 90$mm，从动轮基准直径 D_2 按式（13-17）计算，若滑动率 $\varepsilon = 0.02$，则

$$D_2 = D_1 \frac{n_1}{n_2}(1 - \varepsilon) = 90 \times \frac{1420}{350} \times (1 - 0.02) = 357.84 \text{（mm）}$$

由表 13-4 取 $D_2 = 355$mm。

$$v_1 = \frac{\pi D_1 n_1}{60 \times 1000} = \frac{3.14 \times 90 \times 1420}{60 \times 1000} = 6.69 \text{（m/s）}$$

满足 5m/s$< v <$25m/s，合适。

（3）确定中心距 a、带的基准长度 L_d 和验算包角 α_1

按式（13-18）初定中心距 $a_0 = 500$mm。并代入式（13-3）得计算带长 L_0。

$$L_0 \approx 2a + \frac{\pi}{2}(D_2 + D_1) + \frac{(D_2 - D_1)^2}{4a}$$

$$= 2 \times 500 + \frac{3.14}{2}(355 + 90) + \frac{(355 - 90)^2}{2 \times 500} = 1768.9 \text{（mm）}$$

由表 13-1 选取 $L_d = 1800$mm，则实际中心距

$$a = a_0 + \frac{L_d - L_0}{2} = 500 + \frac{1800 - 1768.9}{2} \approx 516 \text{（mm）}$$

由式（13-1）得

$$\alpha_1 \approx 180° - \frac{D_2 - D_1}{a} \times 57.3° = 180° - \frac{355 - 90}{516} \times 57.3° = 150.6° > 120°，合适。$$

（4）确定带的根数 z

由 $D_1 = 90$mm，$i = \dfrac{D_2}{D_1(1 - \varepsilon)} = \dfrac{355}{90(1 - 0.02)} = 4.025$，$n_1 = 1420$r/min 查表 13-7 利用

内插法得 $\qquad\qquad\qquad\qquad P_0 = 1.05 \text{（kW）}$

查表 13-8 得 $\qquad\qquad\qquad\qquad \Delta P_0 = 0.17 \text{（kW）}$

因 $\alpha_1 = 150.6°$，查表 13-5 得 $\qquad K_\alpha = 0.92$

因 $L_d = 1800$mm，查表 13-6 得 $\qquad K_L = 1.01$

由式（13-20）得

$$z \geqslant \frac{P_{ca}}{(P_0 + \Delta P_0)K_\alpha K_L} = \frac{3.6}{(1.05 + 0.17) \times 0.92 \times 1.01} = 3.18$$

取 $z = 4$。

（5）确定带的初拉力 F_0

由式（13-21）得单根普通 V 带的初拉力

$$F_0 = \frac{500 P_{ca}}{zv}\left(\frac{2.5}{K_\alpha} - 1\right) + qv^2 = \frac{500 \times 3.6}{4 \times 6.69}\left(\frac{2.5}{0.92} - 1\right) + 0.1 \times 6.69^2 \approx 120 \text{（N）}$$

式中 q 由表 13-1 查取，A 型带 $q = 0.10$kg/m。

（6）确定带传动作用在轴上的力 F_Q

由式(13-22) 得

$$F_Q = 2zF_0 \sin \frac{\alpha_1}{2} = 2 \times 4120 \times \sin \frac{150.6°}{2} = 928.6 \ (\text{N})$$

（7）带传动的结构设计（略）

习　题

13-1　已知 V 带传动的功率 $P = 5.5\text{kW}$，小带轮基准直径 $D_1 = 125\text{mm}$，转速 $n_1 = 1440\text{r/min}$，求传动时带内的有效拉力 F_e。

13-2　已知一 V 带传动，小带轮基准直径 $D_1 = 140\text{mm}$，大带轮基准直径 $D_2 = 355\text{mm}$，小带轮转速 $n_1 = 1440\text{r/min}$，滑动率 $\varepsilon = 0.02$，试求由于弹性滑动在 5min 内引起的大带轮转数损失。

13-3　某搅拌机采用普通 V 带传动。已知传动的功率 $P = 1.5\text{kW}$，小带轮转速 $n_1 = 1400\text{r/min}$，传动比 $i = 3$，三班制工作，根据传动布置要求中心距 a 不小于 400mm，试设计此 V 带传动。

第十四章
齿轮传动

第一节　齿轮传动的特点和分类

　　齿轮传动是现代机械中应用最广的一种传动型式。其主要优点是：效率高，传动比稳定，工作可靠，寿命长；适用的速度和传递的功率范围广，圆周速度可达 300m/s，功率可达 10^5 kW；可实现平行轴、相交轴和交错轴之间的传动。其主要缺点是：需要专门的制造设备，成本较高；精度低时噪声和振动较大；不宜用在轴间距离较大的传动等。

　　齿轮传动的类型很多。按照两齿轮轴线的相对位置及齿线形状可分为：①平行轴齿轮传动，它包括直齿圆柱齿轮、斜齿圆柱齿轮和人字齿轮传动［图 14-1(a)、(b)、(c)］，外啮合、内啮合圆柱齿轮传动和齿轮及齿条传动［图 14-1(a)、(d)、(h)］；②相交轴圆锥齿轮传动，它包括直齿和曲齿锥齿轮传动［图 14-1(e)、(f)］；③交错轴齿轮传动，它包括交错轴斜齿轮传动［图 14-1(g)］。

　　按照工作条件齿轮传动又可分为闭式传动、开式传动和半开式传动。在闭式传动中，齿

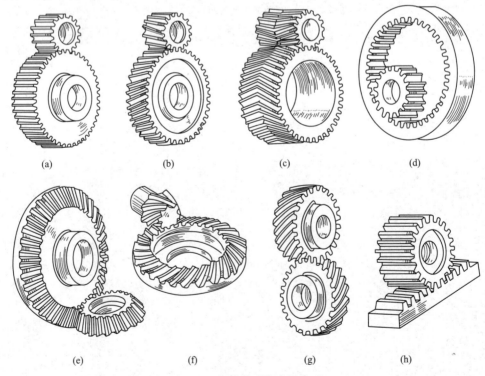

(a)　　　　　　(b)　　　　　　(c)　　　　　　(d)

(e)　　　　　　(f)　　　　　　(g)　　　　　　(h)

图 14-1　齿轮传动的主要类型

轮和轴承全部封闭在刚性箱体内，有良好的润滑条件，应用广泛。开式齿轮传动的齿轮完全外露，灰尘和杂物容易落入啮合区，也不能保证良好的润滑，齿面易磨损。半开式齿轮传动有简单的防护罩，较开式齿轮工作条件好，但仍有灰尘等落入。开式传动和半开式传动多用于低速传动和不重要的场合。

第二节　齿廓啮合基本定律

　　齿轮传动是依靠主动轮的轮齿逐齿推动从动轮的轮齿进行工作的。对传动的基本要求之一是瞬时传动比应保持恒定，否则当主动轮以等角速度回转时，从动轮的角速度的大小随时间变化因而在齿轮装置中引起冲击、振动与噪声，影响齿轮传动的工作精度，甚至可导致轮齿过早地失效。

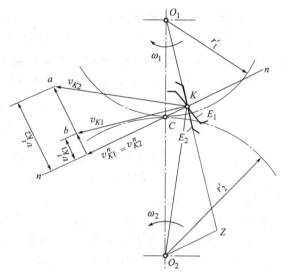

图 14-2　齿廓曲线与齿轮传动比的关系

　　要保证瞬时传动比恒定不变，齿轮的齿廓曲线必须符合一定的条件。图14-2表示齿轮 1 和 2 的齿廓 E_1 和 E_2 在 K 点接触，两轮的角速度分别为 ω_1 和 ω_2，在 K 点的线速度分别为 $v_{K1}=\omega_1 \overline{O_1K}$，$v_{K2}=\omega_2 \overline{O_2K}$。过 K 点作两齿廓的公法线 nn，与连心线 O_1O_2 交于 C 点。v_{K1} 和 v_{K2} 在公法线 nn 上的分速度应相等，否则两齿廓将会被压坏或分离，即 $v_{K1}^n = v_{K2}^n$。

　　过 O_2 作 $\overline{O_2Z}\,/\!/\,\overline{nn}$，与 $\overline{O_1K}$ 的延长线交于 Z 点，因 $\triangle Kab$ 与 $\triangle KO_2Z$ 的对应边互相垂直，所以 $\triangle Kab \backsim \triangle KO_2Z$，故

$$\frac{\overline{KZ}}{\overline{O_2K}}=\frac{\overline{Kb}}{\overline{Ka}}=\frac{v_{K1}}{v_{K2}}=\frac{\omega_1 \overline{O_1K}}{\omega_2 \overline{O_2K}}$$

由上式可得

$$i_{12}=\frac{\omega_1}{\omega_2}=\frac{\overline{KZ}}{\overline{O_1K}}$$

又因 $\triangle O_1O_2Z \backsim \triangle O_1CK$，故

$$\frac{\overline{KZ}}{\overline{O_1K}}=\frac{\overline{O_2C}}{\overline{O_1C}}$$

由此得到

$$i_{12}=\frac{\omega_1}{\omega_2}=\frac{\overline{KZ}}{\overline{O_1K}}=\frac{\overline{O_2C}}{\overline{O_1C}} \qquad (14\text{-}1)$$

　　式（14-1）表明，相互啮合传动的一对齿轮，在任一位置时的传动比，都与其连接 O_1O_2 被其啮合齿廓在接触点处的公法线所分成的两段长成反比。这一规律称为齿廓啮合基本定律。根据这一定律可知，齿轮的瞬时传动比与齿廓形状有关，可根据齿廓曲线来确定齿轮的传动比；反之，也可以根据给定的传动比来确定齿廓曲线。

　　由式（14-1）可知，欲保证传动比 i_{12} 恒定，则比值 $\dfrac{\overline{O_2C}}{\overline{O_1C}}$ 应为常数。因两轮中心距 O_1O_2

为定长，故欲满足上述要求，C 点应为连心线 O_1O_2 上的一固定点。这个定点 C 称为节点。

为使齿轮传动保持传动比恒定，两轮齿廓曲线必须符合下述条件：两轮齿廓不论在任何位置接触，过接触点（啮合点）所作的两齿廓的公法线必须与连心线交于一定点 C。

凡满足上述定律而相互啮合的一对齿廓，称为共轭齿廓。理论上，共轭齿廓曲线有无穷多。然而，在生产中，齿廓曲线的选择还必须综合考虑制造、安装和强度等各个方面的要求，因此在机械中常采用的齿廓曲线有渐开线、摆线和圆弧等，其中应用最广泛的是渐开线齿廓。

本章主要讨论渐开线齿廓传动。

第三节 渐开线及渐开线齿廓

一、渐开线的形成及其性质

如图 14-3 所示，当直线 L 沿半径为 r_b 的圆作纯滚动时，直线上任一点的轨迹称为该圆的渐开线，这个圆称为渐开线的基圆，直线 L 称为渐开线的发生线。

根据渐开线的形成过程，可知渐开线有下列性质。

① 发生线在基圆上滚过的一段长度等于基圆上相应的弧长，即

$$\overline{BK} = \overset{\frown}{AB}$$

② 因发生线沿基圆滚动时，B 点是其瞬时转动中心，故发生线 $\overline{BK}$ 是渐开线上 K 点的法线。由于发生线始终与基圆相切，所以渐开线上任一点的法线必与基圆相切。切点 B 就是渐开线上 K 点的曲率中心，线段 BK 为 K 点的曲率半径。随着 K 点离基圆愈远，相应的曲率半径愈大；反之，K 点离基圆愈近，相应的曲率半径愈小。

③ 渐开线是从基圆开始向外展开的，故基圆内无渐开线。

④ 渐开线的形状决定于基圆的大小。如图 14-4 所示，基圆半径愈小渐开线愈弯曲；基圆半径愈大渐开线愈平直。基圆半径为无穷大时，渐开线成为直线，它就是齿条的齿廓。

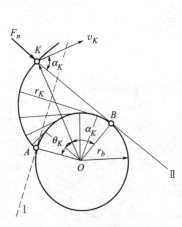

图 14-3 渐开线的形成

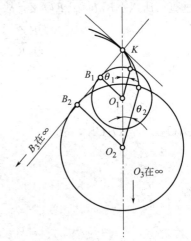

图 14-4 不同基圆的齿廓曲线

⑤ 渐开线上任一点法向压力 F_n 的方向线（即渐开线上该点的法线）和该点速度方向所夹锐角 α_K，称为该点的压力角。由图 14-3 可知

$$\cos\alpha_K = \frac{\overline{OB}}{\overline{OK}} = \frac{r_b}{r_K} \tag{14-2}$$

因为对于已制造好的齿轮，基圆半径 r_b 为定值，各点的 r_K 不同，故渐开线上各点的压力角是变化的，随着 r_K 的增大而增大，在基圆上的压力角 α_b 为零。

二、渐开线齿廓符合齿廓啮合的基本定律

以渐开线作为齿廓曲线的齿轮称为渐开线齿轮。这种齿轮传动能满足传动比恒定不变的要求。如图 14-5 所示，两渐开线齿轮的基圆半径分别为 r_{b1}、r_{b2}，过两轮齿廓啮合点 K 作两齿廓的公法线 nn，根据渐开线的性质，该公法线必同时与两基圆相切，为两基圆的内公切线，其切点为 N_1、N_2。由于两轮的基圆为定圆，在同一方向的内公切线只有一条，所以无论两齿廓在何处接触（如虚线位置），过接触点齿廓的公法线 nn 为一固定直线，与连心线 O_1O_2 的交点 C 是一定点。这表明渐开线齿廓能满足齿廓啮合的基本定律，其传动比

$$i_{12}=\frac{\omega_1}{\omega_2}=\frac{\overline{O_2C}}{\overline{O_1C}}=\frac{r_{b2}}{r_{b1}} \tag{14-3}$$

上式表明渐开线齿廓的传动比为定值，并与两轮的基圆半径成反比。

若以 O_1、O_2 为圆心，以 $\overline{O_1C}$、$\overline{O_2C}$ 为半径作圆，则两齿轮的传动就相当于这一对相切的圆作纯滚动。这对相切的圆称为齿轮的节圆，其半径分别以 r_1' 和 r_2' 表示。显然，两轮的传动比也等于其节圆半径的反比，即 $i_{12}=r_2'/r_1'$。

齿廓啮合时，其齿廓啮合点（接触点）的轨迹称为啮合线。如前所述，由于两渐开线齿廓接触点的公法线总是与两基圆的内公切线 N_1N_2 相重合，因此，内公切线 N_1N_2 即为渐开线齿廓的啮合线。

如图 14-5 所示，过节点 C 作两节圆的公切线 tt，它与啮合线 N_1N_2 间的夹角称为啮合角，用 α' 表示。显然，一对齿轮传动的啮合角在数值上等于渐开线在节圆上的压力角。由于渐开线齿廓的啮合线是一条定直线 N_1N_2，故啮合角的大小始终保持恒定。

当不考虑齿廓间的摩擦力影响时，齿廓间的压力是沿着接触点的公法线方向作用的，即渐开线齿廓间压力的作用方向保持不变。

三、渐开线齿轮传动的可分性

由式(14-3)可知，两渐开线齿廓的传动比恒等于基圆半径的反比。因此，由于制造、安装误差，以及轴承的磨

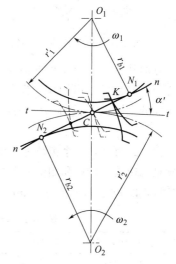

图 14-5 渐开线齿廓符合啮合的基本定律

损和轴的受载变形等原因，使两渐开线齿轮实际中心距与原来设计的中心距产生偏差，但是两齿轮的基圆并没有改变，故传动比仍将保持不变。渐开线齿轮的这一特性称为渐开线齿轮传动的可分性。这种可分性给齿轮的制造、安装带来很大的方便。但是中心距的增大，将使两轮齿廓之间的间隙（齿侧间隙）增大，从而传动时会发生冲击、噪声等。因此，渐开线齿轮传动的中心距不可任意增大，而是有一定限制的。

四、渐开线齿廓间的相对滑动

由图 14-2 可知，两齿廓在公法线 nn 上的分速度必定相等，但在齿廓接触点公切线上的分速度不一定相等，因此，在啮合传动时，齿廓之间将产生相对滑动。齿廓间的相对滑动将引起啮合时的摩擦损失和齿廓的磨损。在节点 C 处啮合时，因两齿廓接触点的速度相等，故齿廓间没有相对滑动，啮合点距节点 C 愈远相对滑动速度愈大。

第四节　齿轮各部分名称及标准直齿圆柱齿轮的基本尺寸

图 14-6 所示为一渐开线直齿圆柱齿轮，其轮齿的两侧是由形状相同，方向相反的渐开线曲面组成。

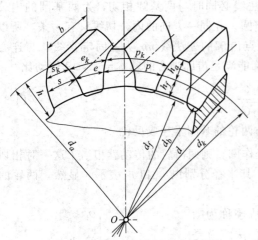

图 14-6　齿轮各部分的名称、代号

在齿轮整个圆周上轮齿的总数称为齿数，常以 z 表示。齿顶所确定的圆称为齿顶圆，其直径用 d_a 表示。相邻两齿之间的空间称为齿槽。齿槽底部所确定的圆称为齿根圆，其直径用 d_f 表示。

在齿轮任意直径 d_k 的圆周上，轮齿两侧齿廓之间的弧长称为该圆上的齿厚，用 s_k 表示。齿槽两侧齿廓之间的弧长称为该圆上的齿槽宽，用 e_k 表示。相邻两齿同侧齿廓之间的弧长称为该圆上的齿距，用 p_k 表示，显然

$$p_k = s_k + e_k \qquad (14\text{-}4)$$

为了计算出齿轮各部分的几何尺寸，在齿顶圆和齿根圆之间，取一直径为 d 的圆作为计算的基准圆。对于标准齿轮而言，其基准圆上的齿厚与齿槽宽相等，该圆称为分度圆。分度圆上的齿厚、齿槽宽和齿距分别用 s、e 和 p 表示，即 $e=s$，$p=s+e$。根据齿距的定义可知分度圆的周长为 $\pi d = zp$，故得

$$d = zp/\pi$$

由上式可知，一个齿数为 z 的齿轮，只要其齿距 p 一定，即可求出分度圆直径 d，但式中的 π 是无理数，计算和测量都不方便。为此，规定比值 p/π 等于整数或简单的有理数，并称为模数，以 m 表示，单位为 mm。表 14-1 为国标 GB/T 1357—2008 规定的标准模数系列。

表 14-1　渐开线圆柱齿轮模数 GB/T 1357—2008（摘）

第一系列	1,1.25,1.5,2,2.5,3,4,5,6,8,10,12,16,20,25,32,40,50
第二系列	1.75,2.25,2.75,(3.25),3.5,(3.75),4.5,5.5,(6.5),7,9,(11),14,18,22,28,36,45

注：1. 本标准适用于渐开线圆柱齿轮，对于斜齿轮是指法向模数，对于直齿圆锥齿轮是指大端模数。

2. 优先采用第一系列，括号内数值尽可能不用。

模数是计算齿轮几何尺寸的一个基本参数。齿轮分度圆直径 d 可表示为

$$d = mz \qquad (14\text{-}5)$$

上式表明，当齿数 z 和模数 m 一定时，齿轮的分度圆直径即为一定值。

渐开线上各点的压力角不同。通常将渐开线在分度圆上的压力角称为压力角，用 α 表示。中国规定标准齿轮的压力角 $\alpha = 20°$，其他国家常用压力角除 $20°$ 外，还有 $14.5°$、$15°$、$22.5°$、$25°$ 等。

显然，齿轮分度圆是齿轮上具有标准模数和标准压力角的圆。轮齿上分度圆到齿顶圆的径向高度称为齿顶高，以 h_a 表示。齿根圆到分度圆的径向高度称为齿根高，以 h_f 表示。齿根圆到齿顶圆的径向高度称为全齿高，用 h 表示，故

$$h = h_a + h_f \qquad (14\text{-}6)$$

齿轮的齿顶高和齿根高规定为

$$h_a = h_a^* m \tag{14-7}$$

$$h_f = (h_a^* + c^*)\, m \tag{14-8}$$

式中，h_a^* 和 c^* 分别称为齿顶高因数和径向间隙因数，其标准值如表 14-2 所示。一轮齿顶与另一轮齿根之间的径向间隙称为顶隙，用 c 表示，其值 $c = c^* m$。顶隙不仅可避免传动时轮齿互相顶撞，且有利于储存润滑油。

表 14-2 渐开线圆柱齿轮的齿顶高因数和顶隙因数

系数	正常齿制	短齿制
h_a^*	1.0	0.8
c^*	0.25	0.3

若一齿轮的模数、分度圆、压力角、齿顶高因数和顶隙因数均为标准值，且其分度圆上齿厚与齿槽宽相等，则称为标准齿轮。对于标准齿轮

$$s = e = \frac{\pi m}{2} \tag{14-9}$$

将式(14-2)用于分度圆可得基圆直径的计算公式

$$d_b = d \cos\alpha \tag{14-10}$$

如图 14-7 所示，一对模数相等的标准齿轮，正确安装时，两轮的分度圆相切，即节圆与分度圆重合，啮合角 α' 等于压力角 α。因此，一对标准齿轮正确安装的中心距即标准中心距为

$$a = r_1' + r_2' = r_1 + r_2 = \frac{1}{2}m(z_1 + z_2) \tag{14-11}$$

应当指出，分度圆和压力角是单个齿轮本身所具有的，而节圆和啮合角是两个齿轮啮合时才出现的。

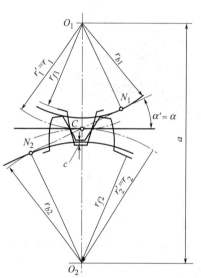

图 14-7 一对标准齿轮的正确安装

一对标准齿轮只有在正确安装时节圆半径才等于分度圆半径，即 $r' = r$，此时压力角与啮合角才相等。标准直齿圆柱齿轮传动参数和几何尺寸关系计算公式列于表 14-3。

表 14-3 外啮合标准直齿圆柱齿轮的几何尺寸计算

名 称	符 号	计 算 公 式	备 注
模数	m	根据强度计算或结构需要而定	m 为标准值
压力角	α	$\alpha = 20°$	
分度圆直径	d	$d_1 = mz_1$, $d_2 = mz_2$	
齿顶高	h_a	$h_a = m$	正常齿
齿根高	h_f	$h_f = 1.25m$	正常齿
全齿高	h	$h = h_a + h_f = 2.25m$	正常齿
顶隙	c	$c = 0.25m$	正常齿
齿顶圆直径	d_a	$d_a = m(z+2)$	
齿根圆直径	d_f	$d_f = m(z-2.5)$	
基圆直径	d_b	$d_{b1} = d_1 \cos\alpha$, $d_{b2} = d_2 \cos\alpha$	
齿距	p	$p = \pi m$	
齿厚	s	$s = \frac{\pi}{2}m$	分度圆上
齿槽宽	e	$e = \frac{\pi}{2}m$	分度圆上
中心距	a	$a = \frac{1}{2}(d_1 + d_2) = \frac{1}{2}(z_1 + z_2)m$	
基节	p_b	$p_b = p \cos\alpha$	

第五节　渐开线齿轮的正确啮合条件和连续传动条件

一、渐开线齿轮传动的正确啮合条件

齿轮传动是靠齿轮上的轮齿依次啮合来实现的。如图 14-8 所示，由于两轮齿廓是沿着啮合线进行啮合的，故只有当两齿轮在啮合线上的齿距即法线齿距相等 $[(B_2K)_1=(B_2K)_2=p_N]$，才能保证两齿轮的相邻齿廓相互正确啮合。

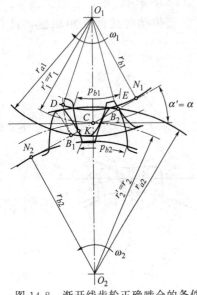

根据渐开线性质，齿轮的法线齿距 p_N 等于基圆齿距 p_b，因此，两轮在啮合线上齿距相等也可认为是两轮的基圆齿距相等。故渐开线齿轮正确啮合的条件可写为

$$p_{b1}=p_{b2}$$

因为

$$p_{b1}=\frac{\pi d_{b1}}{z_1}=\frac{\pi d_1\cos\alpha_1}{z_1}=\pi m_1\cos\alpha_1$$

$$p_{b2}=\frac{\pi d_{b2}}{z_2}=\pi m_2\cos\alpha_2$$

故两轮基圆齿距相等的条件又可写为

$$m_1\cos\alpha_1=m_2\cos\alpha_2 \tag{14-12}$$

由于模数和压力角已经标准化，为满足式(14-12)

图 14-8　渐开线齿轮正确啮合的条件

则应使

$$m_1=m_2=m，\ \alpha_1=\alpha_2=\alpha \tag{14-13}$$

上式表明，渐开线齿轮的正确啮合条件又可表述为：两齿轮的分度圆压力角和模数必须分别相等。

二、渐开线齿轮连续传动条件

如图 14-8 所示，齿廓的啮合是起始于主动轮 1 的齿根部推动从动轮 2 的齿顶，即从动轮齿顶圆与啮合线的交点 B_2 是一对齿廓进入啮合的起始点。当轮 1 继续推动轮 2 转动时，啮合点将沿着啮合线移动。当啮合点移动到齿轮 1 的齿顶圆与啮合线的交点 B_1 时（图中齿廓虚线位置），齿廓啮合终止。线段 B_1B_2 为齿廓啮合点的实际轨迹，称为实际啮合线段。而线段 N_1N_2 称为理论啮合线段。

在啮合过程中，如果前一对齿到达 B_1 点终止啮合时，而后一对轮齿尚未在啮合线上进入啮合，则不能保证两轮实现定传动比的连续传动，从而破坏了传动的平稳性。为了避免此种现象发生，应使 $B_1B_2 \geqslant p_b$ 或 $B_1B_2/p_b \geqslant 1$。

实际啮合线长度与基圆齿距的比值称为齿轮的重合度，用 ε_a 表示，即

$$\varepsilon_a=\frac{\overline{B_1B_2}}{p_b}\geqslant 1 \tag{14-14}$$

经过几何关系换算，可得 ε_a 的计算公式

$$\varepsilon_a=\frac{1}{2\pi}[z_1(\tan\alpha_{a1}-\tan\alpha')+z_2(\tan\alpha_{a2}-\tan\alpha')] \tag{14-15}$$

式中，z_1、z_2 为两轮齿数；α_{a1}、α_{a2} 为两轮的齿顶压力角（$\alpha_a=\arccos\dfrac{r\cos\alpha}{r_a}$）；$\alpha'$ 为啮

合角，标准齿轮传动 $\alpha=\alpha'$。

理论上，当 $\varepsilon_a=1$ 即可，但考虑到齿轮的制造和安装误差以及啮合传动中轮齿变形，实际是 ε_a 应大于 1。一般机械制造中，常使 $\varepsilon_a \geqslant 1.1\sim1.4$。

第六节 轮齿的根切现象及最少齿数

一、渐开线齿轮的切齿原理

齿轮轮齿的加工方法很多，其中最常用的是切削法。按其切齿原理切削法又可分为仿形法与范成法两类。

1. 仿形法

仿形法是用与齿轮齿槽形状相同的圆盘铣刀 [图 14-9(a)] 或指状铣刀 [图 14-9(b)] 在铣床上进行加工。

这种方法加工出的齿轮精度低，而且是一个齿一个齿切削，为不连续切削，故生产率很低，所需刀具数量多，但加工设备简单，刀具价廉，多用于修配、单件生产或小批量生产中。

2. 范成法（展成法）

范成法是利用一对齿轮（或齿轮与齿条）互相啮合时其共轭齿廓互为包络线的原理来切齿的。这种方法采用的刀

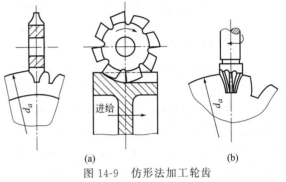

图 14-9 仿形法加工轮齿

具主要有齿轮插刀、齿条插刀和齿轮滚刀。由于加工精度及生产率较高，是目前轮齿切削加工的主要方法。

（1）齿轮插刀 齿轮插刀的形状如图 14-10(a) 所示，刀具顶部比正常齿高出 $c^* m$，以便切出径向间隙部分，齿轮插刀的模数和压力角与被加工齿轮相同。加工时，齿轮插刀沿轮坯轴线方向作上下往复的切削运动，同时，插齿机的传动系统严格保证插齿刀与轮坯之间的啮合运动关系。此外，为了避免插齿刀在空行程时擦伤齿面，轮坯还需作径向让刀运动。这样切削出来的轮齿齿廓，如图 14-10(b) 所示，它是齿轮插刀刀刃相对轮坯运动过程中刀刃各位置的包络线。通过改变齿轮插刀与轮坯的传动比，即可用一把齿轮插刀加工出模数和压力角相同而齿数不同的若干个齿轮。

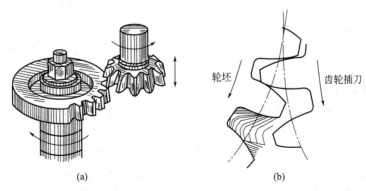

图 14-10 齿轮插刀切齿

（2）齿条插刀　齿条插刀又叫梳齿刀。当齿轮插刀的齿数增加到无穷多时，其基圆半径变为无穷大，插刀的齿廓变成直线，如图 14-11 所示，齿轮插刀就变成齿条插刀 1。图 14-12 所示为齿条插刀的刀刃形状，其齿顶高比齿条的齿顶高高出 c^*m，以便切出齿轮的齿根，保证传动时的顶隙。

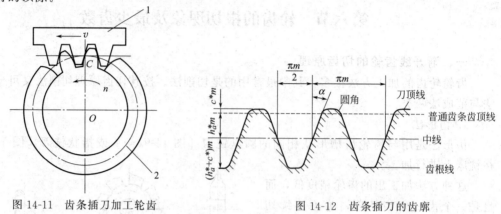

图 14-11　齿条插刀加工轮齿　　　　　　图 14-12　齿条插刀的齿廓

（3）齿轮滚刀　齿轮滚刀能连续切削，生产率较高，目前广泛采用。图 14-13 所示为用齿轮滚刀在滚齿机上加工齿轮。图 14-13 中滚刀 1 的形状很像沿纵向开了沟槽的螺旋，其轴向截面为一齿条。滚刀转动时就相当于齿条移动，轮坯 2 相当于与齿条插刀作啮合运动的齿轮，从而滚刀能按范成原理连续切出轮坯上的渐开线齿廓。滚刀除了旋转外，还需沿着轮坯轴向缓慢移动，从而切出整个齿宽。与齿轮插刀一样，用一把滚刀可加工出模数和压力角相同，而齿数不同的齿轮，但不能加工内齿轮。

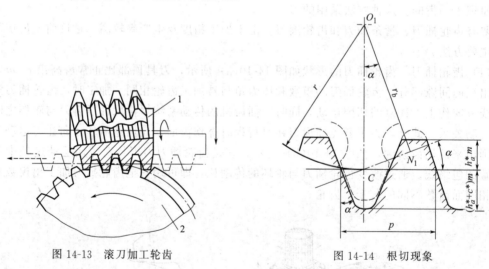

图 14-13　滚刀加工轮齿　　　　　　图 14-14　根切现象

二、根切现象及最少齿数 z_{min}

为了减小齿轮传动的尺寸和重量，当传动比和模数一定时，希望选用齿数 z_1 较少的小齿轮，从而使大齿轮齿数 z_2 及齿数和 $z_1 + z_2$ 也随之减少。但是对于渐开线标准齿轮，其最少齿数是有限制的。如图 14-14 所示，当齿条插刀加工轮齿时，若刀具顶线超过啮合线与被加工齿轮基圆切点 N_1，则刀刃将会切去一部分已加工出的轮齿根部齿廓，如图 14-14 中虚线齿廓，这种现象称为根切。根切会使轮齿根部削弱，抗弯强度降低，重合度减小，故应设法避免。

由于刀具已经标准化，故是否根切取决于啮合线与被加工齿轮基圆切点 N_1 的位置是否在刀具顶线之内。

如图 14-15 所示，被加工齿轮的基圆半径为 r_b，圆心在 O_1 处，基圆与啮合线的切点 N_1 正好在刀具顶线上，这是正好不产生根切的极限情况。若被加工齿轮基圆半径 r'_b 小于前面的 r_b，N'_1 点位于刀具顶线之内，则要产生根切。反之，若被加工齿轮的基圆半径 r''_b 大于前面的 r_b，N''_1 点位于刀具齿顶之外，则不会产生根切。由于刀具的刀刃尺寸是一定的，所以是否产生根切与被加工齿轮的直径有关，在模数一定的情况下，则仅与被加工齿轮的齿数 z 有关。由图 14-15 可知，用齿条插刀加工时，不发生根切的最少齿数为：

$$z_{\min} = \frac{2\overline{O_1 C}}{m} = \frac{2\overline{CN_1}}{m\sin\alpha} = \frac{2h_a^*}{\sin^2\alpha} \qquad (14\text{-}16)$$

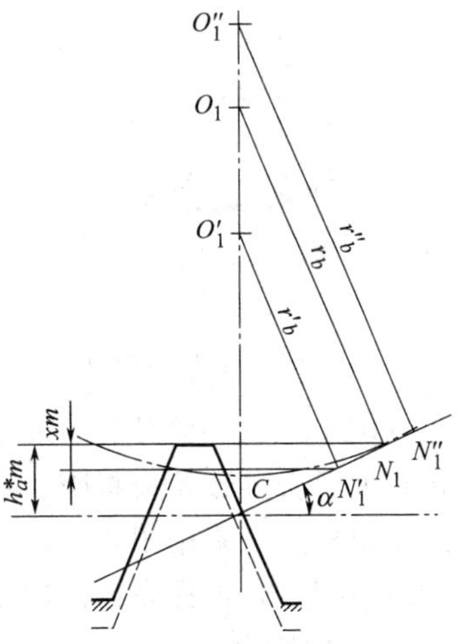

式中，h_a^* 为齿顶高系数，α 为标准压力角。

图 14-15　齿轮的最少齿数

对于 $\alpha = 20°$ 和 $h_a^* = 1$ 的正常齿制标准渐开线齿轮，当用齿条插刀加工时，其最少齿数 $z_{\min} = 17$。若允许略有根切，则正常齿标准齿轮的实际最少齿数可取 14。

由于传动比的要求或传动尺寸的限制，有时需要小齿轮齿数 $z_1 < z_{\min}$。若此时的 z_1 对应于基圆半径 r'_b，为了使轮齿不发生根切，可将齿条插刀向外移出距离 xm，让刀具顶线不超过 N'_1 点。这样切出的齿轮，分度圆上的齿厚大于齿槽宽，这种齿轮称为变位齿轮。变位齿轮的齿顶圆和齿根圆较标准齿轮也有所改变。采用刀具变位来加工齿轮，不仅可制出齿数小于 $z_{\min}$ 且无根切的齿轮，而且还能增加齿厚，提高轮齿的弯曲强度以及配凑中心距等。

第七节　轮齿的失效和齿轮材料

一、轮齿的失效

1. 轮齿折断

轮齿受力后，在齿根处产生的弯曲应力最大，又由于齿根过渡圆角处有应力集中，因此，当作用于轮齿齿根的交变应力超过了齿轮材料的疲劳极限，则在齿根圆角处将产生疲劳裂纹，随着裂纹的不断扩展，最终导致轮齿的疲劳折断（图 14-16）。当轮齿单侧工作时，弯曲应力是按脉动循环变化；双侧工作时，弯曲应力是按对称循环变化。此外，轮齿因短时意外的严重过载而引起轮齿突然折断，称为过载折断。

2. 齿面点蚀

轮齿啮合中，由于齿面啮合点处的接触应力是脉动循环应力，且应力值很大，故在齿轮工作一定时间后首先在靠近节线的齿根表面或次表面上产生细微的疲劳裂纹，这些疲劳裂纹的扩展，导致金属微粒剥落，形成图 14-17 所示的凹坑，这种现象称为点蚀。点蚀出现后，齿面不再是完整的渐开线曲面，从而影响轮齿的正常啮合，产生冲击和噪声，进而凹坑扩展到整个齿面而导致传动失效。点蚀常发生在闭式软齿面（硬度<350HBS）齿轮传动中。

在开式齿轮传动中，由于灰砂、金属屑等磨料的存在，齿面磨损较快，表面或次表面上产生的很薄的疲劳裂纹会很快被磨掉，而不致发展成为点蚀。

3. 齿面磨损

由于在啮合点两渐开线齿廓之间有相对滑动，故在载荷作用下会引起齿面磨损。严重的

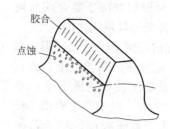
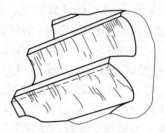

图 14-16　齿根的疲劳裂纹　　　　图 14-17　齿面的疲劳点蚀和胶合　　　图 14-18　齿面磨损

磨损（图 14-18），将使齿面渐开线齿形失真，从而引起振动、冲击和噪声，当轮齿磨薄到一定程度时会导致轮齿折断。在开式传动中，特别是在多灰尘场合，齿面磨损是轮齿失效的一种主要形式。采用闭式传动，保持良好的润滑和密封条件，提高齿轮表面质量，注意装配时的清洁度，合理提高齿面硬度并选择合理的硬度匹配等，都可以大大减轻齿面磨损。

4. 齿面胶合

在高速重载齿轮传动中，若润滑不良或因齿面的压力很大，温度升高，润滑油黏度降低，容易导致油膜破裂使齿面金属直接接触，并发生熔焊现象。由于两齿面间存在相对滑动，则较软的齿面上的金属被撕下，从而在齿面上形成与滑动方向一致的沟槽状伤痕，如图 14-17 所示，这种现象称为齿面胶合。

为了防止产生胶合，可适当提高齿面硬度和降低表面粗糙度，对于低速传动应采用黏度大的润滑油，高速传动宜采用含抗胶合添加剂的润滑油，也可以减小齿轮模数，降低齿高，用以减小齿面的相对滑动速度，此外还可以采用变位与修形的齿轮。

5. 齿面塑性变形

在重载作用下，较软的齿面上可能产生局部的塑性变形。这种失效形式多发生在低速、过载和振动频繁的传动中。

二、齿轮的材料

为了使齿面具有较高的抗磨损、抗点蚀、抗胶合及抗塑性变形的能力，而齿根要有较高的抗折断能力，对轮齿材料性能的基本要求为：齿面要硬，齿芯要韧。

常用的齿轮材料是各种牌号的优质碳素钢、合金钢、铸钢和铸铁等。一般多采用锻件或轧制钢材。在某些情况下，也常采用有色金属和非金属材料。常用的齿轮材料及热处理后的力学性能见表 14-4。

表 14-4　齿轮常用材料及力学性能

材料牌号	热处理方法	强度极限 σ_b/MPa	屈服极限 σ_s/MPa	硬度	
				HBS	HRC（齿面）
45	正火	580	290	162～217	
	调质	650	360	217～255	
	表面淬火				40～50
35SiMn,42SiMn	调质	750	470	217～269	
	表面淬火				45～55
40MnB	调质	750	500	241～286	
38SiMnMo	调质	700	550	217～269	
	表面淬火				45～55
35CrMo	调质	700	500	207～269	
	表面淬火				45～55
40Cr	调质	700	500	217～286	
	表面淬火				48～55

材 料 牌 号	热处理方法	强度极限 σ_b/MPa	屈服极限 σ_s/MPa	硬 度	
				HBS	HRC(齿面)
38CrMoAlA	调质	980	834	229	
	氮化				>850HV
20Cr	渗碳淬火	637	392		56～62
20CrMnTi	渗碳淬火	1079	834		56～62
ZG310-570	正火	570	310	163～197	
ZG340-640	正火	640	340	197～207	
	调质	700	380	241～269	
HT300		290		187～255	
HT350		343		175～263	
HT400		392		207～269	
QT500-7	正火	500	320	170～230	
QT600-3	正火	600	370	190～270	
QT700-2	正火	700	420	225～305	
夹布胶木		100		25～35	

用锻钢制造的齿轮，按其齿面硬度和加工工艺的不同，可分为以下两类。

（1）软齿面齿轮（硬度≤350HBS） 这类齿轮常用 45、40Cr、35SiMn、38SiMnMo 等钢制造，经调质处理后，齿面硬度一般为 220～270HBS，经正火处理后，齿面硬度一般为 160～220HBS。因硬度不高，故可在热处理后精切齿形，以消除热处理变形。考虑到小齿轮的工作次数较多，可使其齿面硬度比大齿轮高 30～50HBS。这类齿轮制造较简便，多用于对强度、速度和精度要求不高的一般机械中。

（2）硬齿面齿轮（硬度>350HBS） 这类齿轮常用 45、40Cr 等中碳钢和中碳合金钢经表面淬火或整体淬火，其齿面硬度可达 40～55HRC，另外也常用 20、20Cr、20CrMnTi 等低碳钢和低碳合金钢经渗碳淬火处理，其齿面硬度可达到 56～62HRC。由于齿面硬度高，其最终热处理是在精切后进行。为了消除热处理引起的变形，热处理后需要对轮齿进行磨削或研磨等。这类齿轮精度高，制造较复杂，多用于高速、重载及精密机械中。

铸钢的耐磨性及强度均较好，但应经退火及常化处理，必要时也可进行调质。铸钢常用于尺寸较大的齿轮。

灰铸铁性质较脆，抗冲击及耐磨性都较差，但抗胶合及抗点蚀的能力较好。灰铸铁齿轮常用于工作平稳，速度较低，功率不大的场合。

对于高速、轻载及精度不高的齿轮传动，为了降低噪声，也可用非金属材料（如夹布塑胶、尼龙等）制作小齿轮，但大齿轮仍用钢或铸铁制造，以利于啮合点处摩擦热量的传出。

第八节　直齿圆柱齿轮的强度计算

一、轮齿的受力分析

为了计算齿轮强度和设计轴与轴承装置等，需要求出作用在轮齿上的力。

在图 14-19 中，当忽略齿面间的摩擦力时，轮齿之间的总作用力 F_n 将沿着轮齿啮合点的公法线 N_1N_2 方向作用。F_n 可分解为圆周力（又称名义切向力）F_t 和径向力 F_r：

$$F_t = \frac{2000T_1}{d_1}, \quad F_r = F_t \tan\alpha \qquad (14\text{-}17)$$

$$F_n = \frac{F_t}{\cos\alpha}$$

式中　d_1——小齿轮分度圆直径，mm；

　　　α——分度圆压力角，通常 $\alpha = 20°$；

　　　T_1——小齿轮传递的名义扭矩，N·m。

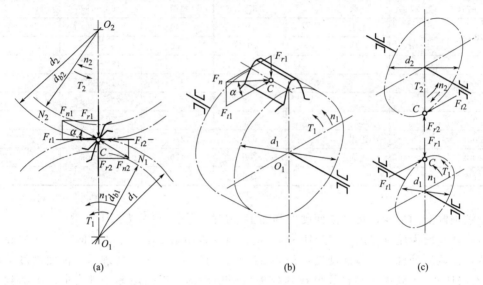

(a)　　　　　　　　　(b)　　　　　　　　(c)

图 14-19　标准直齿圆柱齿轮传动受力分析

　　圆周力 F_t 的方向在主动轮上的啮合节点处与圆周速度方向相反，在从动轮上与圆周速度方向相同。径向力 F_r 的方向分别指向各自的轮心。

　　设计齿轮传动时，当已知小齿轮传递的名义功率 P_1(kW) 及转速 n_1(r/min) 时，则

$$T_1 = 9550\frac{P_1}{n_1} \qquad (14\text{-}18)$$

二、计算载荷

　　按式(14-17)计算的作用于轮齿上的法向力 F_n、圆周力 F_t、径向力 F_r 均系名义载荷。实际工作时，还应考虑到：原动机和工作机的性能，轮齿啮合过程中产生的动载荷，由于制造安装误差和受载后轮齿产生的弹性变形，使得同时啮合的各对齿间载荷分配不均以及载荷沿齿宽方向分布不均，即出现载荷集中等现象的影响。考虑上述因素后，需将名义载荷乘以载荷因数 K，得到计算载荷为 KF_n。载荷因数 K 可由表 14-5 查取。

表 14-5　载荷因数 K

原 动 机	工作机械的载荷特性		
	均　　匀	中等冲击	大的冲击
电动机	1～1.2	1.2～1.6	1.6～1.8
多缸内燃机	1.2～1.6	1.6～1.8	1.9～2.1
单缸内燃机	1.6～1.8	1.8～2.0	2.2～2.4

　　注：斜齿、圆周速度低、精度高、齿宽因数小时取小值；直齿、圆周速度高、精度低、齿宽系数大时取大值。齿轮在两轴承之间并对称布置时取小值，齿轮在两轴承之间不对称布置及悬臂布置时取大值。

三、齿根弯曲疲劳强度计算

齿轮轮齿的折断与齿根弯曲疲劳强度有关。当载荷作用于齿顶时，齿根所受的弯矩最大。由于齿轮传动的重合度 $\varepsilon > 1$，故从理论上讲当轮齿在齿顶啮合时相邻的一对轮齿也处于啮合状态，即载荷由两对轮齿分担。但考虑到加工和安装的误差，对一般精度的齿轮按一对轮齿承担全部载荷来计算则偏于安全。如图 14-20 所示，当将力 F_n 移至轮齿中线，并分解成沿齿轮径向和切向的两个相互垂直的分力，则在轮齿的危险截面上产生了三种应力，即由切向分力 $F_n \cos\alpha_F$ 引起的弯曲应力 σ_b 和切应力 τ 以及由径向分力 $F_n \sin\alpha_F$ 引起的压应力 σ_c。因切应力 τ 和压应力 σ_c 仅为弯曲应力 σ_b 的百分之几，故在计算轮齿弯曲强度时只考虑弯曲应力。设危险截面的齿厚为 s_F，危险截面至分力 $F_n \cos\alpha_F$ 的距离为 h_F，则危险截面上的弯曲应力为

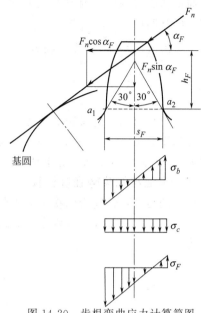

图 14-20 齿根弯曲应力计算简图

$$\sigma_{F0} = \frac{M}{W} = \frac{F_n \cos\alpha_F h_F}{b s_F^2 / 6}$$

式中　M——齿根危险截面的弯矩，N·mm；

　　　W——危险截面 $a_1 a_2$ 的抗弯截面因数，mm^3。

以计算载荷 KF_n 代替 F_n 参考式（14-17），并取 $s_F = K_s m$，$h_F = K_h m$ 可得

$$\sigma_{F0} = \frac{2000 K T_1}{b m d_1} \frac{6 K_h \cos\alpha_F}{K_s^2 \cos\alpha}$$

令 $Y_{Fa} = \dfrac{6 K_h \cos\alpha_F}{K_s^2 \cos\alpha}$，并将 $d_1 = m z_1$ 代入上式，则得到齿根危险截面的弯曲应力为

$$\sigma_{F0} = \frac{2000 K T_1}{b z_1 m^2} Y_{Fa}$$

式中，Y_{Fa} 为齿形因数，只与轮齿的齿廓形状有关，而与齿的大小（模数 m）无关。Y_{Fa} 小的齿轮抗弯强度高。载荷作用于齿顶时的齿形因数 Y_{Fa} 可查表 14-6。

表 14-6　齿形因数 Y_{Fa} 及应力校正因数 Y_{Sa}

$z(z_v)$	17	18	19	20	21	22	23	24	25	26	27	28	29
Y_{Fa}	2.97	2.91	2.85	2.80	2.76	2.72	2.69	2.65	2.62	2.60	2.57	2.55	2.53
Y_{Sa}	1.52	1.53	1.54	1.55	1.56	1.57	1.575	1.58	1.59	1.595	1.60	1.61	1.62
$z(z_v)$	30	35	40	45	50	60	70	80	90	100	150	200	∞
Y_{Fa}	2.52	2.45	2.40	2.35	2.32	2.28	2.24	2.22	2.20	2.18	2.14	2.12	2.06
Y_{Sa}	1.625	1.65	1.67	1.68	1.70	1.73	1.75	1.77	1.78	1.79	1.83	1.865	1.97

注：1. 基准齿形的参数为 $\alpha = 20°$，$h_a^* = 1$，$c^* = 0.25$，$\rho = 0.38m$（m 为齿轮模数）。

2. 对内齿轮：当 $\alpha = 20°$，$h_a^* = 1$，$c^* = 0.25$，$\rho = 0.15m$ 时，齿形因数 $Y_{Fa} = 2.053$；应力校正因数 $Y_{Sa} = 2.65$。

上式中的 σ_{F0} 仅为齿根危险截面处的理论弯曲应力，实际计算时，还应计入齿根危险截面处的过渡圆角所引起的应力集中作用以及弯曲应力以外的其他应力对齿根应力的影响，因而得到齿根危险截面的弯曲强度条件为

$$\sigma_F = \frac{2000KT_1}{bz_1m^2}Y_{Fa}Y_{Sa} \leqslant [\sigma]_F \qquad (14\text{-}19)$$

式中，Y_{Sa} 为载荷作用于齿顶时的应力校正因数，其值可从表 14-6 中查取。

通常两齿轮的齿形因数 Y_{Fa1} 和 Y_{Fa2} 以及应力校正因数 Y_{Sa1} 和 Y_{Sa2} 并不相同，两齿轮材料的许用弯曲应力 $[\sigma]_{F1}$ 和 $[\sigma]_{F2}$ 也不相同，因此应分别验算两个齿轮的弯曲强度。

引入齿宽因数 $\phi_d = \dfrac{b}{d_1}$，则得到齿轮弯曲强度设计公式

$$m \geqslant 12.6\sqrt[3]{\frac{KT_1}{\phi_d z^2}\frac{Y_{Fa}Y_{Sa}}{[\sigma]_F}} \qquad (14\text{-}20)$$

由于相啮合的一对齿轮的齿数和材料等不一定相同，为了同时满足大、小齿轮的弯曲强度，计算模数 m 时，应将 $Y_{Fa1}Y_{Sa1}/[\sigma]_{F1}$ 和 $Y_{Fa2}Y_{Sa2}/[\sigma]_{F2}$ 中的较大值代入式(14-20)。求得的 m 值应按表 14-1 选取标准值。

四、齿面接触疲劳强度计算

齿面的疲劳点蚀与齿面接触应力的大小有关，而齿面的最大接触应力可近似地用赫兹公式计算。图 14-21 所示为两圆柱体受载荷 F_n 时，最大接触应力 σ_H 发生在接触区的中线上，其值为

$$\sigma_H = \sqrt{\frac{1}{\pi\left(\dfrac{1-\mu_1^2}{E_1}+\dfrac{1-\mu_2^2}{E_2}\right)}\frac{F_n}{\rho_\Sigma L}} \qquad (14\text{-}21)$$

式中　F_n——作用于两圆柱体上的法向力，N；

L——两圆柱体的接触长度，mm；

ρ_Σ——综合曲率半径，$\rho_\Sigma = \dfrac{\rho_1\rho_2}{\rho_1\pm\rho_2}$；

ρ_1，ρ_2——两圆柱体的曲率半径，mm，"＋"号用于外啮合，"－"号用于内啮合；

E_1，E_2——两圆柱体材料的弹性模量，MPa；

μ_1，μ_2——两圆柱体材料的泊松比。

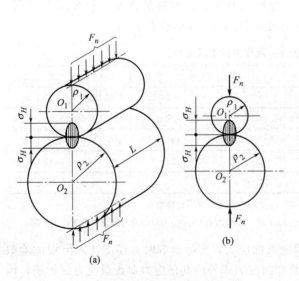

(a)

(b)

图 14-21　接触应力计算简图

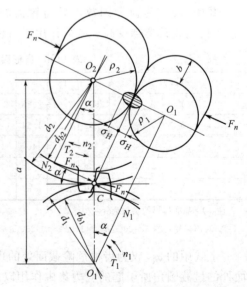

图 14-22　齿面接触应力计算简图

两轮齿啮合时，可以认为是以两齿廓在接触点处的曲率半径为半径的两个圆柱体相互接触（图 14-22）。齿廓啮合点在啮合线上位置不同，各点的曲率半径是变化的。考虑到疲劳点蚀通常首先发生在靠近节线的齿根面，故为了计算方便，一般即以节点处的接触应力进行齿面的接触强度计算。如图 14-22 所示，两轮齿廓在节点 C 处的曲率半径分别为

$$\rho_1 = \overline{N_1 C} = \frac{d_1}{2}\sin\alpha, \quad \rho_2 = \overline{N_2 C} = \frac{d_2}{2}\sin\alpha, \quad \frac{1}{\rho_\Sigma} = \frac{2}{d_1 \sin\alpha}\frac{u \pm 1}{u}$$

设两齿轮的齿数比 $u = \frac{z_2}{z_1} = \frac{d_2}{d_1}$，$L = b$（齿宽）；由式(14-17)可知 $F_n = F_t / \cos\alpha$，将以上各式代入式(14-21)经整理可到

$$\sigma_H = \sqrt{\frac{1}{\pi\left(\frac{1-\mu_1^2}{E_1} + \frac{1-\mu_2^2}{E_2}\right)}}\sqrt{\frac{2}{\sin\alpha\cos\alpha}}\sqrt{\frac{F_t}{bd_1}\left(\frac{u \pm 1}{u}\right)}$$

令

$$Z_E = \sqrt{\frac{1}{\pi\left(\frac{1-\mu_1^2}{E_1} + \frac{1-\mu_2^2}{E_2}\right)}} \quad \sqrt{\mathrm{MPa}}, \quad Z_H = \sqrt{\frac{2}{\sin\alpha\cos\alpha}}$$

式中 Z_E——弹性影响因数，数值列于表 14-7；

  Z_H——节点区域因数。

$$\sigma_H = Z_E Z_H \sqrt{\frac{F_t}{bd_1}\left(\frac{u \pm 1}{u}\right)} \tag{14-22}$$

表 14-7 弹性影响因数 Z_E $\sqrt{\mathrm{MPa}}$

弹性模量 E/MPa	配 对 齿 轮 材 料				
	灰铸铁	球墨铸铁	铸　钢	锻　钢	夹布塑胶
齿 轮 材 料	11.8×10^4	17.3×10^4	20.2×10^4	20.6×10^4	0.785×10^4
锻钢	162.0	181.4	188.9	189.8	56.4
铸钢	161.4	180.5	188.0		
球墨铸铁	156.6	173.9	—		
灰铸铁	143.7	—			

注：表中所列夹布塑胶的泊松比 μ 为 0.5，其余材料的 μ 均为 0.3。

在式中引入载荷因数 K，并代入 $F_t = 2000T_1/d_1$ 和 $Z_H = \sqrt{\dfrac{2}{\sin\alpha\cos\alpha}} \approx 2.5$（对于标准直齿轮 $\alpha = 20°$），可得到齿面接触疲劳强度的校核公式

$$\sigma_H = 112 Z_E \sqrt{\frac{KT_1(u \pm 1)}{bd_1^2 u}} \leqslant [\sigma]_H \tag{14-23}$$

将 $\phi_d = \dfrac{b}{d_1}$ 代入上式，整理后即得到齿面接触疲劳强度计算小齿轮分度圆直径的设计公式为

$$d_1 \geqslant \sqrt[3]{\left(\frac{112 Z_E}{[\sigma]_H}\right)^2 \frac{KT_1(u \pm 1)}{\phi_d u}} \tag{14-24}$$

在进行齿面接触强度计算时，两齿轮的接触应力相同，但两齿轮的许用接触应力不一定相同，故应取两齿轮许用接触应力中的较小值代入式(14-24)。

五、轮齿的许用应力

齿轮的许用应力 $[\sigma]$ 按下式计算

$$[\sigma] = \frac{K_N \sigma_{\lim}}{S} \tag{14-25}$$

式中 S——疲劳强度安全因数，对接触疲劳强度计算，一般取 $S = S_H = 1 \sim 1.25$，对齿根弯曲疲劳强度计算时一般取 $S = S_F = 1.25 \sim 1.5$；

     K_N——考虑应力循环次数影响的因素，称为寿命因素，弯曲疲劳寿命因素 K_{FN} 查图 14-23，接触疲劳寿命因素 K_{HN} 查图 14-24，设 n 为齿轮转速（r/min）；j 为齿轮每转一圈时，同一齿面啮合的次数，L_h 为齿轮的工作寿命，则齿轮的工作应力循环次数 N 按下式计算

$$N = 60njL_h \tag{14-26}$$

     $\sigma_{\lim}$——齿轮的疲劳极限。弯曲疲劳极限值用 σ_{FE} 代入，查图 14-25，接触疲劳强度极限值 $\sigma_{H\lim}$ 查图 14-26。

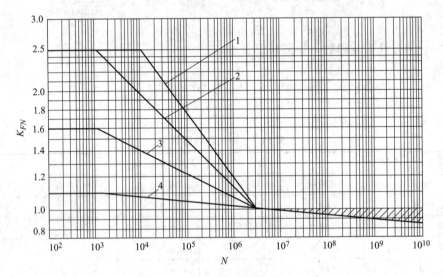

图 14-23   弯曲疲劳寿命因数 K_{FN}

1—调质钢，珠光体、贝氏体球墨铸铁，珠光体黑色可锻铸铁；2—渗碳淬火钢，火焰或感应表面淬火钢；
3—氮化的调质钢或氮化钢，铁素体球墨铸铁，结构钢，灰铸铁；4—碳氮共渗的调质钢

图 14-25 和图 14-26 所示极限应力值，一般选取其中间偏下值，即在 MQ 及 ML 中间选值。图中 ML、MQ、ME 分别表示齿轮材料质量和热处理质量达到最低要求、中等要求、很高要求时的疲劳极限取值线。使用图 14-25 和图 14-26 时，若齿面硬度超出图中荐用的范围，可按外插法近似查取极限应力值。图 14-25 中所示为脉动循环应力的极限应力。对于双向传动齿轮、行星齿轮及中间齿轮等在对称循环应力下工作的齿轮，其 $\sigma_{\lim}$ 值应为图示值的 0.7 倍。

六、设计参数的选择

1. 精度等级

国家标准（GB/T 10095.1—2008）对"渐开线圆柱齿轮精度"规定有 13 个精度等级，0 级最高，12 级最低。提高齿轮加工精度，可以有效地减少振动及噪声，但制造成本将大为提高。一般按工作机的要求和齿轮的圆周速度确定精度等级。当圆周速度小于 14m/s 时，可选 7～9 级，当圆周速度在 14～60m/s 范围时，可选 6～7 级；当圆周速度大于 60m/s 时，应选 6 级或以上精度等级。表 14-8 列出了齿轮的精度等级所对应的应用范围。

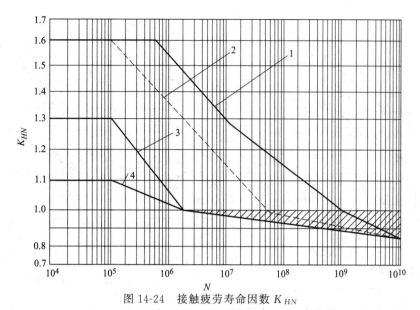

图 14-24 接触疲劳寿命因数 K_{HN}

1—结构钢，调质钢，珠光体、贝氏体球墨铸铁，珠光体黑色可锻铸铁，渗碳淬火钢（允许一定点蚀）；

2—材料同1，不允许出现点蚀；3—灰铸铁，铁素体球墨铸铁，氮化的调质钢或氮化钢；4—碳氮共渗的调质钢

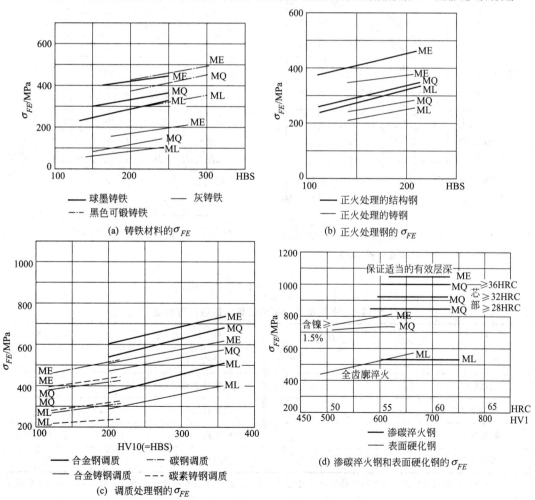

图 14-25　齿轮的弯曲疲劳强度极限 σ_{FE}

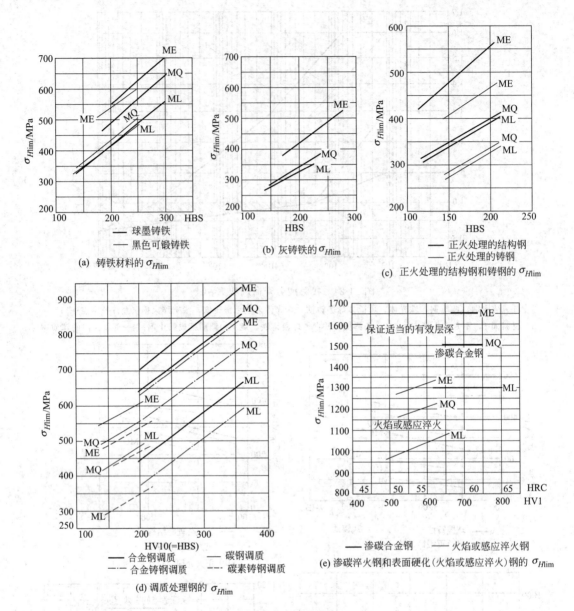

图 14-26　齿轮的接触疲劳强度极限 $\sigma_{H\lim}$

表 14-8　各类机器所用齿轮传动的精度等级范围

机 器 名 称	精度等级	机 器 名 称	精度等级
汽轮机	3～6	拖拉机	6～8
金属切削机床	3～8	通用减速器	6～8
航空发动机	4～8	锻压机床	6～9
轻型汽车	5～8	起重机	7～10
载重汽车	7～9	农业机器	8～11

注：主传动齿轮或重要的齿轮传动，精度等级偏上限选择；辅助传动的齿轮或一般齿轮传动，精度等级居中或偏下限选择。

齿轮副的侧隙，应根据工作条件确定。对于化工等行业上的高温、高速重载，应取较大侧隙，一般情况下选中等，也可用类比方法选择。

2. 齿数和模数

当分度圆直径确定后，增加齿数，相应减小模数，有利于节约材料和切削加工的工时，且使重合度增大，改善传动的平稳性。另外，减小模数还可以降低齿高减小滑动速度，进而减少磨损及胶合的可能性。闭式齿轮传动一般转速较高，为了提高传动的平稳性，减小冲击振动，以齿数多一些为好，小齿轮齿数可取为 $z_1 = 20 \sim 40$。开式（半开式）齿轮传动，由于轮齿主要为磨损失效，为使轮齿不致过小，常需适当减少齿数，以保证有较大的模数，一般可取 $z_1 = 17 \sim 20$。标准直齿轮的齿数一般不少于 17。

3. 齿宽和齿宽因数 ϕ_d

由齿轮的强度计算公式可知，轮齿愈宽，承载能力也愈高，因而轮齿不宜过窄；但齿宽 b 愈大，载荷沿齿宽分布愈不均匀，故齿宽因数应取得适当。圆柱齿轮齿宽因数 ϕ_d 的推荐用值列于表 14-9。根据公式 $b = \phi_d d_1$ 计算出的齿宽，应加以圆整。为了防止两齿轮因装配后轴稍有错位而导致啮合齿宽减小，常把小齿轮的齿宽在计算齿宽 b 的基础上，人为地加宽约 $5 \sim 10$mm。

表 14-9　圆柱齿轮的齿宽因数 ϕ_d

装置状况	两支承相对小齿轮作对称布置	两支承相对小齿轮作不对称布置	小齿轮作悬臂布置
ϕ_d	0.9～1.4（1.2～1.9）	0.7～1.15（1.1～1.65）	0.4～0.6

注：1. 大、小齿轮皆为硬齿面时，ϕ_d 应取表中偏下限的数值；若皆为软齿面或仅大齿轮为软齿面时，ϕ_d 可取表中偏上限的数值；

2. 括号内的数值用于人字齿轮，此时 b 为人字齿轮的总宽度；

3. 金属切削机床的齿轮传动，若传递的功率不大时，ϕ_d 可小到 0.2；

4. 非金属齿轮可取 $\phi_d \approx 0.5 \sim 1.2$。

4. 齿数比 u

一对齿轮的齿数比 u 不宜过大，否则将增加传动装置的结构尺寸，并使两齿轮的工作负担差别增大。对于直齿圆柱齿轮，一般取 $u \leqslant 5$；对于斜齿圆柱齿轮 $u \leqslant 6 \sim 7$。

七、齿轮强度计算的一般顺序

在闭式传动中，齿面点蚀和齿根折断两种失效形式均可能发生，故需要同时进行两种强度的计算。对于闭式软齿面齿轮传动，通常先按齿面的接触强度确定传动的主要参数，再验算齿根的弯曲强度；对于低碳钢和低碳合金钢进行渗碳淬火的硬齿面齿轮传动，可先按齿根弯曲强度确定传动的主要参数，再验算齿面接触强度；对于中碳钢和中碳合金钢进行表面淬火的硬齿面齿轮传动，可分别按以上两种强度确定齿轮参数，并取其值较大者。

在开式传动中，主要失效形式是磨损，或因磨损过度而断齿，故一般只进行弯曲强度计算，并考虑磨损要降低轮齿的弯曲强度，应将算出的模数加大 10%～20%。

【例 14-1】　某一级直齿圆柱齿轮减速器用电动机驱动，单向运转，载荷有中等冲击。已知其输入转速 $n = 960$r/min，传动比 $i = 4$，传递的功率 $P = 10$kW，工作寿命 12000h，试确定这对齿轮传动的主要尺寸。

解　（1）选择齿轮材料

根据工况，小齿轮用 40Cr 钢，调质处理，齿面硬度 241～286HBS；大齿轮用 45 钢，调质处理，齿面硬度 217～255HBS。

（2）选择齿数和齿宽因数

由于是闭式传动，可取 $z_1=20\sim40$，在此取 $z_1=25$，$z_2=z_1i=100$，由表14-9，取齿宽因数 $\phi_d=1$。

（3）确定齿轮轮齿的许用应力

计算应力循环次数

$$N_1=60n_1jL_h=60\times960\times1\times12000=6.912\times10^8$$

$$N_2=N_1/i=6.912\times10^8/4=1.728\times10^8$$

由图 14-23，查得 $K_{FN1}=0.89$，$K_{FN2}=0.91$；

由图 14-24，查得 $K_{HN1}=1.03$，$K_{HN2}=1.12$；

由图 14-25(c)、(b) 按齿面硬度的平均值查得 $\sigma_{FE1}=550MPa$，$\sigma_{FE2}=400MPa$；

由图 14-26(d)、(c) 按齿面硬度的平均值查得 $\sigma_{Hlim1}=680MPa$，$\sigma_{Hlim2}=550MPa$。

取 $S_F=1.25$，$S_H=1$。

将有关参量代入式(14-25) 得

$$[\sigma]_{F1}=\frac{K_{FN1}\sigma_{FE1}}{S_F}=\frac{0.89\times550}{1.25}=391.6\ (MPa)$$

$$[\sigma]_{F2}=\frac{K_{FN2}\sigma_{FE2}}{S_F}=\frac{0.91\times400}{1.25}=291.2\ (MPa)$$

$$[\sigma]_{H1}=\frac{K_{HN1}\sigma_{Hlim1}}{S_H}=\frac{1.03\times680}{1}=700.4\ (MPa)$$

$$[\sigma]_{H2}=\frac{K_{HN2}\sigma_{Hlim2}}{S_H}=\frac{1.12\times550}{1}=616\ (MPa)$$

（4）按齿面接触强度条件确定小齿轮直径

小齿轮所受扭矩 $T_1=9550P_1/n_1=9550\times10/960=99.5$ （N·m）

查表 14-5，取载荷因数 $K=1.4$

查表 14-7，取 $Z_E=189.8\sqrt{MPa}$

将 T_1、K、$[\sigma]_{H2}$ 和 Z_E 代入式 （14-24）得

$$d_1\geqslant\sqrt[3]{\left(\frac{112Z_E}{[\sigma]_{H2}}\right)^2\frac{KT_1(u+1)}{\phi_d u}}$$

$$=\sqrt[3]{\left(\frac{112\times189.8}{616}\right)^2\frac{1.4\times99.5\times(4+1)}{1\times4}}=59.19\ (mm)$$

（5）确定模数和齿宽

模数 $m=d_1/z_1=59.19/25=2.36mm$，按表14-1取 $m=2.5mm$。则 $d_1=mz_1=2.5\times25=62.5mm$。齿宽 $b=\phi_d d_1=62.5mm$，取 $b=65mm$。

（6）验算齿根弯曲强度

查表 14-6 得两轮的 $Y_{Fa1}=2.62$，$Y_{Fa2}=2.18$，$Y_{Sa1}=1.59$，$Y_{Sa2}=1.79$，由式(14-19)得小齿轮的齿根弯曲应力

$$\sigma_{F1}=\frac{2000KT_1}{bz_1m^2}Y_{Fa1}Y_{Sa1}$$

$$= \frac{2000 \times 1.4 \times 99.5}{65 \times 25 \times 2.5^2} \times 2.62 \times 1.59 = 114.3 \text{ (MPa)}$$

大齿轮的齿根弯曲应力可用下式计算

$$\sigma_{F2} = \sigma_{F1} \frac{Y_{Fa2} Y_{Sa2}}{Y_{Fa1} Y_{Sa1}}$$

$$= 114.3 \times \frac{2.18 \times 1.79}{2.62 \times 1.59} = 107.1 \text{ (MPa)}$$

$\sigma_{F1} < [\sigma]_{F1}$，$\sigma_{F2} < [\sigma]_{F2}$，两轮轮齿均满足弯曲强度要求。

（7）齿轮传动的几何尺寸

两轮分度圆直径

$$d_1 = z_1 m = 25 \times 2.5 = 62.5 \text{ (mm)}$$
$$d_2 = z_2 m = 100 \times 2.5 = 250 \text{ (mm)}$$

中心距 $a = 0.5(z_1 + z_2)m = 0.5 \times (25 + 100) \times 2.5 = 156.25$ （mm）

其他几何尺寸计算从略。

（8）圆周速度与精度选择

$$v = \frac{\pi d_1 n_1}{60 \times 1000} = \frac{3.14 \times 62.5 \times 960}{60 \times 1000} = 3.14 \text{ (m/s)}$$

由表 14-8 选取 9 级精度。

（9）结构设计（略）

第九节 斜齿圆柱齿轮传动

一、齿廓曲面的形成及啮合特点

如图 14-27（a）所示，对于一定宽度的直齿圆柱齿轮，其齿廓侧面是发生面 S 在基圆柱上作纯滚动时，其上任一与基圆柱母线 NN 平行的直线 KK 所展成的渐开线曲面。直齿圆柱齿轮啮合时，两轮齿廓侧面是沿着与轴平行的直线接触 ［图 14-27（b）］，这些平行线称为齿廓的接触线。一对直齿齿廓的接触线在啮合过程中是同时沿整个齿宽进入啮合或脱离啮合的，因而轮齿上的作用力也是突然加上和突然卸下，故易引起冲击和噪声，传动平稳性较差。这种情况在高速传动时尤为突出。

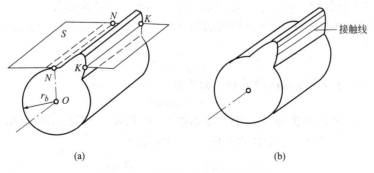

图 14-27 直齿圆柱齿轮的接触线

斜齿圆柱齿轮齿廓曲面的形成如图 14-28（a）所示。形成渐开线齿廓曲面的直线 KK 不与基圆柱母线 NN 平行，而成一角度 β_b。当发生面 S 沿基圆柱滚动时，斜直线 KK 的轨迹为一渐开线螺旋面，即斜齿轮的齿廓曲面。直线 KK 与基圆柱母线的夹角 β_b 称为基圆柱上的螺旋角。一对斜齿圆柱齿轮啮合时，接触线是与轴线倾斜的直线 [图 14-28（b）]，且其长度是变化的。两轮齿进入啮合后，接触长度逐渐增大，至某一啮合位置后又逐渐缩短，直至脱离啮合。因此，斜齿轮传动具有：逐渐进入和退出啮合，且同时啮合齿数较直齿轮多，重合度大等特点，故与直齿轮相比，其传动较平稳，噪声低，承载能力大，适用于高速和大功率场合。

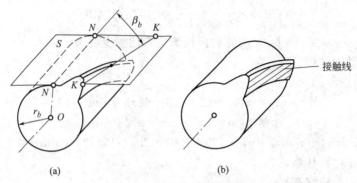

(a)   (b)

图 14-28 斜齿圆柱齿轮的接触线

从端面看，一对渐开线斜齿圆柱齿轮传动就相当于一对渐开线直齿圆柱齿轮传动，所以同样满足齿廓啮合基本定律。一对斜齿圆柱齿轮的正确啮合条件，除两轮的模数和压力角必须相等外，两轮分度圆上的螺旋角 β 必须大小相等，方向相反，即 $\beta_1 = -\beta_2$（一个齿轮左旋，一个齿轮右旋）。旋向的判别方法是：将齿轮的轴线直立放在面前，观察靠近人体这一侧的螺旋线，右边高的为右旋，左边高的为左旋。

二、斜齿圆柱齿轮的基本参数和尺寸计算

1. 螺旋角 β

斜齿圆柱齿轮轮齿的倾斜程度一般是用分度圆柱面上螺旋角 β 表示。通常所说斜齿轮的螺旋角，如不特别注明，即指分度圆柱面上的螺旋角。β 大，则重合度 ε 增大，对运动平稳和降低噪声有利，但工作时产生的轴向力 F_a 与 $\tan\beta$ 成正比，即 F_a 也增大。故斜齿轮的螺旋角一般为 $\beta = 8° \sim 20°$，对人字齿可取 $\beta = 15° \sim 40°$。

2. 法面参数和端面参数

与分度圆柱面上螺旋线垂直的平面称为法面，垂直于斜齿轮轴线的平面称为端面。在进行斜齿轮几何尺寸计算时，应注意法面参数与端面参数之间的换算关系。

图 14-29 为斜齿圆柱齿轮分度圆柱面的展开图。从图上可得知法向齿距 p_n 与端面齿距 p_t 的关系为

$$p_n = p_t \cos\beta \tag{14-27}$$

如以 m_n、m_t 分别表示法向模数和端面模数，则

$$m_n = m_t \cos\beta \tag{14-28}$$

法面压力角 α_n 与端面压力角 α_t 的关系如图 14-30 所示，平面 ABD 是端面，A_1B_1D 是法面，$\angle ABD = \angle A_1B_1D = \angle BB_1D = 90°$。由图可知

$$\tan\alpha_t = \frac{\overline{BD}}{\overline{AB}}, \ \tan\alpha_n = \frac{\overline{B_1D}}{\overline{A_1B_1}}$$

又因

$$\overline{B_1D} = \overline{BD}\cos\beta, \ \overline{A_1B_1} = \overline{AB}$$

故

$$\tan\alpha_t = \frac{\tan\alpha_n}{\cos\beta} \tag{14-29}$$

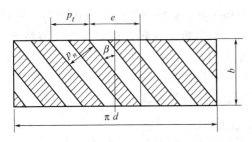

图 14-29 斜齿轮的展开图

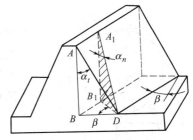

图 14-30 斜齿条的压力角

用铣刀或滚刀加工斜齿轮时，刀具沿螺旋槽方向进行切削，故国标规定斜齿轮的法面参数为标准值。

3. 斜齿圆柱齿轮传动几何尺寸计算

因一对斜齿轮传动在端面上相当于一对直齿轮传动，故可将直齿轮的几何尺寸计算公式用于斜齿轮的端面。表 14-10 中列出了标准斜齿圆柱齿轮传动几何尺寸的计算公式。

表 14-10　标准斜齿圆柱齿轮的几何尺寸计算

名　　称	代　号	计　算　公　式	备　　注
端面模数	m_t	$m_t = \dfrac{m_n}{\cos\beta}$（$m_n$ 为法面模数）	m_n 由强度计算决定，并为标准值
端面压力角	α_t	$\alpha_t = \arctan\dfrac{\tan\alpha_n}{\cos\beta}$	α_n 为标准值
螺旋角	β	一般取 $\beta = 8° \sim 20°$	
分度圆直径	d_1, d_2	$d_1 = m_t z_1 = \dfrac{m_n z_1}{\cos\beta}$，　$d_2 = m_t z_2 = \dfrac{m_n z_2}{\cos\beta}$	
齿顶高	h_a	$h_a = h_{an}^* m_n = m_n$	h_{an}^* 为标准值
齿根高	h_f	$h_f = (h_{an}^* + c_n^*) m_n = 1.25 m_n$	c_n^* 为标准值
全齿高	h	$h = h_a + h_f = 2.25 m_n$	
顶隙	c	$c = h_f - h_a = 0.25 m_n$	
齿顶圆直径	d_{a1}, d_{a2}	$d_{a1} = d_1 + 2 m_n$ $d_{a2} = d_2 + 2 m_n$	
齿根圆直径	d_{f1}, d_{f2}	$d_{f1} = d_1 - 2.5 m_n$ $d_{f2} = d_2 - 2.5 m_n$	
中心距	a	$a = \dfrac{d_1 + d_2}{2} = \dfrac{m_t}{2}(z_1 + z_2)$ $= \dfrac{m_n(z_1 + z_2)}{2\cos\beta}$	

三、斜齿轮的当量齿数

在进行强度计算和用成形法加工选择铣刀时，必须知道斜齿轮的法面齿形。常用以下近似的方法进行研究。如图 14-31 所示，通过分度圆柱面上 C 点作轮齿螺旋线的法平面 nn，它与分度圆柱面的交线为一椭圆。椭圆的短轴半径为 $b = \dfrac{d}{2}$，长轴半径 $a = \dfrac{d}{2\cos\beta}$。由高等数学可知，椭圆在 C 点的曲率半径为

$$\rho = \frac{a^2}{b} = \frac{d}{2\cos^2\beta}$$

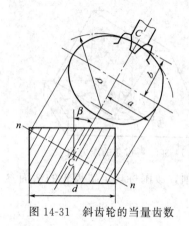

图 14-31 斜齿轮的当量齿数

若以 ρ 为半径作圆, 此圆与靠近 C 点附近的一段椭圆非常接近。故以 ρ 为分度圆半径, 以斜齿轮法面模数 m_n 为模数, 取标准压力角 α_n 作一直齿圆柱齿轮, 其齿形与斜齿轮的法面齿形十分接近。这个直齿圆柱齿轮称为该斜齿圆柱齿轮的当量齿轮, 其齿数 z_v 称为当量齿数。

$$z_v = \frac{2\rho}{m_n} = \frac{d}{m_n \cos^2\beta} = \frac{zm_t}{m_n \cos^2\beta} = \frac{zm_n/\cos\beta}{m_n \cos^2\beta} = \frac{z}{\cos^3\beta}$$

(14-30)

式中, z 为斜齿轮的实际齿数, 总小于其当量齿数 z_v。

正常齿制标准斜齿轮不发生根切的最少齿数 $z_{\min}$ 可由其当量直齿轮的最少齿数 ($z_{v\min}=17$) 计算, 即

$$z_{\min} = z_{v\min} \cos^3\beta$$

(14-31)

四、斜齿圆柱齿轮轮齿的受力分析

斜齿轮轮齿受力情况如图 14-32 所示, 作用在轮齿上的法向力 F_n 可以分解为三个相互垂直的分力, 即

圆周力 $\qquad F_t = \dfrac{2000T_1}{d_1}$ (14-32)

径向力 $F_r = F_n' \tan\alpha_n = F_t \dfrac{\tan\alpha_n}{\cos\beta}$ (14-33)

轴向力 $\qquad F_a = F_t \tan\beta$ (14-34)

圆周力 F_t 和径向力 F_r 的方向判断与直齿圆柱齿轮相同。轴向力 F_a 的方向按左（右）手螺旋法则确定：左旋齿轮用左手（右旋齿轮用右手）四指沿齿轮的转向握住轮轴, 对于主动轮, 拇指的指向即为 F_a 的方向（图14-32）；对于从动轮拇指指向的相反方向即为 F_a 的方向。斜齿圆柱齿轮工作时存在的轴向力, 在确定齿轮在轴上的固定方法以及轴承计算时都必须予以考虑。

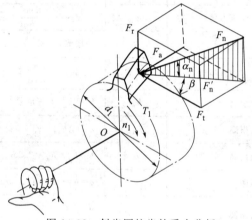

图 14-32 斜齿圆柱齿轮受力分析

斜齿圆柱齿轮传动的强度计算与直齿轮的齿轮强度计算类似, 可参阅 GB/T 3480.5—2008《渐开线圆柱齿轮承载能力计算方法》进行计算。

习　题

14-1　一对正确安装的标准直齿圆柱齿轮传动, 其模数 $m=4\text{mm}$, 齿数 $z_1=20$, $z_2=100$, 试计算这一对齿轮传动各部分的几何尺寸和中心距。

14-2　已知一正常齿制标准直齿圆柱齿轮 $\alpha=20°$, $m=5\text{mm}$, $z=50$, 试分别求出分度圆、基圆、齿顶圆上渐开线齿廓的曲率半径和压力角。

14-3　已知一对标准直齿圆柱齿轮传动的标准中心距 $a=80\text{mm}$, 齿数 $z_1=20$, $z_2=60$, 求分度圆直径 d 和模数 m。

14-4　试比较正常齿制标准直齿圆柱齿轮的基圆和齿根圆, 在什么条件下基圆大些? 什么条件下齿根

圆大些？

14-5 单级闭式直齿圆柱齿轮传动中，齿轮材料为 45 号钢，大齿轮正火处理，小齿轮调质处理，$P=4kW$，$n_1=720r/min$，$m=4mm$，$z_1=25$，$z_2=73$，$b_1=84mm$，$b_2=78mm$，单向传动，载荷有中等冲击。用电动机驱动，试验算其承载能力是否满足需要。

14-6 已知开式直齿圆柱齿轮传动，$i=3.5$，$P=3kW$，$n_1=50r/min$，用电动机驱动，单向转动，载荷均匀，$z_1=21$，小齿轮为 45 号钢调质，大齿轮为 45 号钢正火，试设计此单级齿轮传动。

14-7 直齿轮和斜齿轮传动的正确啮合条件分别是什么？

14-8 画出图中各齿轮轮齿所受的作用力方向。图 14-33(a)、(b) 为主动轮，图 14-33(c) 为从动轮。

14-9 两级斜齿圆柱齿轮减速器的已知条件如图 14-34 所示，试问：①低速级斜齿轮的螺旋线方向应如何选择才能使得中间轴上两齿轮的轴向力方向相反？②低速螺旋角 β 应取多大值才使中间轴的轴向力互相抵消？

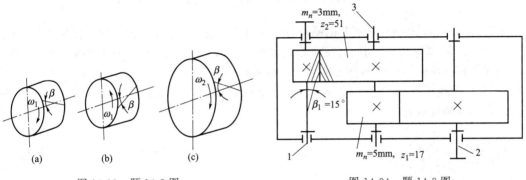

图 14-33 题 14-8 图

图 14-34 题 14-9 图

1—主动轴；2—从动轴；3—中间轴

第十五章
蜗 杆 传 动

第一节　蜗杆传动的组成、特点及类型

如图 15-1 所示，蜗杆传动主要由蜗杆与蜗轮组成。蜗杆的形状类似螺旋，有左旋和右旋之分，一般为主动；蜗轮是一个具有特殊形状的斜齿轮。蜗杆传动通常用于两轴交错成 90°的传动。

按照蜗杆形状的不同，蜗杆传动可分为圆柱蜗杆传动［图 15-2(a)］、环面蜗杆传动［图 15-2(b)］和锥蜗杆传动［图 15-2(c)］。环面蜗杆和锥蜗杆的制造较困难，安装要求较高，因而应用不如圆柱蜗杆广泛。

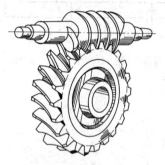

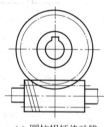

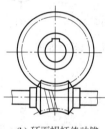

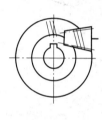

(a) 圆柱蜗杆传动锥　　　(b) 环面蜗杆传动锥　　　(c) 锥蜗杆传动锥

图 15-1　蜗杆传动　　　　　　　　　　图 15-2　蜗杆传动的类型

圆柱蜗杆传动包括普通圆柱蜗杆传动和圆弧圆柱蜗杆传动两类。其中普通圆柱蜗杆传动又包括了阿基米德蜗杆（ZA 蜗杆）、渐开线蜗杆（ZI 蜗杆）、法向直廓蜗杆（ZN 蜗杆）和锥面包络蜗杆（ZK 蜗杆）四种传动。本章主要讨论阿基米德蜗杆传动。

与齿轮传动相比，蜗杆传动的主要优点是：传动比大，在动力传动中单级传动比一般为 $i=8\sim80$，在分度机构中，传动比可达 1000；且传动平稳，噪声低；结构紧凑；蜗杆导程角很小时能实现反行程自锁。蜗杆传动的主要缺点是：传动效率较低，发热大，不宜大功率长时间连续工作；蜗轮常需要用较贵重的青铜制造，故成本较高。

第二节　蜗杆传动的主要参数和几何尺寸计算

一、模数和压力角

如图 15-3 所示，通过阿基米德蜗杆轴线并和蜗轮轴线垂直的平面称为中间平面。在中间平面内，蜗杆具有齿条形直线齿廓；其两侧边夹角 $2\alpha=40°$，在中间平面内，蜗杆与蜗轮的啮合相当于齿条与渐开线齿轮的啮合。因此蜗杆的轴向模数 m_{x1} 应与蜗轮的端面模数 m_{t2} 相等，轴向压力角 α_{x1} 应与蜗轮的端面压力角 α_{t2} 相等，即

$$m_{x1}=m_{t2}=m$$

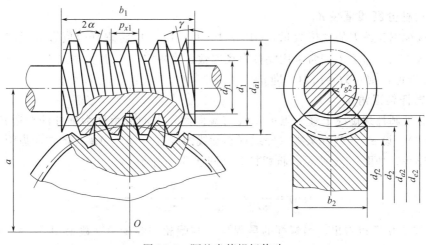

图 15-3 阿基米德蜗杆传动

$$\alpha_{x1} = \alpha_{t2} \qquad\qquad (15\text{-}1)$$

在 GB/T 10088—1988 中将蜗杆轴向模数规定为标准值,简称模数,用 m 表示,其值列于表 15-1。GB/T 10087—1988 中规定阿基米德蜗杆的轴向压力角(齿形角)α_x 为标准值,即 $\alpha_x = \alpha = 20°$。

表 15-1 动力圆柱蜗杆传动的基本参数(GB/T 10085—1988)

模数 m /mm	分度圆直径 d_1/mm	蜗杆头数 z_1	直径系数 q	$m^2 d_1$ /mm³	模数 m /mm	分度圆直径 d_1/mm	蜗杆头数 z_1	直径系数 q	$m^2 d_1$ /mm³
1	18	1(自锁)	18.000	18	6.3	(80)	1,2,4	12.698	3475
1.25	20	1	16.000	31.25		112	1(自锁)	17.778	4445
	22.4	1(自锁)	17.920	35	8	(63)	1,2,4	7.875	4032
1.6	20	1,2,4	12.500	51.2		80	1,2,4,6	10.000	5120
	28	1(自锁)	17.500	71.68		(100)	1,2,4	12.500	6400
2	(18)	1,2,4	9.000	72		140	1(自锁)	17.500	8960
	22.4	1,2,4,6	11.200	89.6	10	(71)	1,2,4	7.100	7100
	(28)	1,2,4	14.000	112		90	1,2,4,6	9.000	9000
	35.5	1(自锁)	17.750	142		(112)	1,2,4	11.200	11200
2.5	(22.4)	1,2,4	8.960	140		160	1(自锁)	16.000	16000
	28	1,2,4,6	11.200	175	12.5	(90)	1,2,4	7.200	14062
	(35.5)	1,2,4	14.200	221.9		112	1,2,4	8.960	17500
	45	1(自锁)	18.000	281		(140)	1,2,4	11.200	21875
3.15	(28)	1,2,4	8.889	277.8		200	1(自锁)	16.000	31250
	35.5	1,2,4,6,	11.270	352.2	16	(112)	1,2,4	7.000	28672
	(45)	1,2,4	14.286	446.5		140	1,2,4	8.750	35840
	56	1(自锁)	17.778	556		(180)	1,2,4	11.250	46080
4	(31.5)	1,2,4	7.875	504		250	1(自锁)	15.625	64000
	40	1,2,4,6	10.000	640	20	(140)	1,2,4	7.000	56000
	(50)	12,4	12.500	800		160	1,2,4	8.000	64000
	71	1(自锁)	17.750	1136		(224)	1,2,4	11.200	896000
5	(40)	1,2,4	8.000	1000		315	1(自锁)	15.750	126000
	50	1,2,4,6	10.000	1250	25	(180)	1,2,4	7.200	112500
	(63)	1,2,4	12.600	1575		200	1,2,4	8.000	125000
	90	1(自锁)	18.000	2250		(280)	1,2,4	11.200	175000
6.3	(50)	1,2,4	7.936	1985		400	1(自锁)	16.000	250000
	63	1,2,4,6	10.000	2500					

注:括号中的数字尽可能不采用。

二、蜗杆分度圆直径 d_1

为了减少蜗轮滚刀的规格数量，GB/T 10088—1988 中将蜗杆分度圆直径 d_1 规定为标准值，见表 15-1。过去人们常采用蜗杆直径因数 q 来确定 d_1，其关系式为 $d_1 = mq$。现在规定 d_1 为标准值，则 q 为导出值，即 $q = d_1/m$。

三、蜗杆导程角 γ

蜗杆分度圆柱螺旋线上任一点的切线与端面间所夹的锐角称为蜗杆的导程角，用 γ 表示（图 15-4）。设 z_1 为蜗杆头数（即蜗杆螺旋线的线数），p_{x1} 为蜗杆的轴向齿距，s 为蜗杆螺旋线的导程，如图 15-4 所示。将蜗杆分度圆展开，则有

$$\tan\gamma = \frac{s}{\pi d_1} = \frac{z_1 p_{x1}}{\pi d_1} = \frac{z_1 \pi m}{\pi d_1} = \frac{z_1 m}{d_1} \tag{15-2}$$

从图 15-5 中可以看出，当蜗杆的导程角 γ 与蜗轮的螺旋角 β 数值相等、螺旋线方向相同时，蜗杆与蜗轮才能够啮合。因此，要使蜗杆与蜗轮能正确啮合，除了满足式(15-1) 的条件外，还应满足 $\gamma = \beta$ 的要求。

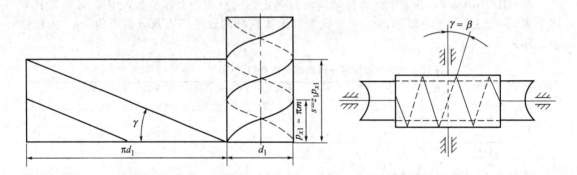

图 15-4　蜗杆分度圆展开图　　　　　图 15-5　蜗杆导程角与蜗轮螺旋角的关系

蜗杆螺旋线有左旋和右旋两种，除特殊要求外，一般应采用右旋。

四、蜗杆头数 z_1 和蜗轮齿数 z_2

蜗杆头数推荐值为 $z_1 = 1, 2, 4, 6$。当要求传动比大或传递扭矩大时，z_1 取小值；要求自锁时取 $z_1 = 1$。蜗杆头数多时，传动效率高，但头数过多时，导程角大，制造困难。通常蜗杆头数可根据传动比按表 15-2 选择。

蜗轮齿数 $z_2 = iz_1$，在动力传动中，为增加同时啮合齿对数，使传动平稳，同时为避免产生根切，通常规定 $z_2 \geqslant 28$。对于动力传动，

表 15-2　蜗杆头数的选取

传动比 i	5~8	7~16	15~32	30~80
蜗杆头数 z_1	6	4	2	1

z_2 一般不大于 80。z_2 过多会导致模数过小，使蜗轮齿根弯曲强度不足或使蜗轮直径过大，蜗杆支承间距加长而刚度不足。

五、中心距

当蜗杆节圆与分度圆重合时，称标准传动，此时的中心距为

$$a = \frac{1}{2}(d_1 + d_2) = \frac{m}{2}(q + z_2) \tag{15-3}$$

六、蜗杆传动的几何尺寸计算

标准圆柱蜗杆传动的几何尺寸计算列于表 15-3（参见图 15-3）。

表 15-3 标准圆柱蜗杆传动几何尺寸计算

名　　称	代　号	公　式　与　说　明
齿距	p	$p_{x1}=p_{t2}=\pi m$
齿顶高	h_a	$h_a=m$
齿根高	h_f	$h_f=1.2m$
齿高	h	$h=h_a+h_f=2.2m$
蜗杆分度圆直径	d_1	由表 15-1 确定
蜗杆齿顶圆直径	d_{a1}	$d_{a1}=d_1+2h_a$
蜗杆齿根圆直径	d_{f1}	$d_{f1}=d_1-2h_f$
蜗杆导程角	γ	$\tan\gamma=mz_1/d_1$
蜗杆螺旋部分长度	b_1	$z_1=1\sim2$ 时，$b_1\geqslant(11+0.06z_2)m$
		$z_1=3\sim4$ 时，$b_1\geqslant(12.5+0.09z_2)m$
蜗轮分度圆直径	d_2	$d_2=mz_2$
蜗轮喉圆直径	d_{a2}	$d_{a2}=d_2+2h_a=m(z_2+2)$
蜗轮顶圆直径	d_{e2}	$z_1=1$ 时，$d_{e2}\leqslant d_{a2}+2m$，$z_1=2\sim3$ 时，$d_{e2}\leqslant d_{a2}+1.5m$，$z_1=4$ 时，$d_{e2}\leqslant d_{a2}+m$
蜗轮咽喉母圆半径	r_{g2}	$r_{g2}=a-d_{a2}/2$
蜗轮螺旋角	β	$\beta=\gamma$，与蜗杆螺旋线旋向相同
蜗轮齿宽	b_2	$b_2=(0.67\sim0.75)d_{a1}$，z_1 大时取小值，z_1 小时取大值
中心距	a	$a=(d_1+d_2)/2=(d_1+mz_2)/2=0.5m(q+z_1)$

【例 15-1】 有一标准阿基米德蜗杆传动，已知其模数 $m=5$mm，$d_1=50$mm，蜗杆头数 $z_1=1$，蜗轮齿数 $z_2=30$，试计算主要几何尺寸。

解 齿距 $p=p_{x1}=p_{t2}=\pi m=\pi\times5=15.708$（mm）

齿顶高 $h_a=m=5$（mm）

齿根高 $h_f=1.2m=1.2\times5=6$（mm）

齿高 $h=h_a+h_f=5+6=11$（mm）

蜗杆分度圆直径 $d_1=50$（mm）（已知）

蜗杆齿顶圆直径 $d_{a1}=d_1+2h_a=50+2\times5=60$（mm）

蜗杆齿根圆直径 $d_{f1}=d_1-2h_f=50-2\times6=38$（mm）

蜗杆导程角 $\gamma=\arctan\left(\dfrac{mz_1}{d_1}\right)=\arctan\left(\dfrac{5\times1}{50}\right)=5°42'38''$

蜗杆螺旋部分长度 $b_1\geqslant(11+0.06z_2)m=(11+0.06\times30)\times5=64$（mm）

蜗轮分度圆直径 $d_2=mz_2=5\times30=150$（mm）

蜗轮喉圆直径 $d_{a2}=d_2+2h_a=150+2\times5=160$（mm）

蜗轮外圆直径 $d_{e2}\leqslant d_{a2}+2m=160+2\times5=170$（mm）

中心距 $a=\dfrac{d_1+d_2}{2}=\dfrac{50+150}{2}=100$（mm）

蜗轮咽喉母圆半径 $r_{g2}=a-\dfrac{d_{a2}}{2}=100-\dfrac{160}{2}=20$（mm）

蜗轮螺旋角 $\beta=\gamma=5°42'38''$，与蜗杆螺旋线方向相同

蜗轮齿宽 $b_2=0.75d_{a1}=0.75\times60=45$（mm）

第三节　蜗杆传动的主要失效形式、常用材料和结构

一、蜗杆传动的失效形式

由于材料和结构上的原因，蜗杆螺旋齿部分的强度总是高于蜗轮轮齿的强度，所以

失效经常发生在蜗轮轮齿上。在蜗杆传动中，因蜗杆与蜗轮齿面间有较大的相对滑动，从而增加了产生胶合和磨损失效的可能性。在闭式传动中，蜗杆副多因齿面胶合或点蚀而失效。在开式传动中，蜗轮的失效形式主要是齿面磨损和过度磨损引起的轮齿折断。

二、蜗杆、蜗轮常用材料

考虑到蜗杆传动相对滑动速度较大的特点，蜗杆和蜗轮的材料不但要有一定的强度，而且要有良好的减摩性和耐磨性。

蜗杆常用的材料是碳钢和合金钢。高速重载蜗杆常用 15Cr 或 20Cr，并经渗碳淬火，齿面硬度为 58～62HRC，或采用 40 号、45 号钢或 40Cr 钢等经淬火，硬度达到 40～55HRC。一般不太重要的低速中载蜗杆，可采用 40 号或 45 号钢，并经调质处理，其硬度为 220～300HBS。

蜗轮的常用材料为青铜。在滑动速度 $v_s > 3\text{m/s}$ 的高速重载的重要传动中，蜗轮可选用铸造锡青铜（ZCuSn10P1，ZCuSn5Pb5Zn5）。这种材料耐磨性最好，但价格较高。在滑动速度 $v_s \leqslant 4\text{m/s}$ 的传动中，蜗轮可选用铸造铝铁青铜（ZCuAl10Fe3），它的耐磨性和抗胶合性均比锡青铜差一些，但强度高，价格便宜。在滑动速度 $v_s < 2\text{m/s}$ 的低速轻载传动中，蜗轮也采用铸铁（HT150，HT200）制造。

三、蜗杆、蜗轮的结构

蜗杆一般常和轴做成一体，称为蜗杆轴，如图 15-6 所示。

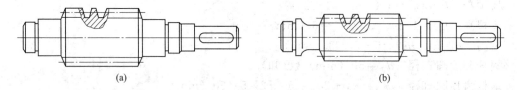

(a)   (b)

图 15-6 蜗杆轴的常见结构

蜗轮常见的结构有整体式和组合式两种。铸铁蜗轮和小尺寸青铜蜗轮常采用整体式结构（图 15-7）。对于大尺寸的蜗轮，为了节约贵重的有色金属，常采用青铜齿圈和铸铁（或钢）轮芯的组合结构（图 15-8），采用组合结构时，齿圈和轮芯间可采用过盈配合，为了增加连接的可靠性，常在接合面圆周上装上 4～8 个螺钉，螺钉孔中心线要偏向铸铁一边，以易于钻孔。当蜗轮直径较大时或磨损后需要更换齿圈的场合，齿圈和轮芯可采用铰制孔用螺栓连接［图 15-8(c)］。对于成批制造的蜗轮，常在铸铁轮芯上浇铸出青铜齿圈［图 15-8(a)］，然后切齿加工。

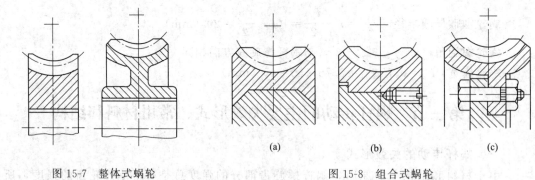

(a)   (b)   (c)

图 15-7 整体式蜗轮   图 15-8 组合式蜗轮

第四节　蜗杆传动的强度计算简介

一、蜗杆传动的受力分析

如图 15-9 所示，蜗杆传动的作用力与斜齿圆柱齿轮相似。当不计摩擦力影响时，作用在工作面节点 C 处的法向力 F_{n1} 可分解为三个相互垂直的分力：圆周力 F_{t1}、径向力 F_{r1} 和轴向力 F_{a1}。由于蜗杆和蜗轮轴线相互垂直交错，根据力的作用原理，各力的大小可按下列各式计算：

$$F_{t1}=F_{a2}=\frac{2000T_1}{d_1} \tag{15-4}$$

$$F_{a1}=F_{t2}=\frac{2000T_2}{d_2} \tag{15-5}$$

$$F_{r1}=F_{r2}=F_{t2}\tan\alpha \tag{15-6}$$

$$T_2=T_1 i_{12}\eta \tag{15-7}$$

式中　T_1，T_2——蜗杆及蜗轮的公称扭矩，N·m；

　　　d_1，d_2——蜗杆及蜗轮的分度圆直径，mm；

　　　i_{12}——蜗杆蜗轮的传动比；

　　　η——蜗杆蜗轮间的传动效率，粗略计算时可按表 15-4 查取。

表 15-4　估算效率值

蜗杆头数	1	2	4	6
传动效率	0.7～0.75	0.75～0.82	0.87～0.92	0.95

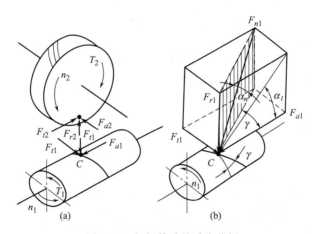

图 15-9　蜗杆传动的受力分析

一般情况下蜗杆为主动，则 F_{t1} 的方向与蜗杆在啮合点处的运动速度方向相反，而 F_{t2} 的方向与蜗轮在啮合点处的运动速度方向相同；F_{r1}、F_{r2} 各指向自己的轴心。F_{a1}、F_{a2} 的方向可用左、右手定则判定（见第十四章第九节）。

二、蜗轮的转向

由于蜗杆所受轴向力 F_{a1} 与蜗轮所受的圆周力 F_{t2} 互为作用力和反作用力，故 F_{t2} 与 F_{a1} 方向相反，F_{t2} 推动蜗轮转动，与蜗轮的转动方向相同。简单地说，蜗轮在啮合点处沿按左、右手定则确定蜗杆所受轴向力 F_{a1} 的相反方向转动。

三、蜗杆传动的强度计算

在蜗杆传动中，由于材料和结构上的原因，蜗杆螺旋部分的强度总高于蜗轮轮齿的强度。在一般情况下，失效总是发生在强度较低的蜗轮轮齿上。虽然蜗杆传动的主要失效形式有齿面疲劳点蚀、胶合、磨损和轮齿折断等，但是至今对胶合与磨损计算尚无成熟的方法，故只能参照圆柱齿轮的强度计算方法，针对蜗轮进行齿面接触强度和齿根弯曲强度计算。

由于蜗杆传动的效率低，发热量大，所以在闭式传动中如果产生的热量不能及时散失，将使润滑油温度升高而黏度降低，从而增大摩擦损失，甚至导致发生胶合。为此，对连续工作的闭式蜗杆传动要进行热平衡计算，以保证油的温升不超过允许值，以防止蜗杆传动齿面出现胶合。

蜗杆传动强度和热平衡的具体计算公式和有关数据的选取可参看有关的机械设计手册。

习　题

15-1　已知蜗杆头数 $z_1 = 2$，模数 $m = 8mm$，蜗杆分度圆直径 $d_1 = 80mm$，蜗轮齿数 $z_2 = 50$，试求主要几何尺寸。

15-2　试标注图 15-10 所示蜗杆传动的各力（F_t、F_r、F_a）。

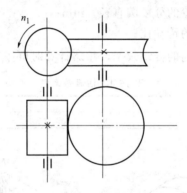

图 15-10　题 15-2 图

第十六章
轮系和减速器

第一节 轮 系

一、轮系的功用和分类

在生产实际中，往往由于主动轴与从动轴之间的距离较远，或需要有较大的传动比等原因，经常采用一系列相互啮合的齿轮所组成的称为轮系的传动系统。

1. 轮系的功用

（1）较远距离的传动 当两轴之间的距离较远时，若仅用一对齿轮传动，势必使齿轮的外形尺寸很大，如图 16-1 所示（点划线所示一级传动）。这不仅给制造、安装等方面带来种种不便，并且浪费材料。为了避免上述缺点，则可采用图 16-1 中实线所示四个小尺寸齿轮组成的轮系来达到同样目的。

（2）获得较大的传动比 当两轴之间需要较大传动比时，若仅用一对齿轮传动，则两轮的齿数必然相差较多［如图 16-2(a) 中所示］，小齿轮极易磨损。如采用图 16-2(b) 中所示轮系，则可在各齿轮直径相差不大的情况下得到较大的传动比。

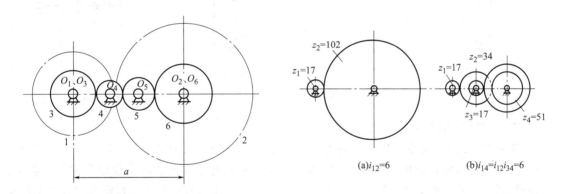

图 16-1 轮系与一级齿轮传动比较   图 16-2 齿轮传动方案比较

（3）改变从动轴的转向 当主动轴的转向不变，要求从动轴作正、反向转动时，可采用图 16-3 所示的三角换向机构，这是典型的采用轮系的换向机构。当在图中所示实线位置时，首尾 1、4 两齿轮的转向相反，当在图中所示虚线位置时，首尾 1、4 两齿轮转向相同。

（4）实现多种传动比的传动 当主动轴的转速不变时，使从动轴得到几种不同的转速，以适应工作条件的变化，这时可采用轮系。如图 16-4 所示的塑料加工简易螺杆挤出机传动中，螺杆要求有四种不同的转速，而II轴只有一种转速。这时，只要将齿轮组 3、4 和 7、8 与II轴上的 1、2 和III轴上的 5、6 齿轮采用不同的啮合位置，便可实现V轴的四种不同转速。

（5）转动的合成和分解 转动的合成是指将两个独立的转动合成为一个转动；转动的分

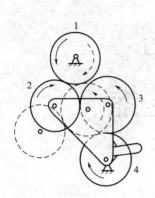

图 16-3　三星轮换向机构

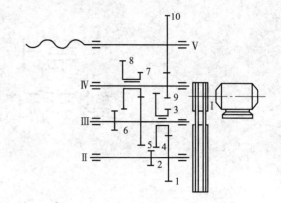

图 16-4　简易塑料挤出机传动系统

解是指将一个转动分解成两个独立的转动。转动的合成与分解可通过周转轮系来实现。这部分内容将在第二节中作详细介绍。

2. 轮系的分类

轮系通常分为定轴轮系和周转轮系两类。传动时，所有齿轮的几何轴线位置都是固定不变的轮系，称为定轴轮系，如图 16-1～图 16-4 所示。传动时，至少有一个齿轮的几何轴线是绕另一个齿轮的固定几何轴线转动的轮系，称为周转轮系，如图 16-5 所示。

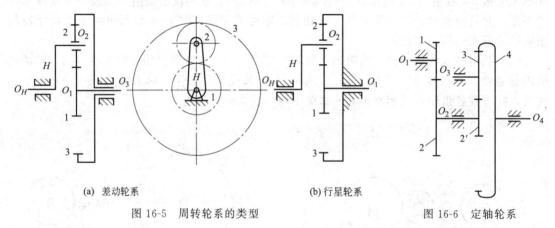

(a) 差动轮系　　　　　　　　　　　(b) 行星轮系

图 16-5　周转轮系的类型　　　　　　　　图 16-6　定轴轮系

二、定轴轮系及其传动比

轮系中，首末两轮的角速度（或转速）之比，称为轮系的传动比，通常用字母"i"表示。

在计算定轴轮系的传动比时，还需要确定主、从动轮之间的转向。规定在轮系中若首、末两轮转向一致，则取"+"号；相反则取"−"号。正负号的确定是看轮系中有多少对外啮合。如果有 m 对外啮合，则轮系总速比的符号用 $(-1)^m$ 来确定。两轮的转向也可以用箭头表示。对于一对外啮合齿轮，在啮合点处两箭头或者是相对或者是相背离；对于内啮合齿轮，在啮合点处两箭头指向相同。当两箭头反向时，传动比为负；两箭头同向时，传动比为正。图 16-6 所示为一定轴轮系，现在来计算其主动轴 O_1 与从动轴 O_4 之间的传动比，即计算其首轮 1 与末轮 4 之间的传动比 i_{14}。其中各对齿轮的传动比分别为

$$i_{12}=\frac{n_1}{n_2}=\frac{\omega_1}{\omega_2}=-\frac{z_2}{z_1}$$

$$i_{2'3}=\frac{n_2'}{n_3}=\frac{\omega_2'}{\omega_3}=-\frac{z_3}{z_2'}$$

$$i_{34} = \frac{n_3}{n_4} = \frac{\omega_3}{\omega_4} = \frac{z_4}{z_3}$$

将以上各式顺序连乘则得

$$i_{12}i_{2'3}i_{34} = \frac{n_1}{n_2}\frac{n'_2}{n_3}\frac{n_3}{n_4} = \left(-\frac{z_2}{z_1}\right)\left(-\frac{z_3}{z'_2}\right)\left(\frac{z_4}{z_3}\right)$$

由于齿轮 2 与 2' 固定在一根轴上，$n_2 = n'_2$，故

$$i_{14} = \frac{n_1}{n_4} = i_{12}i_{2'3}i_{34} = (-1)^2 \frac{z_2 z_3 z_4}{z_1 z'_2 z_3}$$

上式表明定轴轮系的总传动比，等于组成该轮系的各对齿轮的分传动比连乘积，其值等于

$$i_{1k} = \frac{n_1}{n_k} = \frac{\omega_1}{\omega_k} = (-1)^m \frac{\text{各从动轮齿数的乘积}}{\text{各主动轮齿数的乘积}} \tag{16-1}$$

式中，下标 1 表示首轮，下标 k 表示末轮，m 表示圆柱齿轮外啮合次数。

图中的齿轮 3 在轮系中既为主动轮又为从动轮，在上式中可以消去，对轮系传动比的数值没有影响，但影响传动比的符号。这种仅影响末轮转向的齿轮，称为惰轮或中间轮。

需要说明一点：若轮系中有圆锥齿轮和蜗杆蜗轮时，其传动比的数值仍可用上式计算，但式中的 $(-1)^m$ 不再适用，需用画箭头的方法表示各轮的转向。

三、周转轮系的传动比

图 16-5(a) 所示为一周转轮系。在此轮系中，活动构件有中心轮(太阳轮) 1、3，行星轮 2 及转臂 H。轮 1、3 和转臂 H 分别以转速 n_1、n_3 和 n_H 绕固定轴线 O_1、O_3 和 O_H 转动（轴线 O_3、O_H 和 O_1 必须重合，否则不能转动）。行星轮 2 的轴固联于转臂 H 上，当轮转动时，它不但绕转臂 H 上的 O_2 转动（称自转），同时还随转臂转动（称公转）。要确定这种轮系的运动，需要有两个主动件，所以常把这种轮系称为差动轮系。如果将其中心轮 3 （或中心轮 1）固定，如图 16-5(b) 所示，所得轮系称为行星轮系，这时仅需一个原动件即可确定轮系的运动。

从图 16-5(a) 中的周转轮系可以看到，若转臂 H 固定，则变成定轴轮系了。根据相对运动原理，若对周转轮系中的各个构件都加上一个公共的转动，则各构件之间的相对运动关系仍保持不变。应用这个原理，对图 16-5(a) 所示周转轮系的各构件都附加一个转速为 $-n_H$ 的转动，此时转臂 H 相对地面是固定不动的，这样周转轮系就转化为定轴轮系，这个转化后的定轴轮系称为周转轮系的转化机构。图 16-5(a) 所示的差动轮系的转化机构中，设齿轮 1、2、3 和转臂 H 的转速是 n_1、n_2、n_3 和 n_H，则转化后的齿轮 1、2、3 和转臂 H 的转速分别是

$$n_1^H = n_1 - n_H$$
$$n_2^H = n_2 - n_H$$
$$n_3^H = n_3 - n_H$$
$$n_H^H = n_H - n_H = 0$$

转化机构中两个中心轮的传动比为

$$i_{13}^H = \frac{n_1^H}{n_3^H} = \frac{n_1 - n_H}{n_3 - n_H} = -\frac{z_3}{z_1}$$

设在周转轮系中共有 k 个齿轮，在其转化机构中，如取轮 1 为主动轮，轮 k 为从动轮，在轮 1 和轮 k 之间各对啮合齿轮的主动轮为 1、2'、3'、…、$(k-1)'$，从动轮为 2、3、4、…、k，若经过 m 次外啮合，则可得其转化机构的传动比 i_{1k}^H 为

$$i_{1k}^H = \frac{n_1^H}{n_k^H} = \frac{n_1 - n_H}{n_k - n_H} = (-1)^m \frac{z_2 z_3 z_4 \cdots z_k}{z_1 z'_2 z'_3 \cdots z'_{(k-1)}} \tag{16-2}$$

由式(16-2)可知，只要已知轮系各齿轮齿数和任何两构件的转速，即可求得第三个构件的转速。

若在周转轮系中，固定一个中心轮 k，则该轮系就由差动轮系变为行星轮系，其转化机构的传动比公式可由式(16-2)求得

$$i_{1k}^{H}=\frac{n_1^H}{n_k^H}=\frac{n_1-n_H}{0-n_H}=1-i_{1H}=(-1)^m\frac{z_2z_3z_4\cdots z_k}{z_1'z_2'z_3'\cdots z_{(k-1)}'} \tag{16-3}$$

应用式(16-2)和式(16-3)时，需注意以下两点：

① n_1、n_k、n_H 必须是相应构件在平行平面内的转速；

② 各个转速代入式中时，都应带有本身的正号或负号。

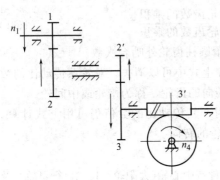

图 16-7　例 16-1 图

【例 16-1】　如图 16-7 所示定轴轮系，已知 $z_1=z_2'=20$，$z_2=z_3=40$，$z_3'=2$（左旋），$z_4=50$，若 $n_1=1000\text{r/min}$，求蜗轮的转速 n_4。

解　此轮系是一定轴轮系，故采用式(16-1)求解。

$$i_{14}=\frac{n_1}{n_4}=\frac{z_2z_3z_4}{z_1z_2'z_3'}=\frac{40\times40\times50}{20\times20\times2}=100$$

所以　$n_4=n_1/i_{14}=1000/100=10\text{r/min}$

【例 16-2】　在图 16-5(b) 中，已知该行星轮系各轮的齿数为 $z_1=40$，$z_2=20$，$z_3=80$，试计算中心轮 1 和转臂 H 之间的传动比 i_{1H}。

解　由式(16-3)得

$$i_{13}^{H}=1-i_{1H}=(-1)\frac{z_2z_3}{z_1z_2}=-\frac{z_3}{z_1}=-\frac{80}{40}=-2$$

故得　　　　　　　$i_{1H}=1-i_{13}^{H}=1-(-2)=3$

第二节　减　速　器

减速器（又称减速箱或减速机）是由封闭在刚性箱体中的几对齿轮以及蜗轮蜗杆等所组成。它在机器中常作为一独立部件装在原动机和工作机之间用以降低转速并相应增大扭矩。在某些场合，也可用以增加转速，此时则称为增速器。由于减速器应用非常广泛，所以它的主要参数已标准化了。另外对一些专用设备上的减速器也已系列化，并有专门厂家生产，如化工反应釜用减速器等。

一、减速器的类型

根据传动的类型，减速器可分为齿轮、蜗杆、齿轮-蜗杆和行星减速器；根据齿轮的形状不同，齿轮减速器又可分为圆柱、圆锥等齿轮减速器等；根据传动的级数又有单级、双级和多级减速器之分；按齿轮轴在空间的位置又可把减速器分为立式、卧式和侧式减速器；按传动的布置形式又可分为展开式、分流式和同轴式（又称回归式）减速器等，如图 16-8(a) 所示为展开式两级圆柱齿轮减速器，它的齿轮对两轴承位置不对称。这种减速器宜用于载荷较平稳的场合。图 16-8(b) 所示为高速级分流式减速器。图 16-8(c) 所示为同轴式减速器，它的长度小，输入和输出轴在同一轴线上。

二、减速器的结构与润滑

图 16-9 所示为一典型的一级圆柱齿轮减速器的结构图。

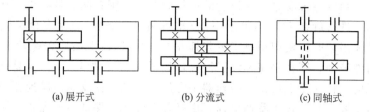

(a) 展开式　　　　　(b) 分流式　　　　　(c) 同轴式

图 16-8　减速器类型

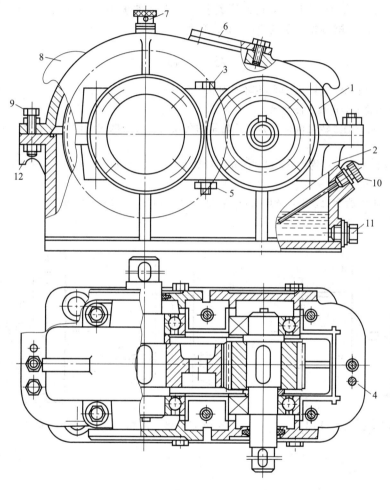

图 16-9　一级齿轮减速器结构图

1—箱盖；2—箱座；3—螺栓；4—定位销；5—螺母；6—视孔盖；7—透气旋塞；
8—箱盖吊钩；9—启盖螺栓；10—油标；11—油塞；12—箱座吊钩

　　减速器主要由齿轮（或蜗轮）、轴、轴承和箱体四部分组成。箱体是减速器的基座，各种零件都固定其上，为安装轴承的方便，箱体制成剖分式（图 16-9），由箱盖 1 和箱座 2 两部分用螺栓 3 连接而成，为保证箱体的密封性，通常在剖分面上涂一层薄薄的水玻璃。为了保证齿轮轴线的正确位置，除安装轴承的孔（称为轴承座孔）要有一定精度外，箱体的刚度要足够大，以免在载荷作用下产生过大的变形，所以在座孔处壁较厚，并在箱壁外设置加强筋。为了加强散热，有时箱体外壁还设置散热片。

　　箱盖上的开孔（视孔盖 6）是为视察齿轮啮合情况和往箱内注入润滑油。为避免减速器工作时由于温升，箱内空气膨胀，导致润滑油从分箱面及密封圈等处挤出，在箱盖上要设置通气孔或通气帽（透气旋塞7）。箱盖吊钩8（也可用吊环螺钉），是专供组装、解体箱体时吊箱盖用的。整体吊装时，使用箱座上的箱座吊钩12，箱盖上的启盖螺栓9是专供启盖用的。为检测润滑油液面，则在箱座上设置油标，如图16-9中件10。件11是堵排油孔用的油塞，专供换油用的。件4是定位销。减速器中常用滚动轴承作支承。减速器中齿轮、蜗轮和蜗杆的润滑非常重要，它是减少摩擦磨损、提高传动效率、保证减速器正常工作的关键。当齿轮的圆周速度和传递的功率不大时，减速器可用油池润滑，其轴承可用脂润滑，当齿轮圆周速度不低于 2.5m/s时，油可飞溅到箱盖上再汇集到轴承中进行润滑。当齿轮的圆周速度高于 12～15m/s时，轮齿啮合处多采用喷油润滑。

习　题

16-1　图 16-10 所示轮系中，已知各标准圆柱齿轮的齿数为 $z_1 = z_2 = 20$，$z_3' = 26$，$z_4 = 30$，$z_4' = 22$，$z_5 = 34$。试计算齿轮3的齿数及传动比 i_{15}。

16-2　为什么可以通过转化机构计算周转轮系的传动比？转化机构中的转速是否与原周转轮系的转速相同？

16-3　图 16-11 所示行星轮系中，已知各轮的齿数为 $z_1 = z_2' = 100$，$z_2 = 99$，$z_3 = 101$，试计算转臂 H 与中心轮1的传动比 i_{H1}。

16-4　在图 16-12 所示轮系中，各齿轮均为标准齿轮，并已知其齿数分别为 $z_1 = 34$，$z_2 = 22$，$z_4 = 18$，$z_5 = 35$。试求齿数 z_3 及 z_6，并计算传动比 i_{1H2}。

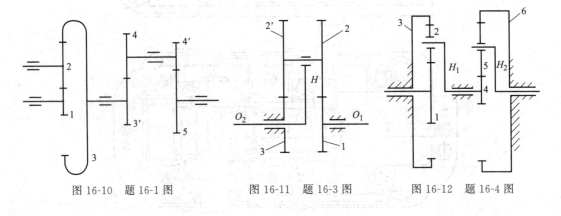

图 16-10　题 16-1 图　　　　图 16-11　题 16-3 图　　　　图 16-12　题 16-4 图

第十七章
轴、键和联轴器

第一节 概 述

　　轴主要是用来支持机器中的转动零件，传递运动和动力，同时又受轴承支承，是机械中必不可少的重要零件。

　　按轴的承载情况，轴可分为三类：工作时既承受弯矩又承受扭矩的轴称为转轴，如减速器中的齿轮轴；有些轴主要用来传递扭矩而不承受弯矩作用的轴称为传动轴，如汽车后桥前的传动轴（图17-1）；只受弯矩而不受扭矩作用的轴称为心轴，如图17-2中自行车的前、后轮上的心轴。轴按形状还可分为直轴、曲轴和阶梯轴等。

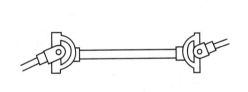

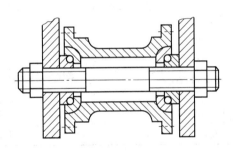

图 17-1　汽车后桥传动轴　　　　　　　　图 17-2　自行车前后轮上的心轴

　　轴设计的主要问题是在保证强度与刚度的同时还要使之具有合理的结构。所以一般设计轴的步骤是：首先根据载荷性质大小和工况条件选择材料；根据初步计算（或估算）确定轴的最小直径，进而拟定出轴的合理结构（结构设计）；然后再进行轴的强度和刚度校核。必要时，还要校核其稳定性。

　　传动件与轴的连接主要是通过键实现的；轴与轴的连接是通过联轴器实现的，这两种零部件都已标准化，设计时可根据工况选用。

第二节 轴 的 材 料

　　由于轴工况条件的复杂性，并多在变载下工作，它的失效常为疲劳损坏，因此轴的材料应具有足够的强度、刚度、耐磨以及对应力集中敏感性小和良好的工艺性能等。

　　轴的常用材料有碳素钢及合金钢。钢轴的毛坯多数采用轧制圆钢和锻件。常用优质碳素结构钢的牌号有30、35、40、45钢，其中以45钢应用最广。用这类钢制成的轴可通过热处理改善其力学性能。对不重要的轴，可使用Q235、Q275等普通碳素结构钢。对于承受载荷较大并要求尺寸紧凑、重量较轻以及耐磨性较好的重要轴，可用强度较高的合金钢制造并进行适当的热处理，常选用的合金钢有 40Cr、35SiMn 和 20Cr 等。对于形状复杂的轴（如曲轴），可用球墨铸铁铸造。表 17-1 列出轴的常用材料，可供选用。

表 17-1 轴的常用材料及其主要力学性能

| 材料 | | 热处理 | 毛坯直径 /mm | 硬度 /HBS | 主要力学性能 | | | | | | | 用途 |
类别	牌号				强度极限 σ_b /MPa	屈服极限 σ_s /MPa	弯曲疲劳极限 σ_{-1} /MPa	剪切疲劳极限 τ_{-1} /MPa	静应力下许用弯曲应力 $[\sigma_{+1}]_b$ /MPa	脉动循环下许用弯曲应力 $[\sigma_0]_b$ /MPa	对称循环下许用弯曲应力 $[\sigma_{-1}]_b$ /MPa	
碳素钢	Q235		≤16	—	460	235	200	105	135	70	40	用于不重要或承载不大的轴
			≤40	—	440	225						
	45	正火	≤100	170~217	600	300	275	140	196	93	54	应用最广
		调质	≤200	217~255	650	360	300	155	216	98	59	
合金钢	40Cr	调质	≤100	241~286	750	550	350	200	245	118	69	用于载荷较大而无很大冲击的重要轴
			>100~300	241~286	700	550	340	185				
	35SiMn (42SiMn)	调质	≤100	229~286	800	520	400	205	245	118	69	性能接近40Cr，用于中小型轴、齿轮轴
			>100~300	219~269	750	450	350	185				
	40MnB	调质	25	207	1000	800	485	280	245	118	69	性能接近40Cr，用于重要轴
			≤200	241~286	750	500	335	195				
	20Cr	渗碳淬火回火	15	表面 HRC50~60	850	560	375	215	200	100	60	用于要求强度和韧性均较高的轴
			≤60		650	400	280	160				
	20CrMnTi		15	表面 HRC50~62	1100	850	525	300	360	166	98	
球墨铸铁	QT400-10		—	156~197	400	300	145	125	64	34	25	
	QT600-2		—	197~269	600	420	215	185	96	52	37	

第三节 轴的结构设计

为了合理地确定轴的结构，需要综合考虑各方面的因素，如轴上零件的布局及其固定方式、轴的加工和装拆方法、作用在轴上的载荷大小及其分布情况等。现以图 17-3 所示单级减速器的低速轴来说明轴的结构。

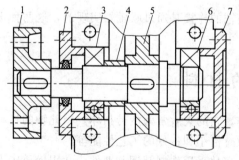

图 17-3 单级齿轮减速箱低速轴
1—联轴器；2—透盖；3—深沟球轴承；4—套筒；
5—齿轮；6—深沟球轴承；7—闷盖

一般轴都由三部分组成：轴颈——和轴承孔相配合的部分；轴头——和传动零件孔（如图 17-3 中的齿轮）相配合的部分；轴身——连接轴颈和轴头的其余部分。

轴的结构设计就是确定轴颈、轴头、轴身三部分的外形和尺寸。

一、轴颈、轴头的直径尺寸

轴颈、轴头的直径分别和轴承孔、传动件孔径相配。轴头的直径除满足强度和刚度等要求外，还必须采用规定的标准系列值，如表 17-2 所示。与滚动轴承孔径相配的轴颈直径，还应符合滚动轴承的规格。轴身部分尺寸根据轴颈和轴头尺寸确定，这部分尺寸不要求符合标准直径值，但要求外形结构要保证连接得合理。

表 17-2　轴标准直径系列尺寸（GB/T 2811—2005）　　　　mm

12,13,14,15，16,17，18,19,20,21，22，24，25,26，28,30，32,34,36,38，40，42,45,48，
50,53，56,60,63,67，71，75,80,85，90,95,100,105，110,120,125,130,140，
150,160,170,180,190，200,210，220,240,250,260,280,300,320,340

二、轴上零件的定位

1. 零件的轴向定位

轴上零件常采用轴肩 [图 17-4(a)] 和轴环 [图 17-4(b)] 进行轴向定位，轴肩和轴环高度 h 的范围为 $(0.07 \sim 0.1) d$，d 为与零件相配处的轴径尺寸，轴环宽度 $b \approx 1.4h$。轴上圆角半径 r 和倒角 c 必须小于零件相配圆角 R 和倒角 c，以保证轴上零件紧靠轴肩。轴肩轴环高度 h 也要大于 R 和 c。

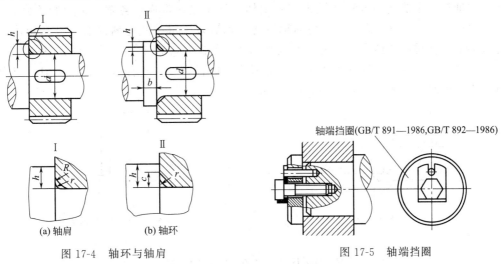

图 17-4　轴环与轴肩　　　　　　　　图 17-5　轴端挡圈

另外还可采用轴端挡圈（图 17-5），圆螺母定位（图 17-6）或定位套筒（图 17-3 中件 4）作轴向定位。

轴向载荷不大的地方，也可用弹性挡圈直接卡在轴上作轴向定位（图 17-7）或用一挡圈加一紧定螺钉固定（图 17-8）。

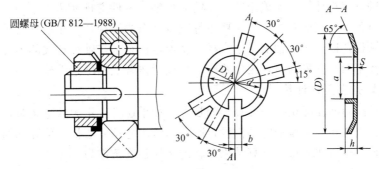

图 17-6　圆螺母轴向定位

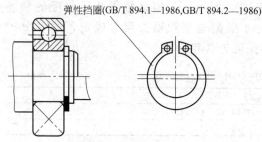

弹性挡圈(GB/T 894.1—1986,GB/T 894.2—1986)

图 17-7 弹性挡圈

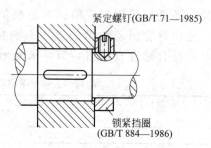

紧定螺钉(GB/T 71—1985)

锁紧挡圈
(GB/T 884—1986)

图 17-8 紧定螺钉固定结构

2. 零件的周向固定

零件的周向固定常用平键、花键、销、紧定螺钉和带有过盈的紧配合来实现。其中紧定螺钉只用于传力不大之处。

三、轴结构的工艺性

从加工考虑，最好是直径不变的光轴，但光轴不利于零件的装拆和定位，所以实际上多采用阶梯轴。为了能选用合适的圆钢和减少切削加工量，阶梯轴各轴段的直径不宜相差太大，一般取 5～10 mm。轴上要磨削的轴段遇有轴肩时要留有砂轮越程槽（图 17-9）；轴上切螺纹的部分在尾部要留有退刀槽，槽宽 $b=3P$（螺距）（图 17-10）；轴上的圆角半径 R 要尽量取同样大小，倒角取同样大小角度。退刀槽取同样宽度。这样可减少加工中换刀次数；精度要求高的轴，在轴两端要有中心孔作基准。

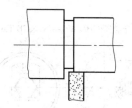

图 17-9 砂轮越程槽

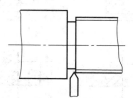

图 17-10 螺纹退刀槽

第四节 轴的强度计算

对于仅仅（或主要）承受扭矩的轴（传动轴），可按扭转强度计算轴的强度。对于仅仅（或主要）承受弯矩的轴（心轴），应按弯曲强度计算轴的强度。对于转轴即传递扭矩又承受弯矩的轴（转轴），需要按弯扭联合作用计算转轴的强度。但在轴的设计初期，往往未知轴的跨距，难以进行弯矩计算。而确定跨距又需要把轴上零件安排就位。这一工作常称草图设计。显然跨距与各零件宽度有关，而某些零件宽度又取决于轴径。在这种情况下，通常先按扭转强度初估轴径，以此作为轴的最小直径，从而定出轴上与轴径有关的零件宽度，进而绘制设计草图，在草图布置妥当后，定出跨距，再按弯扭合成强度条件校核轴的强度。

一、按扭转强度条件计算

这种方法只按轴所受的扭矩来计算轴的强度；如果还受有不大的弯矩时，则用降低扭转切应力的方法予以考虑。在作轴的结构设计时，通常用这种方法初步估算轴的最小直径。对于不大重要的轴，也可作为最后计算结果。轴的扭转强度条件为

$$\tau = \frac{T}{W_T} \leqslant [\tau] \tag{17-1}$$

式中　T——轴所受扭矩，在已知轴的转速 $n(\mathrm{r/min})$ 和传递功率 $P(\mathrm{kW})$ 的条件下，$T=9.55\times10^6\dfrac{P}{n}\mathrm{N\cdot mm}$；

W_T——轴的抗扭截面因数，mm^3，对轴径为 d 的圆形轴，$W_T=\dfrac{\pi}{16}d^3\approx0.2d^3$；

$[\tau]$——许用扭转切应力，MPa，见表 17-3。

按扭转强度设计轴径 d
$$d\geqslant A_0\sqrt[3]{\frac{P}{n}} \tag{17-2}$$

对于空心轴其外径 d
$$d\geqslant A_0\sqrt[3]{\frac{P}{n(1-\beta^4)}} \tag{17-3}$$

式中，$A_0=\sqrt[3]{9.55\times10^6/(0.2[\tau])}$，可直接由表 17-3 查得，$A_0$ 取法是当弯矩的作用较扭矩小，或轴只受扭矩作用时，取小值；反之取大值。β 为空心轴内外径之比，β 通常取 $0.5\sim0.6$。

表 17-3　轴常用材料的 $[\tau]$ 及 A_0 值

轴材料	Q235、20	40Cr、35SiMn、2Cr13	45	1Cr18Ni9Ti
$[\tau]/\mathrm{MPa}$	12~20	40~52	30~40	15~25
A_0	135~160	98~107	107~118	125~148

按式(17-2)求得的 d 要圆整到标准系列值作为轴的最细小处的直径，但要注意，当开有键槽时，应增大轴径以考虑键槽对轴强度的削弱，若开一键槽，则轴径增加 3% 左右。若开双键槽，则轴径增加 7% 左右。

实际设计中，也常用类比法估算轴径，例如减速器和电动机相连的轴可取 $d=(0.8\sim1.2)d_电$（$d_电$ 为电动机轴径）；减速器中大齿轮轴径可取 $d=(0.3\sim0.4)a$，（a 为两轮中心距）。

二、按弯扭联合作用计算轴的强度

完成传动零件的受力分析及轴的结构设计后，其各部分尺寸及轴上载荷大小均可确定，从而可求出支承反力，画出弯矩图和扭矩图，并可按弯扭合成强度条件校核轴径。

所谓弯扭合成强度条件校核，即是将轴看成是由铰链支承的梁，当轴受弯矩 M 和扭矩 T 作用时，按第三强度理论方法求出轴危险截面的应力与轴材料的许用弯曲应力进行比较。下面以图 17-11(a) 所示装有斜齿轮的轴为例，介绍校核计算步骤。

① 绘出轴的空间受力图[图 17-11(b)]，将轴上的作用力分解成水平面（H 面）、垂直面（V 面）的分力。再利用平衡条件求出支点反力。支点反力作用点，近似取轴承宽度中点。

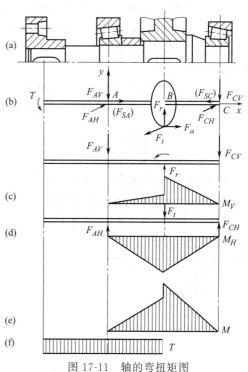

图 17-11　轴的弯扭矩图

② 绘出垂直面上的弯矩图 M_V[图 17-11(c)]。

③ 绘出水平面上的弯矩图 M_H[图 17-11(d)]。

④ 由 $M=\sqrt{M_V^2+M_H^2}$ 绘出合成弯矩图[图 17-11(e)，式中 M、M_V、M_H 的单位是 N·mm]。

⑤ 绘出扭矩图 T[图 17-11(f)]。

⑥ 按照式（17-4）计算当量弯矩 M_e；

$$M_e=\sqrt{M^2+(\alpha T)^2} \tag{17-4}$$

式中，α 是考虑扭矩和弯矩的加载情况及产生应力的循环特性差异的因数（即引入 α 后，相当于将扭矩转化为当量的弯矩）。因通常弯矩引起的弯曲应力是对称循环变应力，而扭矩所产生的扭转切应力，则常常是脉动循环变应力，故在求当量弯矩时，必须计入这种应力循环特性差异的影响。当扭矩 T 恒定时，$\alpha=0.3$；当 T 是脉动循环变化时，$\alpha=0.6$，当 T 为对称循环变化时 $\alpha=1$。

⑦ 校核轴的强度。轴的弯曲强度应满足：

$$\sigma_b=\frac{M_e}{W}\approx\frac{M_e}{0.1d^3}\leqslant[\sigma_{-1}]_b \tag{17-5}$$

式中　M_e——当量弯矩，N·mm；

　　$[\sigma_{-1}]_b$——许用弯曲应力，其值列于表 17-1；

　　W——抗弯截面因数，对于圆截面实心轴 $W\approx0.1d^3$（d 为轴径）。

由式(17-5) 可导出

$$d\geqslant\sqrt[3]{\frac{M_e}{0.1[\sigma_{-1}]_b}} \tag{17-6}$$

若计算截面处有键槽时，与前相同，也应将计算所得 d 值适当加大。

计算所得到的直径比结构设计所规定的直径大，表明强度不够，结构设计要进行修改。如若结构设计规划的直径比计算的直径大，除非相差悬殊，一般不做修改，就以结构设计的轴径为准。

对于特别重要的轴，需要采用更精确的安全因数法校核。其计算方法可参阅有关资料。

【例 17-1】　设计带式运输机中一单级减速器的低速轴，如图 17-12 所示。已知：低速轴传递功率 $P=2$kW，转速 $n=125$r/min，轴上安装直齿圆柱齿轮宽度 $B=40$mm，选用深沟球轴承，轴承内径可在 $30\sim40$mm 范围选取，轴上装的轴承宽 $b=16\sim18$ mm，轴上所装联轴器宽 55mm，部分长度尺寸（见图 17-12 中标注）。试进行轴的草图设计。

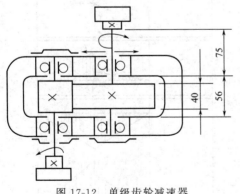

图 17-12　单级齿轮减速器

解　(1) 选择轴的材料

该轴无特殊要求，选 45 钢制造，调质处理。

(2) 估算最小轴径

按扭转强度设计式(17-2)估算最小轴径，由表 17-3 查取 $A_0=110$，则

$$d\geqslant110\times\sqrt[3]{\frac{2}{125}}=27.7 \text{（mm）}$$

由于联轴器配合段直径处有一键槽，应增大 3%，最后按直径标准系列圆整到 $d=30$mm 作为轴的最小值［图 17-13(a)］。

（3）初步决定轴的各段直径和长度

如图 17-13(b) 所示，安装滚动轴承的直径 d_1 应加大，与轴承内径相符合取 $d_1=35$mm，对应取 $b=17$。考虑便于安装齿轮和在此处弯矩较大及有一键槽，轴径也应加大，取 $d_2=40$mm。

在长度方向上，将两轴承之间的跨距 L 适当加大，使轴承离箱体内壁有一距离 C，以便调正时轴向有余地。

初步确定的各段轴长和直径如图 17-13(b) 所示。

（4）进行结构设计

① 轴上零件的轴向定位：齿轮的一端靠轴肩定位，另一端靠套筒定位。由于轴环位置不同，齿轮既可从轴的右端装入，也可从左端装入。采取哪种方案应从轴的制造难易、材料消耗、装配方便等方面考虑并加以比较，然后选定较合理的方案。因本例轴较简单，考虑以上几方面因素，优劣相差不大，故两种方案皆可行之，本例采用如图 17-13(c) 所示方案。联轴器采用轴肩作轴向定位。轴肩处直径 $d_5=34$mm，这样以使内径为 35mm 的轴承便于装拆。

② 轴上零件的周向定位：齿轮和联轴器均采用平键连接做周向定位。

（5）考虑细部结构，决定轴的形状和尺寸

如图 17-13(c) 所示轴环的高度可按 $(0.07\sim1)d$ 选取，定为 3mm，则 $d_3=d_2+(2\times3)=40+6=46$（mm）。左轴承靠此轴环定位，为方便轴承拆卸，则轴环高应低于轴承内圈的高度，此处轴承选用 6207 深沟球轴承，查零件设计手册知 $d_4=42$mm，因此轴环制成阶梯形状。

为方便装配，轴端的阶梯处都加工倒角。

为在轴向固紧齿轮，与其相配合段轴长要稍短些，故取此段轴长 $=38$mm $<$ 齿轮宽 $B=40$mm。

最后绘成的草图如图 17-13(d) 所示（图中尺寸未注全）。

【例 17-2】 试用许用弯曲应力校核计算例 17-1 中低速轴，已知直齿圆柱齿轮分度圆直径 $d=200$mm。

解 （1）求作用在齿轮节点上的力

传递的扭矩
$$T=9.55\times10^6\frac{P}{n}=152800\text{（N·mm）}$$

$$F_t=\frac{2T}{d}=\frac{2\times152800}{200}=1528\text{（N）}$$
$$F_r=F_t\tan\alpha=1528\times\tan20°=556\text{（N）}$$

（2）作空间受力图

如图 17-14(a) 所示。

（3）求垂直平面上的支反力 F_{AV}，F_{CV} 并绘弯矩图 M_V
$$F_{AV}=F_{CV}=F_r/2=556/2=278\text{（N）}$$

垂直平面受力图如图 17-14(b) 所示，弯矩图如图 17-15(c) 所示，最大弯矩在齿宽中点
$$M_V=F_{AV}l=278\times39=10842\text{（N·mm）}$$

（4）求水平面上支反力 F_{AH}、F_{CH} 并绘弯矩图 M_H 水平面受力图如图 17-14(d) 所示

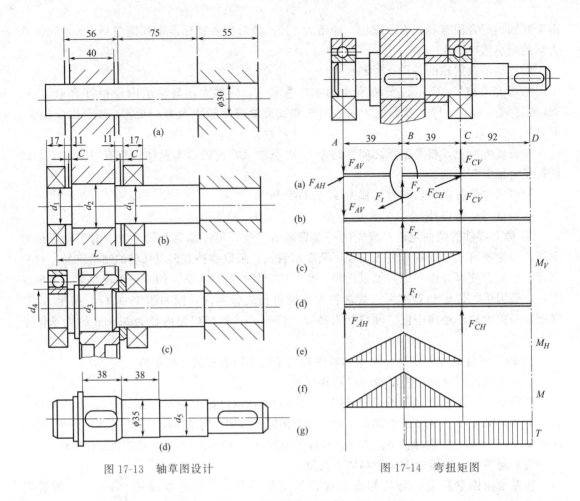

图 17-13　轴草图设计	图 17-14　弯扭矩图

$$F_{AH}=F_{CH}=F_t/2=1528/2=764 \ （N）$$

弯矩图如图 17-14(e) 所示，最大弯矩位于齿轮中点：

$$M_H=F_{AH}l=764×39=29796 \ （N \cdot mm）$$

（5）求合成弯矩在齿宽中点处

$$M=\sqrt{M_V^2+M_H^2}=\sqrt{10842^2+29796^2}=31707 \ （N \cdot mm）$$

绘出合成弯矩图，如图 17-14(f) 所示。绘出扭矩图，如图 17-14(g) 所示。

（6）按式(17-4) 求当量弯矩

扭矩 T 按脉动循环变化，$\alpha=0.6$，在齿宽中点处的当量弯矩为

$$M_e=\sqrt{M^2+(\alpha T)^2}=\sqrt{31707^2+(0.6×152800)^2}=97008 \ （N \cdot mm）$$

（7）确定危险断面并校核危险断面上的直径

一般危险断面处于载荷最大处、应力集中处，因齿宽中点处当量弯矩最大，故选此截面作为危险截面进行校核计算。

由表 17-1 查得 $[\sigma_{-1}]_b=59$ MPa，由式(17-6) 得

$$d \geqslant \sqrt[3]{\frac{M_e}{0.1[\sigma_{-1}]_b}}=\sqrt{\frac{97008}{0.1×59}}=25.4 \ （mm）$$

因为轴的实用直径 40 mm＞25.4 mm，故此截面满足强度要求。

第五节 平键连接

键连接是一种将轴和轴上的转动零件连接起来的可拆连接。主要用于轴和轮毂间的周向固定并传递扭矩。

键的类型很多，大都已标准化。应用最广的是普通平键，所以这里只介绍普通平键的选择与计算。

一、普通平键的结构类型

平键是矩形剖面的连接件，它平安装在轴和轴上零件轮毂孔的键槽内。平键的两侧面是工作面，上表面与传动件轮毂之间有间隙 [图 17-15(a)]，装键后不会改变轴线与轮毂轴线的原来位置，装拆也很方便。

平键的主要尺寸是宽度 b 和高度 h，可根据轴的直径 d 由标准 GB/T 1095—1979 中查得。长度 L 根据需要和轮毂宽度确定。按两端形状普通平键可分为圆头（A 型）、平头（B型）和单圆头（C 型）三种，如图 17-15(b) 所示。

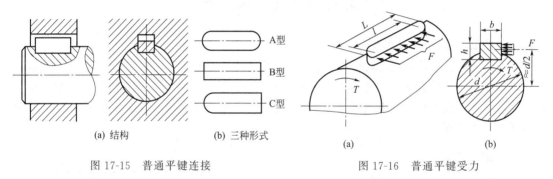

(a) 结构　　(b) 三种形式

图 17-15　普通平键连接

(a)　　(b)

图 17-16　普通平键受力

二、普通平键的验算

在键传递扭矩过程中，两侧受挤压，中间受剪，它的验算方法是：以键为受力研究对象，假设载荷均匀分布，两力相距很近，不计力偶效应，其受力图如图 17-16 所示。

平键连接的主要失效形式是工作面被压溃，严重过载时也会出现键被剪断。通常只按工作面上的挤压应力进行强度校核计算。

假定载荷在键的工作面上均匀分布，普通平键连接的强度条件为

$$\sigma_p = \frac{2T \times 10^3}{kld} \leqslant [\sigma_p] \tag{17-7}$$

式中　T——传递的扭矩，N·m；

　　　k——键与轮毂的接触高度，$k = 0.5h$，h 为键的高度，mm；

　　　l——键的工作长度，mm，圆头平键 $l = L - b$，平头平键 $l = L$，单圆头平键 $l = L - b/2$；

　　　d——轴的直径，mm；

$[\sigma_p]$——键、轴、轮毂三者中最弱材料的许用挤压应力，MPa，见表 17-4。

表 17-4　键连接的许用挤压应力 $[\sigma_p]$　　　　　　　　　　　　　　MPa

键、毂或轴的材料	静载荷	轻微冲击载荷	冲击载荷
钢	120～150	100～120	60～90
铸铁	70～80	50～60	30～45

【例 17-3】 有一减速器高速轴，直径 $d=45$ mm，上配铸铁带轮，传递功率 $P=55$kW，转速 $n=1420$r/min，选配 A 型普通平键。

解 （1）计算传递的扭矩 T：

$$T=9550\times\frac{P}{n}=9550\times\frac{55}{1420}=369.9\ （\text{N}\cdot\text{m}）$$

（2）据轴径 $d=45$mm，查键标准 GB/T 1095—1979 得键宽 $b=14$ mm，高 $h=9$mm；又据轮毂材料为铸铁、按轻微冲击载荷查表 17-4 得 $[\sigma_p]=60$MPa。

（3）选键长 L，据式（17-7）可导出键的工作长度 l 的计算式为

$$l\geqslant\frac{2T\times10^3}{kd[\sigma_p]}=\frac{2\times369.9\times10^3}{0.5\times14\times45\times60}=39.1\ （\text{mm}）$$

用 A 型平键，实际键长还要加上 b，所以

$$L=l+b=39.1+14=53.1\ （\text{mm}）$$

取键的实用长 $L=56$mm（L 需符合标准系列长度，可查有关设计手册）。

第六节　联　轴　器

一、联轴器的功能及类型

联轴器用来连接轴与轴或轴与其他回转件，并传递运动和扭矩，有时也可用作安全装置。

联轴器所连接的两轴，由于制造和安装误差、承载后的变形、温度变化以及轴承磨损等原因，可能使被连接的两轴相对位置发生变化。图 17-17 所示为被连接两轴可能发生的相对位移或偏斜的情况。

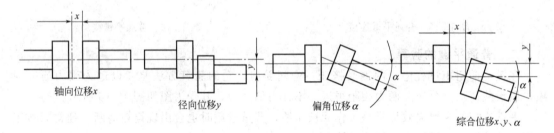

图 17-17　两轴的相对位移

联轴器的类型很多，根据对被连接两轴轴线相互位置是否重合分为固定式联轴器和可移式联轴器两大类。

1. 固定式联轴器

两轴线严格重合，这类联轴器有凸缘联轴器和夹壳式联轴器。

（1）凸缘联轴器　它是应用最广的固定式联轴器。它是由两个带凸缘的半联轴器组成，并用螺栓连接将两个半联轴器联成一体（图 17-18）。采用普通螺栓连接时，螺栓孔与螺栓间有间隙，要用圆盘凸肩对中定位。它靠圆盘间的摩擦传递扭矩；采用铰制孔螺栓连接，螺栓本身有定位作用，靠螺栓抗剪传递扭矩。凸缘联轴器已标准化，标准为 GB/T 5843—2003。

（2）夹壳式联轴器　它的结构如图 17-19 所示。它由两个半圆筒状夹壳组成，沿轴向剖分，由普通螺栓锁紧。拆装方便，多用于轴径不大于 200mm 的圆轴连接上。

固定式联轴器全部零件都是刚性的，所以没有缓冲和吸振作用。优点是结构简单，价格低廉。

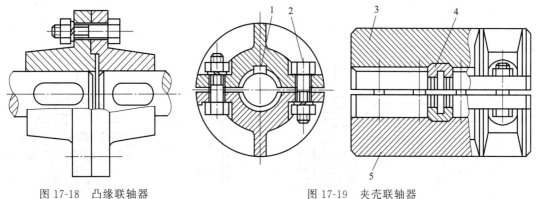

图 17-18　凸缘联轴器

图 17-19　夹壳联轴器

1—键；2—螺栓；3，5—夹壳；4—悬吊环

2. 可移式联轴器

两轴线允许有一定程度不同形式（图 17-17）的位移。根据连接元件中有无弹性元件，又分为可移式刚性联轴器（如十字滑块联轴器、齿轮联轴器、万向联轴器）、可移式弹性联轴器（弹性柱销联轴器）。

（1）可移式刚性联轴器　有以下几种。

① 十字滑块联轴器：它主要由两个在端面上开有凹槽的半联轴器（图 17-20）和一个十字凸形圆盘组成，套筒 1、3 分别装在主动轴和从动轴上。中间靠十字凸块圆盘起连接作用，因凸块可在凹槽中滑动，故可补偿安装及运转时两轴间的位移。工作中需要润滑，

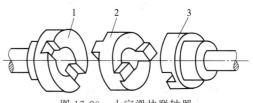

图 17-20　十字滑块联轴器

1，3—套筒；2—十字圆盘

适用于低速（$n < 25 \text{r/min}$）、轴的刚度较大且无剧烈冲击的场合。

② 齿轮联轴器：如图 17-21 所示，它是由两个带内齿及凸缘的外壳 3、4 和两带外齿的半联轴器 1、2 组成。靠啮合的齿轮来传递扭矩。两半联轴器分别连接从动轴和主动轴，两外壳 3、4 用螺栓 5 连接。这种联轴器能传递很大的扭矩，并允许有一定程度的综合位移，安装精度要求不高；但质量较大，成本较高，在重型机械中广泛采用。

③ 万向联轴器：如图 17-22 所示，它是由两个叉形接头 1、3，一个中间连接件和十字销轴 4 组成。因叉形接头和十字销轴是铰接，因此允许被连接两轴有较大的角位移。它的主要缺点是：当两轴不共线时，主动轴转速 ω_1 为常数，从动轴的转速 ω_2 并非常数。为克服此缺点，万向联轴节必须成对使用，叉形接头应在同一平面内，主、从动轴与中线夹角 α 必须相等。这类联轴器结构紧凑，维护方便，广泛应用于汽车及机床上。

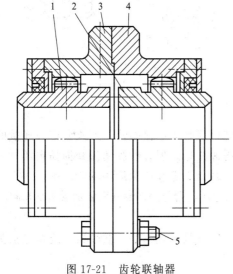

图 17-21　齿轮联轴器

1，2—半联轴器；3，4—外壳；5—螺栓

（2）可移式弹性联轴器　这类联轴器中应用较广的为弹性套柱销联轴器（图 17-23）和弹性柱销联轴器（图 17-24）。

① 弹性套柱销联轴器（GB/T 4323—2002）

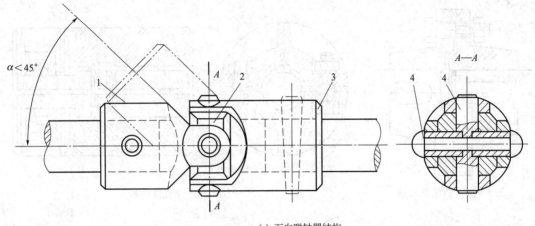

(a) 万向联轴器结构

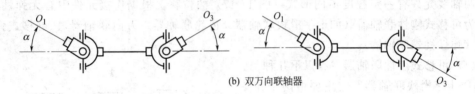

(b) 双万向联轴器

图 17-22　万向联轴器

1,3—叉形接头；2—中间连接件；4—十字销轴

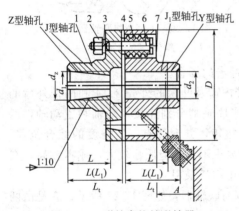

图 17-23　弹性套柱销联轴器

1,7—半联轴器；2—螺母；3—垫圈；4—挡圈；
5—弹性套；6—柱销；L_t—$L_{推荐}$

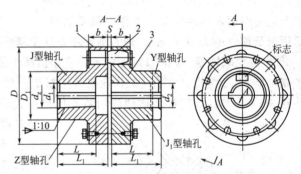

图 17-24　弹性柱销联轴器

1,3—半联轴器；2—尼龙柱销

的结构与凸缘联轴器相似，只是用套有弹性胶套的柱销代替了连接螺栓，因此允许被连接的两轴间有微小位移。它靠弹性套传递扭矩，所以可缓冲减振。但弹性胶套易磨损易损坏，寿命较短。这种联轴器适用于经常正反转、启动频繁、载荷平稳和高速运动的传动中。

②　弹性柱销连接器（GB/T 5014—2003）的特点与应用场合与弹性套柱销联轴器基本相同。

二、联轴器的选择

绝大多数联轴器均已标准化或规格化，设计者的任务是正确选用。联轴器的选择包括类型和尺寸的选择。

1. 联轴器的类型选择

通常按工况条件选择合适的类型。具体选择时考虑以下几点。

（1）轴的同心条件　当两轴要求严格同心时可选固定式联轴器；否则应选可移式。

（2）传递载荷大小和性质　当载荷平稳或变动不大时，可选用刚性联轴器；若机器经常启动或载荷变化较大时，最好选用弹性联轴器。

（3）最高转速　要遵守各类联轴器对转速的限制，见表 17-5。

表 17-5　常用联轴器的最高转速范围

名　　　称	最大转速范围/(r/min)	名　　　称	最大转速范围/(r/min)
刚性凸缘联轴器	1450～3500	弹性套柱销联轴器	1100～5400
十字滑块联轴器	100～250	弹性柱销联轴器	760～7420
齿轮联轴器	300～3780		

（4）安装维修和使用环境　如是否经常拆卸；环境温度状况，如含有橡胶或尼龙作弹性元件的联轴器对温度、腐蚀性介质及强光等比较敏感，而且容易老化。

2．联轴器尺寸的选择

常用联轴器都已标准化，所以它的尺寸选择常按计算扭矩 T_{ca}、轴径 d、转速 n 等直接从有关产品目录中查取。

由于机器启动时的动载荷和运转中可能出现的过载现象，所以应当按轴上的最大扭矩作为计算扭矩 T_{ca}。计算扭矩按下式计算

$$T_{ca} = K_A T \tag{17-8}$$

式中　T——公称扭矩，N·m；

K_A——工况因数，见表 17-6。

表 17-6　联轴器工况因数 K_A

原动机	工　作　机	K_A	原动机	工　作　机	K_A
电动机	皮带运输机、鼓风机、连续运动的金属切削机床	1.25～1.5	电动机	起重机、升降机、轧钢机、压延机	3.0～4.0
	链式运输机、刮板运输机、螺旋运输机、离心泵、木工机床	1.5～2.0	涡轮机	发电机、离心泵、鼓风机	1.2～1.5
	往复运动的金属切削机床	1.5～2.5	往复式	发电机	1.5～2.0
	往复泵、往复式压缩机、球磨机、破碎机、冲剪机、锤	2.0～3.0		离心泵	3.0～4.0
			发动机	往复式工作机、压缩机	4.0～5.0

【例 17-4】　在电动机和离心泵间选用一弹性套柱销联轴器，传递功率 $P=22\text{kW}$，转速 $n=970\text{r/min}$，轴直径 $d=45\text{mm}$，试确定联轴器的标准型号。

解　（1）求计算扭矩 T_{ca}

由表 17-6 取 $K=1.75$，则

$$T_{ca}=K_A T=1.75 \times 9550 \frac{P}{n}=1.75 \times 9550 \times \frac{22}{970}=379 \text{（N·m）}$$

（2）按轴径 $d=45\text{mm}$ 和 T_{ca} 及 n 条件查取标准型号尺寸

由标准 GB/T 4323—2002 查得 TL7 的数据为：$d_1=45\text{mm}$，许用最大扭矩 $[T]=500\text{N·m}$，许用最高转速 $[n]=2800\text{r/min}$。满足要求。

选用 TL7 型弹性套柱销联轴器。

<h1 align="center">习　　题</h1>

17-1　如图 17-25 所示结构中，1、2、3 处结构是否合理？怎样改正？

17-2　有一台离心水泵，由电动机带动，传递功率为 4kW，轴的转速为 $n=960\text{r/min}$，轴材料为 45

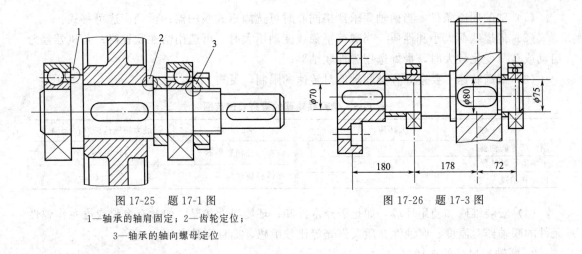

图 17-25　题 17-1 图
1—轴承的轴肩固定；2—齿轮定位；
3—轴承的轴向螺母定位

图 17-26　题 17-3 图

钢，试按扭转强度估算轴径 $d=$？

17-3　试按弯曲应力，校核如图 17-26 所示齿轮轴，已知传递的扭矩 $T=1475\mathrm{N}\cdot\mathrm{m}$，直齿圆柱齿轮分度圆直径 $d=400\mathrm{mm}$，压力角 $\alpha=20°$，轴材料为 45 钢，尺寸如图所示。

17-4　一离心水泵由电动机带动，转速 $n=2900\mathrm{r/min}$，传递功率 $P=20\mathrm{kW}$，轴径 $d=28\mathrm{mm}$，若选用弹性套柱销联轴器，试确定型号尺寸。

第十八章
轴 承

第一节 概 述

一、轴承的分类

轴承是支承轴及轴上零件的部件。通常按轴承中摩擦性质的不同，将轴承分为滑动轴承和滚动轴承两大类。而每一类轴承又按其所受载荷方向的不同，分为向心轴承（承受径向载荷）、推力轴承（承受轴向载荷）和向心推力轴承（同时承受径向和轴向载荷）。

轴承是标准化的部件，在机械设计中，如何选择它的类型，取决于使用上和工艺上的多种因素。滚动轴承在一般机器中应用较广。但在低速有冲击的场合，或在高速、高精度、重载和结构上要求剖分的场合，滑动轴承则有其独特的优点，所以滑动轴承在近代机械中仍占有重要地位。

二、滑动轴承分类

1. 液体摩擦滑动轴承

在液体摩擦滑动轴承［图18-1(a)］中，轴颈和轴承两工作表面间有充足的润滑油，形成的油膜厚度大到足以将两表面的不平度凸峰完全隔开，即形成了液体摩擦状态。此时油膜厚度在几微米至几十微米，且具有一定压力。此种压力油膜将轴颈浮动起来运转，因此摩擦因数很小（$f = 0.001 \sim 0.008$）。

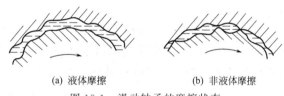

(a) 液体摩擦　　　　(b) 非液体摩擦

图 18-1　滑动轴承的摩擦状态

按液体摩擦油膜形成的原理，滑动轴承可以分为动压轴承和静压轴承两种。动压轴承是轴颈旋转时，把润滑油带进轴颈与轴瓦表面所形成的楔形空间，产生压力油膜把轴颈托起，如图18-2所示。静压轴承则是由外部的油压系统供给一定压力的润滑油，在轴承间隙中形成静压承载油膜，强行将轴颈浮起，保证轴承在液体摩擦状态下工作，如图18-3所示。

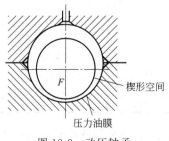

图 18-2　动压轴承

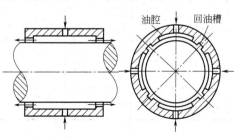

图 18-3　静压轴承

2. 非液体摩擦滑动轴承

非液体摩擦滑动轴承［图 18-1（b）］的轴颈和轴承两工作表面间虽有润滑油存在，但表面局部凸起部分仍发生金属的直接接触，此时摩擦因数较液体摩擦滑动轴承大得多，一般为 0.1～0.3，容易磨损，但在不重要的场合，为追求结构简单，制造经济等也常采用非液体摩擦滑动轴承。这种轴承只要润滑和维护得当，也能满足一般使用要求，所以应用最广。

三、润滑剂

为降低摩擦功耗、减轻磨损、防锈吸振和起到冷却作用，轴承必须润滑。常用的润滑剂有润滑油、润滑脂和固体润滑剂。在润滑性能上，润滑油比润滑脂好，但使用润滑脂较为经济。固体润滑剂有其独特的性能，通常只在一些特殊场合下使用。

1. 润滑油

目前使用的润滑油多为矿物油。从润滑效果考虑，润滑油的优劣主要由以下几个指标评定。

（1）黏度　是选择润滑油的主要依据。黏度表征液体流动的内摩擦性能。黏度越大，内摩擦阻力越大，液体流动性越差。黏度的大小可用动力黏度（又称绝对黏度）或运动黏度来表示。

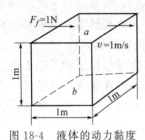

图 18-4　液体的动力黏度

动力黏度的定义：设长、宽、高各为 1m 的液体（图 18-4），使两平行面 a 和 b 产生 1m/s 的相对滑动速度所需的力 F_f 为 1N，则认为这种液体具有 1 个单位的动力黏度，以 η 表示，其单位为 Pa·s（帕·秒）。

运动黏度 ν 为动力黏度 η 与同温度下该液体的密度 ρ（kg/m³）的比值表示的黏度。

$$\nu = \frac{\eta}{\rho} \tag{18-1}$$

对于矿物油，密度 $\rho = 850 \sim 900 \text{kg/m}^3$。

实际上用 m²/s 作单位太大，常用 mm²/s 即 cSt（厘斯）为单位，$1\text{cSt} = 1\text{mm}^2/\text{s} = 10^{-6} \text{m}^2/\text{s}$。

原国标 GB 443—64 曾规定润滑油是按 50℃ 或 100℃ 时运动黏度中心值划分牌号。新国标 GB/T 443—1989 规定采用润滑油在 40℃ 时运动黏度中心值作为新牌号。常用全损耗系统用油（机械油）的新、旧牌号对照见表 18-1。

表 18-1　常用润滑油性能

名　　称	代　号	运动黏度/(mm²/s)		倾点 ≤/℃	闪点(开口) ≥/℃	主 要 用 途
		40℃	50℃			
全损耗系统用油	L—AN5	4.14～5.06			80	用于高速、轻载机械的轴承
	L—AN7	6.12～7.48			110	
	L—AN10	9.0～11.0			130	
	L—AN15	13.5～16.5				用于 $v>5$m/s 的轴承
	L—AN22	19.8～24.2		−5	150	
	L—AN32	28.8～35.2				用于 $v=0.3～5$m/s 的轴承
	L—AN46	41.4～50.6			160	
	L—AN68	61.2～74.8				用于 $v<0.1$m/s 的轴承
	L—AN100	90.0～110.0			180	
齿轮油	HL—20		18.6～23.0	−20	170	用于齿轮传动装置的轴承
	HL—30		29.6～33.4	−5	180	

润滑油的黏度随着温度和压力的改变也有变化。它随温升而降低，这在润滑油选择时必须注意。黏度随压力升高而升高，只有在高压下这个特性才明显，故一般压力，可不计这一影响。

（2）润滑性（油性）　润滑油被金属表面吸附（包括物理吸附和化学吸附）而形成极薄油膜的能力称为油性。油性受油的性质、轴承材料及工作表面状态的影响。目前还没有油性指标，常用摩擦因数值来评价油性好坏。

（3）极压性　某些润滑油分子中含有以原子形式存在的硫、氯、磷等，在高温下与金属起化学反应，形成反应膜，这种膜具有极低的抗剪强度、高熔点、稳定性好的特点，可在高比压、大滑动速度下保护轴承不发生粘着。润滑油由于化学反应而形成润滑膜的能力称为极压性。

除以上指标外，对在高温下工作的机器选择润滑油时，还要注意油的氧化稳定性和闪点；对在低温下工作的机器选择润滑油时，还要注意油的倾点或凝固点。

2. 润滑脂

这是除润滑油外应用最多的一类润滑剂。它是由润滑油与各种稠化剂（多为钙、钠、铝、锂的金属皂）混合制成。因它的稠度大，不易流失，还有密封作用，使用比较经济。

根据调制润滑脂所用的不同皂基，主要分钙基润滑脂、钠基润滑脂和铝基、锂基润滑脂。它们的主要性能指标是工作锥入度和滴点。

工作锥入度是表示润滑脂的稀稠程度。它是指一个 1.5N 的标准圆锥体，在 5s 内沉入 25℃的润滑脂中的深度（以 0.1 mm 计）。锥入度小，表示稠度大。滴点是指润滑脂在测定器中受热后开始滴下第一滴时的温度。滴点越高，表示耐热性越好。

常用润滑脂的性能列表 18-2 中。

表 18-2　常用润滑脂性能

名　称	代号	滴点/℃ 不低于	工作锥入度 25℃，150g /×10⁻¹mm	主　要　用　途
钙基润滑脂 (GB 491—87)	1 号	80	310～340	工作温度低于 55～60℃的各种工农业、交通运输机械设备的轴承润滑，它有耐水耐潮湿性能
	2 号	85	265～295	
	3 号	90	220～250	
	4 号	95	175～205	
钠基润滑脂 (GB 492—89)	2 号	160	265～295	工作温度在 -10～110℃的各种机械设备的轴承润滑；不耐水（或潮湿）
	4 号	160	220～250	
钙钠基润滑脂 (ZBE 36001—88)	ZGN-1	120	250～290	在 80～100℃有水分或潮湿环境工作的机械润滑；多用于铁路机车、列车小电动机、发电机（温度较高）润滑，不适于低温工作
	ZGN-2	135	200～240	
7407 号齿轮润滑脂 (SY 4036—84)		160	75～90	适于各种低速、中、重载荷齿轮、链等的润滑，使用温度≤120℃，可承受冲击载荷≤25000MPa
滚珠轴承脂 (SY 1514—82)		120	250～290	机车、汽车、电机及其他机械的滚动轴承润滑
通用锂基润滑脂 (GB 7324—87)	1 号	170	310～340	适用于 -20～120℃宽温度范围内各种机械的滚动轴承、滑动轴承，及其他摩擦部位的润滑
	2 号	175	265～295	
	3 号	180	220～250	

第二节　非液体摩擦滑动轴承

一、滑动轴承的结构

1. 径向滑动轴承的结构

工作时只承受径向载荷的滑动轴承称为滑动轴承。这类轴承的结构有整体式和剖分式之分。图 18-5 为整体式滑动轴承，它由轴承座和轴瓦组成。这种轴承的结构简单，成本低，但装拆时必须通过轴端，而且磨损后轴径和轴瓦之间的间隙无法调整，故多用于轻载、低速

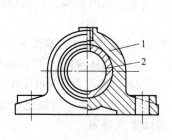

图 18-5　整体式滑动轴承

1—轴承座；2—轴瓦

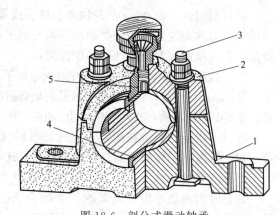

图 18-6　剖分式滑动轴承

1—轴承座；2—轴承盖；3—螺栓；4—轴瓦；5—套管

和间歇工作且不太重要的场合。

　　图 18-6 所示为剖分式滑动轴承。它是由轴承座、轴承盖、螺栓、剖分轴瓦等组成。套管是为了防止轴瓦转动而设置的。为使轴承盖和轴承座很好地对中并承受径向载荷，在对开剖分面上有定位止口，并且可放置少量垫片，以调整摩擦表面磨损后轴径与轴瓦之间的间隙。

　　轴瓦是轴承中直接与轴颈接触的部分，它可制成整体式（图 18-7）和剖分式（图 18-8）；可以用单一材料制造，也可用复合材料制造，如图 18-9(a) 所示的复合材料轴瓦，它是预先在轴瓦上制出燕尾槽，然后再浇铸上一层减摩材料的轴承衬，从而使轴瓦的综合力学性能提高。轴瓦上的油沟结构［图 18-9(b)］有轴向一字形和环向 X 形之分，轴向油沟有足够的长度，一般取轴瓦宽 L 的 80%，但不能开通，以免漏油。注意油沟要开在非承载区。

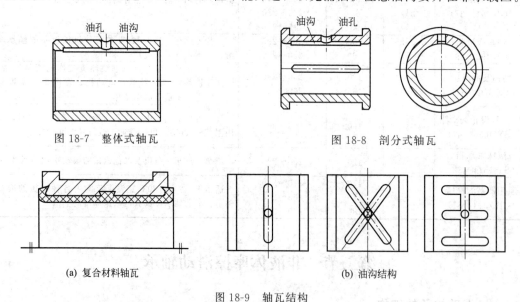

图 18-7　整体式轴瓦　　　　　　　　　　　图 18-8　剖分式轴瓦

(a) 复合材料轴瓦　　　　　　　　　　(b) 油沟结构

图 18-9　轴瓦结构

　　轴与瓦之间的直径间隙 c 和轴的直径 d 之比保持在 $0.001\sim0.002$ 之间，轴瓦厚和轴径比为 1∶8。轴瓦宽 L 可取 $(1\sim1.5)d$。

　　2. 推力滑动轴承结构

　　推力轴承用来承受轴向载荷。它是由推力轴颈和轴承座组成，轴颈的结构（表 18-3）

有空心式、单环式和多环式几种。其工作面可以是轴端和环面。由于支承面上离中心越远处相对滑动速度越大，磨损也快，磨损后使得实心轴颈端面上压力分布极不均匀，中心处比较高。因此一般机器上多用空心式或多环式轴颈。

表 18-3　推力滑动轴承形式及尺寸

空 心 式	单 环 式	多 环 式	
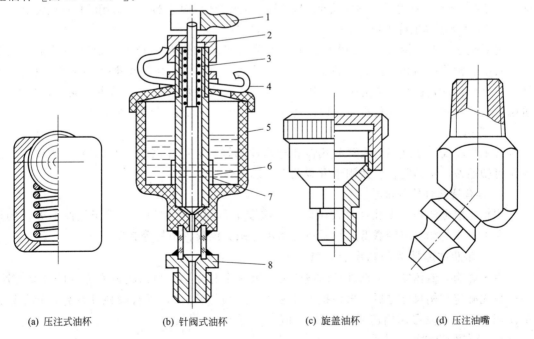			
d_2 由轴的结构设计拟定 $d_1 = (0.4 \sim 0.6) d_2$ 若结构上无限制，应取 $d_1 = 0.5 d_2$	d_1, d_2 由轴的结构设计拟定	d 由轴的结构设计拟定 $d_2 = (1.2 \sim 1.6) d$ $d_1 = 1.1 d$ $h = (0.12 \sim 0.15) d$ $h_0 = (2 \sim 3) h$	

空心轴颈内径 $d_1 = (0.4 \sim 0.6) d_2$；轴环外径 $d_2 = (1.2 \sim 1.6) d$；轴环宽度 $h = (0.12 \sim 0.15) d$；轴环间距 $h_0 = (2 \sim 3) h$；环数 $z \geqslant 1$。

3. 润滑装置

低速和间歇工作的轴承，常用油壶从油孔注油。为防止杂物进入轴承，在油孔上常装压注油杯 [图 18-10(a)]。

图 18-10　润滑装置

1—手柄；2—螺母；3—弹簧；4—遮盖；5—油环；6—针阀；7—滤网；8—接头

需连续供油的轴承，可用针阀式油杯［图 18-10（b）］，将手柄直立，提起针阀，油杯底部的油孔被打开，油即通过油孔自动缓慢连续流入轴承。手柄压倒［图 18-10（b）］，供油停止。供油量可用螺母调节。

脂润滑轴承时，只能是间歇供油。常用装置有旋盖油杯［图 18-10（c）］和压注油嘴［图 18-10（d）］。用压注油嘴时，必须用油枪定期注入油脂。

润滑装置除上述几种外还有飞溅润滑、油泵供油等装置，形式很多，多数已标准化。

润滑装置的选择，通常可根据轴承平均载荷因数 K 按表 18-4 确定。K 的计算式为

$$K = \sqrt{pv^3} \tag{18-2}$$

式中　p——比压，$p = F/(dL)$，MPa；

　　　F——载荷，N；

　　dL——轴颈的长径积，mm^2；

　　　v——轴颈圆周速度，m/s。

表 18-4　根据平均载荷系数 K 选择给油方式和润滑装置

K 值	润滑剂	润滑装置	给油方式	适用场合	
$K \leqslant 6$	润滑脂	旋盖油杯 压入油杯	间歇挤入	低速重载	
$K > 6 \sim 50$	润滑油	针阀式油杯等	定时加油	中、低速，轻中载	
$K > 50 \sim 100$	润滑油	油杯润滑	定额加油	转速 100~200r/min	
		飞溅润滑和油泵供油	压力循环供油	闭式传动	

二、滑动轴承的材料

轴承座常用铸铁制造，重载及大冲击情况可用铸钢制造。

轴瓦的选材是否合理，往往直接影响轴承承载能力和使用寿命。轴瓦材料应具有足够的强度、良好的可塑性、耐磨性、耐腐蚀性、散热性、抗胶合性和工艺性等。常用的材料见表 18-5。

1. 轴承合金（也称巴氏合金）

主要是锡、铅、锑（Sb）、铜的合金。可分为锡基和铅基两种。分别以锡或铅为软基体，其中包含着锑锡和铜锡的硬晶粒。软基体承载，硬晶粒抗磨。这种材料的减摩性好，塑性高，跑合性好，抗胶合能力强，适用于重载及中高速的场合。它们的主要缺点是强度差，价格贵，所以常作为轴承衬材料，以薄薄的一层（0.5~6 mm）浇铸在轴瓦上。

2. 青铜

青铜强度高，承载能力大，耐热性和导热性都好。它可在高温（250℃）下工作。其缺点是可塑性差，不易跑合。适用于重载及中速的场合。

3. 具有特殊性能的轴承材料

用粉末冶金法制成多孔性含油轴承，一次浸油可用较长时间，常用于加油不方便的地方。在不重要的场合或轻载低速轴承也可用灰铸铁、橡胶、塑料等制造。

三、非液体摩擦滑动轴承的计算

由于影响非液体摩擦滑动轴承承载能力的因素十分复杂，目前还没有完善的计算方法。一般是先确定结构尺寸之后，再根据失效形式（磨损与胶合），进行校核性计算，限制轴瓦的比压 p 及其与轴径圆周速度的乘积 pv 值。

1. 径向滑动轴承的计算

设计时，已知轴颈直径 d（mm），转速 n（r/min）和轴承载荷 F（N），然后按下述步骤进

行计算。

（1）确定结构形式及材料　据工作条件和使用要求确定轴承结构形式，并按表18-5选择轴瓦材料。

表 18-5　轴瓦常用材料

材　料　名　称	$[p]$ /MPa	$[pv]$ /(MPa·m/s)	轴瓦合金硬度 HBS	最高工作温度 /℃	轴颈硬度 HBS
铸锡锑轴承合金 ZchSnSb11-6	平稳 25 冲击 20	20 20	20～30	150	150
铸铅锑轴承合金 ZchPbSb16-16-2	15	10	15～30	120	150
ZCuSn10Pb1	15	15	50～100	280	200
ZCuSn5Pb5Zn5	8	15	50～100	280	200
ZCuAl10Fe3	15	12	100～120	300	200
灰铸铁 HT150～HT250	0.1～4		160～180		200～250

（2）确定尺寸　确定轴承宽度 B，宽径比 B/d 太小时，润滑油容易从轴承端流失；B/d 太大时，散热性差，温升高，易引起轴瓦两端严重磨损，故通常取 $B/d=0.5～1.5$。

（3）校核轴承的工作能力

校核比压 p

$$p=\frac{F}{dB}\leqslant[p] \tag{18-3}$$

式中　F——轴承承受的径向载荷，N；

dB——轴承受压面在垂直于载荷 F 方向的投影面积，mm^2；

$[p]$——轴瓦材料许用比压，MPa，见表18-5。

校核 pv 值

$$pv=\frac{F}{Bd}\frac{\pi nd}{60\times1000}=\frac{Fn}{19100B}\leqslant[pv] \tag{18-4}$$

式中　n——轴的转速，r/min；

$[pv]$——轴承材料的许用 pv 值，MPa·m/s，查表18-5。

（4）确定轴颈与轴瓦之间的间隙

可参照表18-6类比选择适当的配合。

表 18-6　滑动轴承的配合选择

精度等级	配合符号	应　用　举　例
2	H7/86	磨床、车床分度头主轴承
2	H7/f7	铣床、钻床、车床、汽车发动机曲轴的主轴承、齿轮减速器，蜗杆减速器轴承
4	H9/f9	电机、离心泵、风扇、蒸汽机与内燃机曲轴的主轴承和连杆轴承
2	H7/e8	汽轮发电机轴、内燃机凸轮轴、高速转轴、刀架丝杠等
6	H11/b11 H11/a11	农机用轴承

2. 推力滑动轴承计算

在已知轴承轴向载荷 F_a、轴颈转速 n 后可按如下步骤进行计算。

① 根据载荷大小、方向等条件确定结构形式，参看表18-3。

② 按表18-3中经验公式初定推力轴颈的尺寸。

③ 比压 p 的验算
$$p = \frac{F_a}{z \frac{\pi}{4}(d_2^2 - d_1^2)} \leqslant [p]$$
(18-5)

式中 F_a——轴向载荷，N；

     $[p]$——推力滑动轴承的许用比压，按表18-7选取。

表 18-7   推力滑动轴承的 $[p]$、$[pv]$ 值

轴环材料	未 淬 火 钢			淬 火 钢		
轴瓦材料	铸铁	青铜	轴承合金	青铜	轴承合金	淬火钢
$[p]$/MPa	2~2.5	4~5	5~6	7.5~8	8~9	12~15
$[pv]$/(MPa·m/s)	1~2.5					

④ pv_m 值验算
$$pv_m \leqslant [pv]$$
(18-6)

式中 v_m——推力轴承轴颈平均直径处的圆周速度，m/s。
$$v_m = \frac{\pi d_m n}{60 \times 1000} = \frac{d_m n}{19100}$$
(18-7)

     d_m——环形支承面的平均直径，$d_m = (d_1 + d_2)/2$，mm；

      n——转速，r/min；

     $[pv]$——由表18-7查得。

【例 18-1】 已知一起重机卷筒的滑动轴承所承受的最大径向载荷 $F = 50000$N，卷筒转速 $n = 12$r/min，轴颈直径 $d = 80$mm，试按非液体摩擦状态设计此轴承。

   解 （1）取长径比 $B/d = 1.1$，则轴承宽度 B
$$B = 1.1d = 88 \text{ （mm）}$$

（2）计算比压 p
$$p = F/(Bd) = 50000/(88 \times 80) = 7.1 \text{ （MPa）}$$

（3）计算 pv 值
$$pv = Fn/(19100B) = 50000 \times 12/(19100 \times 88) = 0.357 \text{ （Pa·m/s）}$$

据 p 和 pv 值查表18-5，选 ZCuSn10Pb1 作为轴瓦材料，其 $[p] = 15$MPa，$[pv] = 15$ MPa·m/s，足够安全。

（4）计算轴承平均载荷因数 K，选择润滑装置
$$K = \sqrt{pv^3} = \sqrt{7.1 \times 0.357^3} = 0.57 < 6$$

按表18-2选润滑脂，牌号为2号钙基润滑脂，由表18-4选旋盖油杯润滑装置。

第三节　滚 动 轴 承

    滚动轴承是现代机器中一种重要的通用零部件。它与滑动轴承相比，具有摩擦阻力小、起动灵敏、效率高和维护简便等优点。滚动轴承已经标准化，由专门工厂大量生产。所以设计的主要任务是：根据具体工作条件，正确选择轴承的类型和尺寸，并进行轴承组合设计。

    一、滚动轴承的结构、类型和代号

    1. 滚动轴承的结构

    滚动轴承是由外圈、内圈、滚动体和保持架组成（图18-11）。滚动体在外圈和内圈的

滚道中滚动。保持架的功能是将滚动体彼此隔开并沿滚道均匀分布。通常内圈随轴颈转动，外圈固定，有时也可以是外圈转动而内圈固定。

常见的滚动体形状如图 18-12 所示，有球［图 18-12(a)］、短圆柱滚子［图 18-12(b)］、圆锥滚子［图 18-12(c)］、空心螺旋滚子［图 18-12(d)］、长圆柱滚子［图 18-12(e)］、鼓形滚子［图 18-12(f)］和滚针［图 18-12(g)］七种。它们基本上可归纳为球与滚子两类。

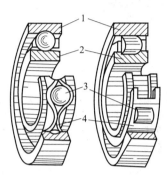

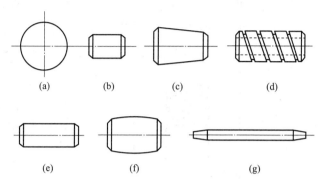

图 18-11　滚动轴承的结构　　　　　　　　图 18-12　滚动体的形状

1—外圈；2—内圈；3—滚动体；4—保持架

2. 滚动轴承的主要类型

按照轴承所能承受的外载不同，滚动轴承可概括地分为径向接触轴承、向心角接触轴承和轴向接触轴承三大类。

滚动体与套圈接触处的法线与轴承的径向平面（垂直于轴承轴心线的平面）之间的夹角 α 称为公称接触角。公称接触角越大，轴承承受轴向载荷的能力也越大。

按轴承所能承受的载荷方向或公称接触角的不同可分为以下几种。

（1）向心轴承　主要用于承受径向载荷的滚动轴承，其公称接触角从 $0°\sim45°$。又可进一步分为径向接触轴承（公称接触角 $\alpha=0°$）和向心角接触轴承（$0°<\alpha\leqslant45°$）。

（2）推力轴承　主要用于承受轴向载荷的滚动轴承，其公称接触角为 $45°<\alpha<90°$。推力轴承按公称接触角的不同，又可分为轴向接触轴承（$\alpha=90°$）和推力角接触轴承（$45°<\alpha<90°$）。

3. 滚动轴承的代号

滚动轴承类型很多，而各类轴承又有不同的结构、尺寸、精度和技术要求，为了便于组织生产和选用，国家标准 GB/T 272—1993 规定了滚动轴承的代号。

代号由基本代号、前置代号和后置代号构成。前置、后置代号是轴承在结构形状、尺寸、公差、技术要求等有改变时，在其基本代号左右添加的补充代号。对于常用的、结构上没有特殊要求的轴承，轴承代号由类型代号、尺寸系列代号、内径代号、轴承内部结构代号和公差等级代号组成，并按上述顺序由左向右依次排列。

（1）类型代号　轴承类型代号用阿拉伯数字或大写拉丁字母表示，见表 18-8。

（2）尺寸系列代号　由轴承的宽（高）度系列代号和直径系列代号组合而成。向心轴承、推力轴承尺寸系列代号表示方法见表 18-9。各类轴承的尺寸系列代号及由轴承类型代号和尺寸系列组成的组合代号见表 18-8。

（3）轴承公称内径代号　见表 18-10。

表 18-8　滚动轴承主要类型、尺寸系列代号及其特性

轴承名称及 类型代号	结构简图、承载方向	尺寸系列 代号	组合 代号	特　性
双列角接触 球轴承 (0) [6000 型]		32 33	32 33	同时能承受径向负荷和双向的轴向负荷,它比角接触球轴承具有较大的承载能力,与双联角接触球轴承比较,在同样负荷作用下能使轴在轴向更紧密地固定
调心球 轴承 1 或(1) [1000 型]		(0)2 22 (0)3 23	12 22 13 23	主要承受径向负荷,也可同时承受少量的双向轴向负荷,外圈滚道为球面,具有自动调心性能。内外圈轴线允许相对偏斜 2°~3°,适用于多支点轴、弯曲刚度小的轴以及难以精确对中的支承
调心滚子 轴承 2 [3000 型]		13 22 23 30 31 32 40 41	213 222 223 230 231 232 240 241	主要承受径向负荷,其承载能力比调心球轴承约大一倍,也能承受少量的双向轴向负荷。外圈滚道为球面,具有调心性能,内外圈轴线允许相对偏斜 0.5°~2°,适用于多支点轴、弯曲刚度小的轴及难以精确对中的支承
推力调心 滚子轴承 2 [9000 型]		92 93 94	292 293 294	可承受很大的轴向负荷和一定的径向负荷,滚子为鼓形,外圈滚道为球面,能自动调心,允许轴线偏斜 2°~3°。转速可比推力球轴承高。常用于水轮机轴和起重机转盘等
圆锥滚子 轴承 3 [7000 型]		02 03 13 20 22 23 29 30 31 32	302 303 313 320 322 323 329 330 331 332	能承受较大的径向负荷和单向的轴向负荷,极限转速较低。内外圈可分离,轴承游隙可在安装时调整。通常成对使用,对称安装。适用于转速不太高,轴的刚性较好的场合
双列深沟 球轴承 4 [0000 型]		(2)2 (2)3	42 43	主要承受径向负荷,也能承受一定的双向轴向负荷。它比深沟球轴承具有较大的承载能力

轴承名称及类型代号		结构简图、承载方向	尺寸系列代号	组合代号	特 性
推力球轴承 5 [8000 型]	单向		11 12 13 14	511 512 513 514	推力球轴承的套圈与滚动体多半是可分离的。单向推力球轴承只能承受单向轴向负荷,两个圈的内孔不一样大,内孔较小的是紧圈与轴配合,内孔较大的是松圈与机座固定在一起。双向推力球轴承可以承受双向轴向负荷,中间圈为紧圈,与轴配合,另两个圈为松圈 在高速时,由于离心力大,球与保持架因摩擦而发热严重,寿命较低 常用于轴向负荷大、转速不高处
	双向		22 23 24	522 523 524	
深沟球轴承 6(或 16) [0000 型]			17 37 18 19 (0)0 (1)0 (0)2 (0)3 (0)4	617 637 618 619 160 60 62 63 64	主要承受径向负荷,也可同时承受少量双向轴向负荷,工作时内外圈轴线允许偏斜 8′～16′。摩擦阻力小,极限转速高,结构简单,价格便宜,应用最广泛。但承受冲击载荷能力较差,适用于高速场合。在高速时可代替推力球轴承
角接触球轴承 7 [6000 型]			19 (1)0 (0)2 (0)3 (0)4	719 70 72 73 74	能同时承受径向负荷与单向的轴向负荷,公称接触角 α 有 15°、25°、40°三种,α 越大,轴向承载能力也越大。通常成对使用,对称安装,其极限转速较高 适用于转速较高,同时承受径向和轴向负荷场合
推力圆柱滚子轴承 8 [9000 型]			11 12	811 812	能承受很大的单向轴向负荷,但不能承受径向负荷。它比推力球轴承承载能力要大;套圈也分紧圈与松圈。其极限转速很低,故适用于低速重载场合
圆柱滚子轴承 N [2000 型]			10 (0)2 22 (0)3 23 (0)4	N10 N2 N22 N3 N23 N4	只能承受径向负荷,不能承受轴向负荷。承载能力比同尺寸的球轴承大,尤其是承受冲击载荷能力大,极限转速高 对轴的偏斜敏感,允许外圈对内圈偏斜较小,(2′～4′),故只能用于刚性较大的轴上,并要求支承座孔很好地对中
滚针轴承 NA [4000 型]			48 49 69	NA48 NA49 NA69	这类轴承采用数量较多的滚针作滚动体,一般没有保持架。径向尺寸紧凑且承载能力很大,价格低廉。缺点是不能承受轴向负荷,摩擦系数较大,不允许有偏斜。常用于径向尺寸受限制而径向负荷又较大的装置中

注:括号 [ ] 为旧轴承标准类型。

表 18-9　向心轴承、推力轴承尺寸系列代号表示法

直径系列代号	向 心 轴 承							推 力 轴 承			
	宽度系列代号							高度系列代号			
	窄 0	正常 1	宽 2	特宽 3	特宽 4	特宽 5	特宽 6	特低 7	低 9	正常 1	正常 2
	尺　寸　系　列　代　号										
超特轻 7	—	17	—	37	—						
超轻 8	08	18	28	38	48	58	68	—	—	—	—
超轻 9	09	19	29	39	49	59	69	—	—	—	—
特轻 0	00	10	20	30	40	50	60	70	90	10	—
特轻 1	01	11	21	31	41	51	61	71	91	11	—
轻 2	02	12	22	32	42	52	62	72	92	12	22
中 3	03	13	23	33	—		63	73	93	13	23
重 4	04	—	24	—				74	94	14	24

表 18-10　滚动轴承的内径代号

内径尺寸/mm	代 号 表 示		举　　　例	
	第二位	第一位	代　号	内径/mm
10		0	深沟球轴承	
12	0	1	6200	10
15		2		
17		3		
20[①]～480(5 的倍数)	内径/5 的商		调心滚子轴承 23208	40
22、28、32 及 500 以上	/内径		调心滚子轴承 230/500	500
			深沟球轴承 62/22	22

① 内径为 22、28、32mm 除外。

注：轴承内径小于 10mm 的轴承内径代号见轴承手册。

（4）轴承内部结构及公差等级代号　见表 18-11、表 18-12。其余前置、后置代号说明详见国家标准 GB/T 272—1993。

表 18-11　轴承内部结构代号

代 号	含 义 与 示 例
C	①角接触球轴承　公称接触角 $\alpha=15°$　7005C ②调心滚子轴承 C 型　23122C
AC	角接触球轴承　公称接触角 $\alpha=25°$　7210AC
B	①角接触球轴承　公称接触角 $\alpha=40°$　7210B ②圆锥滚子轴承　接触角加大　32310B
E	加强型(即内部结构设计改进,增大轴承承载能力)N207E

表 18-12　轴承公差等级代号

本标准代号	原标准代号	含 义 与 示 例
/P0	G	公差等级符合标准规定的 0 级,代号中省略不标 6203
/P6	E	公差等级符合标准规定的 6 级　6203/P6
/P6X	EX	公差等级符合标准规定的 6X 级　30210/P6X
/P5	D	公差等级符合标准规定的 5 级　6203/P5
/P4	C	公差等级符合标准规定的 4 级　6203/P4
/P2	B	公差等级符合标准规定的 2 级　6203/P2

代号举例：

6308——表示内径为 40mm,中系列深沟球轴承,窄宽度系列,正常结构,0 级公差。

7211C/P5——表示内径为 55mm,轻系列角接触球轴承,窄宽度系列,接触角 $\alpha=15°$,5 级公差。

二、滚动轴承类型的选择

选择滚动轴承的类型时，应根据载荷情况、转速高低、空间位置、调心性能要求，还要考虑供应情况、经济性等因素来选择。具体选择时可参考如下几点。

① 球轴承承载能力较低，抗冲击能力较差，但旋转精度和极限转速较高，适用于轻载、高速和要求精确旋转的场合。

② 滚子轴承承载能力较强，抗冲击能力较强，但旋转精度和极限转速较低，多用于重载或有冲击载荷的中、低速场合。

③ 同时承受径向及轴向载荷的轴承，应区别不同情况选取轴承类型。以径向载荷为主的可选深沟球轴承；轴向载荷和径向载荷都较大的可选用角接触球轴承或圆锥滚子轴承；轴向载荷比径向载荷大很多或要求变形较小的可选用圆柱滚子轴承（或深沟球轴承）和推力轴承联合使用。

④ 对于刚性小的细长轴、多支点轴或不能保证两轴承座严格对中时，应选用调心球轴承或调心滚子轴承。

⑤ 角接触球轴承和圆锥滚子轴承应成对使用，以相互抵消部分派生的轴向力；在不便于安装、拆卸和调整的地方，宜选用外圈可分的轴承。

⑥ 选择轴承类型时要考虑经济性。一般说来，球轴承比滚子轴承价格便宜，深沟球轴承最便宜。精度愈高的轴承价格愈贵，所以选用高精度轴承必须慎重。

三、滚动轴承的主要失效形式和设计准则

1. 主要失效形式

实践表明，在正常使用条件下，只要选择、安装、润滑、维护等方面都考虑周到，绝大多数轴承均因滚道或滚动体表面疲劳点蚀而失效。当轴承不回转、缓慢摆动或低速转动（$n < 10r/min$）时，一般不会产生疲劳损坏。但在很大的静载荷或冲击载荷作用下，会使轴承滚道和滚动体接触处的局部应力超过材料的屈服极限，以致出现表面塑性变形而不能正常工作。此外，由于使用维护和保养不当或密封润滑不良等因素，也能引起轴承早期磨损、胶合、内外圈和保持架破损等不正常失效现象。

2. 设计准则

为保证轴承在预定期限内可靠地工作。对于一般转速的轴承，为防止疲劳点蚀发生，主要应进行寿命计算；对于不转动、摆动或转速低的轴承，要求控制塑性变形，应作静强度计算；而以磨损、胶合为主要失效的轴承，目前还没有相应的计算方法，只能采用适当的预防措施。

四、滚动轴承的寿命计算

轴承寿命是指轴承中任一滚动体或内、外圈滚道上出现疲劳点蚀前所经历的总转数或在一定转速下所经历的工作小时数。由于同一批同样类型、同一公称尺寸轴承，在材料和制造工艺中可能存在各种偶然性误差或缺陷，即使工况条件相同，各轴承的寿命并不相同，有时相差很多倍。所以不能以单个轴承的寿命作为计算的依据，而是以额定寿命作为计算标准。所谓额定寿命是指一批相同的轴承，在相同的条件下运转，其中90%的轴承不发生疲劳点蚀前所转过的总转数，或在一定的转速下运转的总小时数。

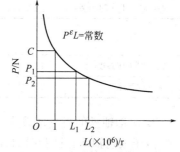

图 18-13　滚动轴承的疲劳曲线

1. 滚动轴承寿命计算的基本公式

图 18-13 是在大量试验上得出的轴承的载荷-寿命曲线（P-L 曲线），称为轴承的疲劳曲线。P-L 曲线可用下列方

程表示

$$P^\varepsilon L = 常数 \tag{18-8}$$

式中 P——当量动载荷，N；

  L——额定寿命（10^6 r）；

  ε——寿命指数，球轴承 $\varepsilon = 3$，滚子轴承 $\varepsilon = 10/3$。

标准中规定，在基本额定寿命 $L = 1(10^6$ r)，可靠度为 90% 时的轴承载荷称为基本额定动载荷，用 C 表示。则由公式（18-8）可导出

$$L = 10^6 \left(\frac{C}{P}\right)^\varepsilon \tag{18-9}$$

这是滚动轴承寿命计算的基本公式。

实际计算中常用给定转速下工作的小时数 L_h 表示轴承的额定寿命，此时轴承寿命计算公式可写成

$$L_h = \frac{10^6}{60n}\left(\frac{C}{P}\right)^\varepsilon \tag{18-10}$$

或

$$C = P\sqrt[\varepsilon]{\frac{60nL_h}{10^6}} \tag{18-11}$$

式中 n——轴承的工作转速，r/min；

  L_h——按小时计算的轴承额定寿命，h，各类设备轴承的使用寿命荐用值见表 18-13；

  C——基本额定动载荷，它是使轴承的基本额定寿命恰好为 10^6 转时，轴承所能承受的载荷值。基本额定动载荷大，轴承抵抗点蚀破坏的承载能力较强。基本额定动载荷分为两类：对主要承受径向载荷的向心轴承（如深沟球轴承、角接触球轴承、圆锥滚子轴承）为径向额定动载荷，以 C_r 表示；对主要承受轴向载荷的推力轴承，为轴向额定动载荷，以 C_a 表示。额定动载荷 C 值可查有关手册。当轴承工作温度较高（例如高于 120℃）时，由于轴承元件材料组织的变化及硬度的降低，因此需引入温度因数 f_t 来修正 C 值，则 $C_t = Cf_t$，f_t 可查表 18-14。此时，式（18-10）中的 C 应改为 Cf_t。

表 18-13 各种设备轴承的使用寿命荐用值　　　　　　　　　　　　h

设 备 的 种 类	使 用 寿 命
不常使用的设备，如闸门开闭装置	500
短期或间断使用的机械，中断使用不致引起严重后果，例如：一般手工操作的机械，农业机械等	4000～8000
间断使用的机械，中断使用能引起严重后果，例如：发电站的辅助设备，胶带运输机等	8000～14000
每天 8h 工作和不经常满载工作的机械，例如：一般机械、木材加工机械、连续使用的起重机	14000～30000
24h 连续工作的机械，如空气压缩机、水泵、卷扬机等	50000～60000

表 18-14 温度因数 f_t

轴承的工作温度/℃	≤120	125	150	175	200	225	250	300	350
温度因数 f_t	1	0.95	0.90	0.85	0.80	0.75	0.70	0.60	0.50

2. 滚动轴承的当量动载荷

由于滚动轴承在试验时的载荷和实际承受的载荷方向不同，为了计算轴承寿命时与基本额定动载荷在相同的条件下比较，需要将实际工作载荷转化为当量动载荷，用字母 P 表示。

对于以承受径向载荷为主的轴承为径向当量动载荷 P_r；对于以承受轴向载荷为主的轴承为轴向当量动载荷 P_a。在当量载荷作用下，轴承寿命应与实际复合载荷下轴承的寿命相同。

当量动载荷的计算公式为

$$P = XF_R + YF_A \tag{18-12}$$

式中，F_R 为名义径向载荷；F_A 为名义轴向载荷；X、Y 分别为径向载荷因数和轴向载荷因数，见表 18-15。

表 18-15　滚动轴承当量动载荷的 X、Y 值

轴承类型		F_A/C_{0r}	e	$F_A/F_R > e$		$F_A/F_R \leqslant e$	
				X	Y	X	Y
深沟球轴承		0.025	0.22	0.56	2.0	1	0
		0.04	0.24		1.8		
		0.07	0.27		1.6		
		0.13	0.31		1.4		
		0.25	0.37		1.2		
		0.5	0.44		1.0		
角接触球轴承	$\alpha = 15°$	0.025	0.34	0.45	1.61	1	0
		0.04	0.36		1.53		
		0.07	0.39		1.40		
		0.13	0.43		1.26		
		0.25	0.49		1.12		
		0.5	0.55		1.00		
	$\alpha = 25°$	—	0.7	0.41	0.85	1	0
	$\alpha = 40°$	—	0.99	0.36	0.64	1	0
圆锥滚子轴承		—	按型号不同，在"样本"中给出	0.4	按型号不同在"样本"中给出	1	0
调心球轴承		—		0.65		1	按型号不同在"样本"中给出
调心滚子轴承		—		0.67		1	

对只能承受纯径向载荷 F_R 的向心轴承，如圆柱滚子轴承及滚针轴承等，当量动载荷为

$$P = F_R \tag{18-13}$$

对只能承受纯轴向载荷 F_A 的推力轴承，如推力轴承，当量动载荷为

$$P = F_A \tag{18-14}$$

上述式计算出的当量动载荷 P 只是名义值。实际上机械在工作中，冲击、振动及转动零件运转不平稳等所产生的载荷对轴承寿命也会产生影响，在此用动载荷因数 f_P 对当量动载荷进行修正，则上述各计算动载荷 P 的公式应分别乘上 f_P（见表 18-16），即

$$P = f_P(XF_R + YF_A) \tag{18-15}$$

$$P = f_P F_R \tag{18-16}$$

$$P = f_P F_A \tag{18-17}$$

表 18-15 中的 e 为轴向载荷影响因数。当 $F_A/F_R > e$ 时，表示轴向载荷的影响较大，计

表 18-16　动载荷因数 f_P

载荷性质	载荷因数 f_P	设备举例
平稳或有轻微冲击	1.0～1.2	电动机、汽轮机、通风机、水泵等
中等冲击	1.2～1.8	车辆、机床、传动装置、起重机、冶金设备、内燃机、空气压缩机等
强烈冲击	1.8～3.0	振动筛、破碎机、轧钢机、橡胶碾压机等

算当量动载荷 P 时必须考虑 F_A 的影响，则应按公式(18-15)计算；当 $F_A/F_R < e$ 时，表示轴向载荷影响较小，计算当量动载荷时可忽略 F_A 的作用，只考虑径向载荷 F_R，此时 $X=1,Y=0$，故采用式(18-16)。

3. 角接触球轴承及圆锥滚子轴承轴向载荷 F_A 的计算

当圆锥滚子轴承只承受径向载荷 F_R 时，由于这类轴承的结构特点，滚动体载荷方向与轴承径向平面成一接触角 α [图 18-14(a)]，因此，要产生一个内部派生轴向力 F_S。在计算这种轴承的轴向载荷及当量动载荷时，必须将内部轴向力 F_S 考虑进去。为使派生轴向力平衡，故这类轴承要成对使用。

F_S 的计算公式见表 18-17。F_S 的方向总是沿着内圈和滚动体相对外圈脱离的方向。

表 18-17　角接触球轴承及圆锥滚子轴承的派生轴向力 F_S

轴 承 类 型	角 接 触 球 轴 承			圆锥滚子轴承
	$\alpha=15°$	$\alpha=25°$	$\alpha=40°$	
F_S	$0.5F_R$	$0.7F_R$	$1.1F_R$	$F_R/2Y$

注：Y 值见表 18-15 或查有关设计手册。

轴承外圈窄边对窄边，称面对面安装，也叫正装；轴承外圈宽边对宽边，称背对背安装，也叫反装。图 18-14(a)中的轴承 Ⅰ 及 Ⅱ 为面对面安装。F_R 和 F_A 分别为作用在轴上的径向和轴向载荷，两轴承的径向反力为 F_{R1} 及 F_{R2}，相应产生的派生轴向力则为 F_{S1} 和 F_{S2}。在一般情况下，为简化计算，通常可认为支反力作用在轴承宽度的中点上。但对于跨距较小的轴，误差较大，不宜随便简化。

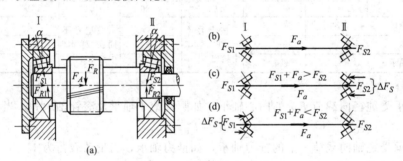

图 18-14　角接触球轴承的轴向力

作用于轴上各轴向力示于图 18-14(b)。下面按两种情况分析轴承 Ⅰ、Ⅱ 所受的轴向力。

① 当 $F_{S1}+F_a > F_{S2}$ [图 18-14(c)] 时，则轴有向右移动的趋势，相当于轴承 Ⅱ "压紧"，轴承 Ⅰ "放松"，为了达到轴上力的平衡，轴承 Ⅱ 的外圈上必有一个向左的附加轴向力来阻止轴的移动。所以被 "压紧" 的轴承 Ⅱ 所受的总轴向力 F_{A2} 必须与 $F_{S1}+F_a$ 相平衡，即

$$F_{A2}=F_{S1}+F_a$$

而被放松的轴承 Ⅰ 只受其本身的派生轴向力 F_{S1}，即

$$F_{A1}=F_{S1}$$

② 如果 $F_{S1}+F_a < F_{S2}$ [图 18-14(d)]，则轴有向左移动的趋势，使轴承 Ⅰ "压紧"，轴承 Ⅱ "放松"。同理，被 "放松" 的轴承 Ⅱ 只受本身派生的轴向力 F_{S2}，即

$$F_{A2}=F_{S2}$$

而被 "压紧" 的轴承 Ⅰ 所受的总轴向力为

$$F_{A1}=F_{S2}-F_a$$

计算角接触球轴承及圆锥滚子轴承轴向力的方法可归纳如下：①判明轴上全部轴向力（包括外载荷和派生轴向力）合力的指向，确定"压紧"端和"放松"端轴承；②"压紧"端轴承的轴向力等于除本身的派生轴向力外其他所有轴向力的代数和；③"放松"端轴承的轴向力等于它本身的派生轴向力。

五、滚动轴承的静载荷计算

滚动轴承静载荷计算的目的是为了限制滚动轴承在静载荷与冲击载荷作用下产生过大的塑性变形。

按轴承静载荷要求选择轴承的计算公式为

$$C_0 \geqslant S_0 P_0$$

式中　S_0——静载荷安全因数，可查有关设计手册；

C_0——额定静载荷，它是在最大载荷滚动体与滚道接触中心处引起的接触应力达到一定值（对向心球轴承和推力球轴承为 4200MPa）的载荷。C_0 包括 C_{0r} 和 C_{0a} 两种。

轴承上作用的径向载荷 F_R 和轴向载荷 F_A，应折合成一个当量静载荷 P_0，即

$$P_0 = X_0 F_R + Y_0 F_A$$

式中，X_0 及 Y_0 分别为当量静载荷的径向载荷因数和轴向载荷因数，其值可根据轴承型号从设计手册中查出。

【例 18-2】 有一机械传动装置中的轴用两只 $d=30\text{mm}$ 的 6306 深沟球轴承支承。工作中有轻微冲击。已知：轴承所受的径向载荷 $F_{R1}=1500\text{N}$，$F_{R2}=1100\text{N}$，轴向外载荷 $F_a=400\text{N}$，轴承的转速 $n=500\text{r/min}$，求该轴承的寿命为多少？

解 按式(18-10)计算

$$L_h = \frac{10^6}{60n}\left(\frac{C}{P}\right)^\varepsilon \quad (\text{h})$$

(1) 求当量动载荷

按图 18-15，轴承 Ⅱ 未受轴向载荷，$P_2 = f_P F_{R2}$；轴承 Ⅰ 受轴向载荷 $F_{A1} = F_a$，则 $P_1 = f_P(XF_{R1}+YF_{A1})$ 查表 18-16，$f_P=1.2$，查有关轴承的手册 6306 轴承 $C_{0r}=14200\text{N}$。

轴承 Ⅱ：$P_2 = f_P F_{R2} = 1.2 \times 1100 = 1320$（N）

轴承 Ⅰ：$F_{A1}/C_{0r} = 400/14200 = 0.0282$，查表 18-15，用内插法求得 $e=0.224$，$F_{A1}/F_{R1} = 400/1500 = 0.267 > e$，由表 18-15 查得 $X=0.56$，$Y=1.96$，则

$$P_1 = f_P(XF_{R1}+YF_{A1}) = 1.2 \times (0.56 \times 1500 + 1.96 \times 400) = 1949 \text{（N）}$$

因 $P_1 > P_2$，故仅计算轴承 Ⅰ 的寿命即可。

(2) 求轴承的寿命 L_h

已知球轴承 $\varepsilon = 3$，查有关轴承的手册 $C_r = 20800\text{N}$，则

$$L_h = \frac{10^6}{60n}\left(\frac{C}{P}\right)^\varepsilon = \frac{10^6}{60 \times 500}\left(\frac{20800}{1949}\right)^3 = 40517 \text{（h）}$$

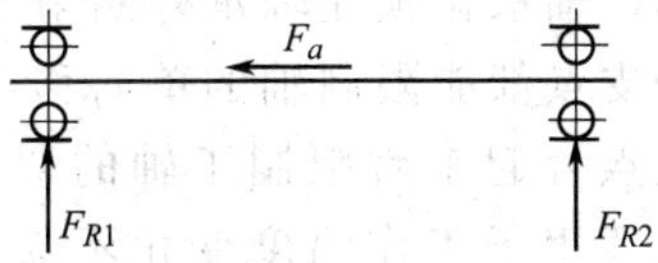

图 18-15　深沟球轴承的受力 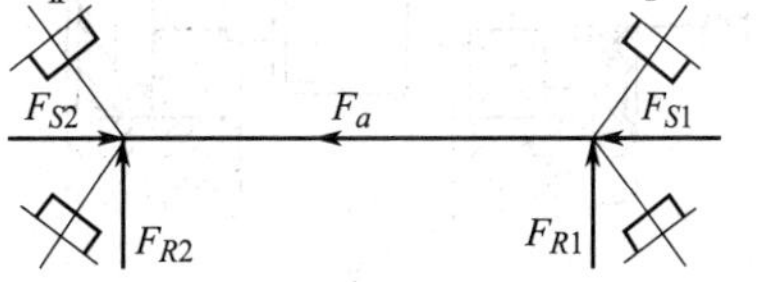　　　　　图 18-16　圆锥滚子轴承的受力

【例 18-3】 设根据工作条件决定采用一对圆锥滚子轴承（图 18-16）。初选 30207 轴承，两轴承为面对面安装，工作中受中等冲击。已知轴承载荷：$F_{R1}=1000N$，$F_{R2}=1800N$，$F_a=800N$，转速 $n=1440r/min$，预期寿命 $L_h=50000\sim60000h$，试问所选轴承是否满足要求？

解 （1）求轴承的轴向载荷 F_A

查有关机械设计手册，30207 轴承 $C_r=51500N$，$e=0.37$，$Y=1.6$。由表 18-17 知轴承的派生轴向力 F_S 为

$$F_{S1}=\frac{F_{R1}}{2Y}=\frac{1000}{2\times1.6}=313\text{（N）（向左）}$$

$$F_{S2}=\frac{F_{R2}}{2Y}=\frac{1800}{2\times1.6}=563\text{（N）（向右）}$$

轴承的轴向载荷，因 $F_{S1}+F_a=313+800=1113N>F_{S2}=563N$，轴承 II 被"压紧"，故

$$F_{A1}=F_{S1}=313N$$

$$F_{A2}=F_{S1}+F_a=313+800=1113\text{（N）}$$

（2）求轴承的当量动载荷 P

查表 18-16 $f_P=1.5$

轴承 I：$F_{A1}/F_{R1}=313/1000=0.313<e=0.37$

$$P_1=f_PF_{R1}=1.5\times1000=1500\text{（N）}$$

轴承 II：$F_{A2}/F_{R2}=1113/1800=0.618>e$

查有关设计手册，$X=0.4$，$Y=1.6$

$$P_2=f_P(XF_{R2}+YF_{A2})=1.5\times(0.4\times1800+1.6\times1113)=3751\text{（N）}$$

因两端选择同样尺寸的轴承，而且 $P_2>P_1$，故以 P_2 作为轴承寿命计算的依据。

（3）求轴承的实际寿命

已知滚子轴承 $\varepsilon=10/3$。

$$L_h=\frac{10^6}{60n}\left(\frac{C}{P}\right)^\varepsilon=\frac{10^6}{60\times1440}\left(\frac{51500}{3751}\right)^{\frac{10}{3}}=71728\text{（h）}$$

实际寿命大于预期寿命，故所选轴承合适。

六、滚动轴承部件的组合设计

为了使轴承能正常工作，除了合理地选择轴承的类型和尺寸外，还应正确地设计轴承装置。这主要是正确解决轴承的轴向固定、轴承组合的调整、轴承的配合及装拆以及润滑及密封等问题。

1. 轴承的轴向固定

机器中轴的位置是靠轴承来定位的，当轴工作时，既要防止轴向窜动，又要保证滚动体不至于因轴受热膨胀而卡住。轴承的轴向固定形式有两种。

（1）双支点各单向固定 如图 18-17（a）所示，它是靠轴肩顶住轴承内圈、轴承盖顶住轴承外圈来实现。两个支点都能限制轴的单向移动，两个支点合起来就限制了轴的双向移动。它适用于工作温度变化不大的短轴。考虑到轴受热伸长后对单列深沟球轴

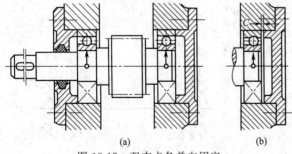

(a)　　　　　　(b)

图 18-17 双支点各单向固定

承不致引起附加应力，在轴承盖与外圈端面之间留出热补偿间隙 $c=0.2\sim0.4$mm［图18-17(b)］。对于角接触球轴承和圆锥滚子轴承是在安装时，使轴承内部留有适当的轴向间隙，这一间隙是靠垫片来调整的。

（2）单支点双向固定　当轴的跨距较大（$L>350$mm）或工作时温度较高（$t>70$℃），为了补偿较大的热膨胀，应采用一支点双向固定、一端游动的支承结构，如图18-18所示。选用深沟球轴承作为游动支承时，应在轴承外圈与端盖间留适当的间

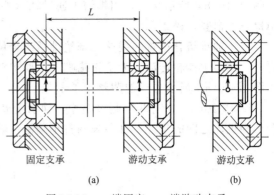

图 18-18　一端固定、一端游动支承

隙［图18-18(a)］；选用圆柱滚子轴承时，轴承外圈与端盖间不需留有间隙，但轴承外圈应作双向固定［图18-18(b)］，以保证内圈和滚子相对于外圈做较大的轴向移动。

以上两种方法的固定都是通过内外圈分别与轴和轴承孔加以固定而实现。内、外圈的固定方法和特点见表18-18。

表 18-18　轴承内、外圈的固定方法和特点

	内圈与轴的固定				外圈与轴承孔的固定		
图例							
特点	利用轴肩单向固定承受单向力	利用弹性挡圈固定，承受轴力不大转速低的情况	利用轴端压板固定可承受双向中等轴向力	利用圆螺母止退垫片固定，承受双向较大轴向力	利用轴承端盖单向固定，承受单向力	利用端盖和凸肩双向固定承受双向轴向力	利用弹性圈和凸肩固定，承受较小双向轴向力

2. 滚动轴承的调整

（1）轴承间隙的调整　为了使轴承能正常运转，装配时，轴承一般要留有适当间隙，常用的调整方法有：靠加减轴承盖与机座间垫片厚度来调整轴承间隙［图18-19(a)］；还可以

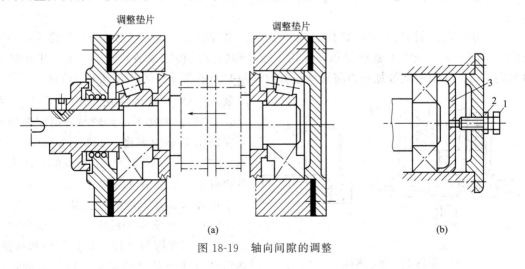

图 18-19　轴向间隙的调整

按图 18-19(b) 所示结构，用螺钉 1 通过轴承外圈压盖 3 移动外圈位置进行调整。调整以后，用螺母 2 锁紧防松。

（2）轴承组合位置的调整　调整轴承组合位置的目的是为了使轴上零件得到准确的工作位置。如圆锥齿轮传动，为了正确啮合，要求两个节锥的顶点重合，因此必须使轴承组合能作图 18-20(a) 所示方向的调整。

图 18-20(b) 中有两组调整垫片，轴承端盖和套杯之间的垫片 2 用来调整轴承间隙，而套杯和机体之间的垫片 1 可用来调整小圆锥齿轮的轴向位置。

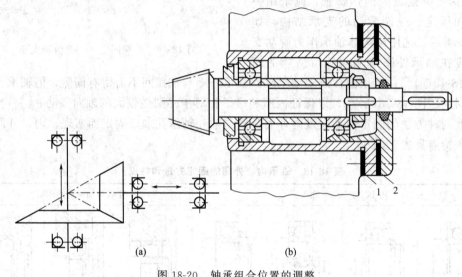

(a)　　　　　　　　　(b)

图 18-20　轴承组合位置的调整

3. 轴承的配合及装拆

（1）滚动轴承的配合　滚动轴承的配合是指内圈与轴颈，外圈与轴承座孔的配合。轴承是标准件，其内圈与轴颈的配合采用基孔制，外圈与座孔的配合采用基轴制。转动套圈（通常为内圈）的转速愈高，载荷和振动愈大，以及工作温度变化较大时，应采用较紧的配合。固定套圈（通常为外圈）、游动套圈或经常拆卸的轴承应采用较松的配合。转动圈与机器旋转部分的配合常用 n6、m6、k6、js6；固定圈与机器不动部分的配合则用 J7、J6、H7、G7 等。

（2）滚动轴承的装拆　轴承内圈与轴颈的配合通常较紧，大尺寸轴承可采用热装，即用热油（不超过 80～90℃）加热轴承，或用干冰冷却轴颈后将轴承装到轴上。对于中小轴承可采用压力机在内圈上施加压力将轴承压套到轴颈上或用软锤直接敲入或用一段管子压住内圈敲入。拆卸轴承需用专用的拆卸工具（图 18-21）。为便于拆卸轴承，内圈在轴肩上应露出足够的高度，如图 18-21(a)。而图 18-21(b) 的结构设计是错误的，因为在拆卸时无法扒钩轴承内圈。

4. 滚动轴承的润滑和密封

（1）滚动轴承的润滑　为了减少轴承元件之间的摩擦与磨损，防止烧伤和锈蚀，必须对滚动轴承进行润滑。同时润滑还有

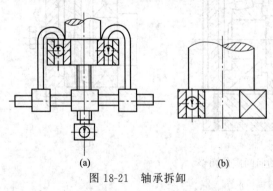

(a)　　　　　　　(b)

图 18-21　轴承拆卸

吸振、冷却、防锈和减少噪声的作用。常用的润滑剂有润滑脂和润滑油两种，可按 dn 值具体选择。d 为轴承内径，单位为 mm；n 为轴承转速，单位为 r/min。dn 值间接反映了轴颈的圆周速度，当 $dn < 12 \times 10^4 \sim 16 \times 10^4\,\mathrm{mm \cdot r/min}$ 时，一般可采用润滑脂润滑，超过这一范围宜采用润滑油润滑。减速器中的轴承常利用齿轮溅油润滑。如采用浸油润滑，则油面应不高于最下方滚动体的中心。$dn > 6 \times 10^5\,\mathrm{mm \cdot r/min}$ 情况下搅油能量损失较大，会使轴承过热，通常采用喷油或油雾润滑。

脂润滑因不易流失，一次充填润滑脂可运转较长时间，便于密封和维护，可参考表 18-2 选择。油润滑的优点是比脂润滑摩擦阻力小，并能散热，主要用于高速或工作温度较高的轴承，可参考表 18-1 选择。

（2）滚动轴承的密封　滚动轴承密封的目的是为了阻止润滑剂从轴承中流失和防止外界灰尘、水分等侵入轴承。密封方法分接触式和非接触式两大类。常用的密封装置及特点列于表 18-19。

表 18-19　密封装置的形式及特点

接　触　式			非　接　触　式		
名称	简　图	特　点	名称	简　图	特　点
毡封式		用粗细毛毡制成,用于清洁干燥环境,与毡接触处的轴要磨光;使用脂润滑,轴颈圆周速度小于 4~5m/s	圈形间隙式		间隙应注入润滑脂;适用于潮气和污物不甚严重的环境间隙为 0.1~0.3mm,轴转速不限
		和上述情况一样,能保证密封面有一定压力,便于更换毛毡	曲路式		可用油脂润滑密封可靠,轴的转速不受限制,可与接触式联合使用,但轴不能有较大热伸长
皮碗式		利用皮革塑料橡胶制成碗状密封并有弹簧圈卡紧,用于轴转速 $v = 6 \sim 7\mathrm{m/s}$ 场合,可使用油润滑	甩油环密封		用油润滑,在轴上开沟槽,把欲向外流的油离心甩开、再径向孔流回。常和间隙式联合使用

习　题

18-1　说明下列型号轴承的类型、尺寸、系列、结构特点及精度等级：61805，7311C，32207E，52412。

18-2　滚动轴承的主要失效形式是什么？应怎样采取相应的设计准则？

18-3　试按滚动轴承寿命计算公式分析：

（1）转速一定的 7207 轴承，其额定动载荷从 C 增为 $2C$ 时，寿命是否增加一倍？

（2）转速一定的 7207 轴承，其额定动载荷从 P 增为 $2P$ 时，寿命是否由 L_h 下降为 $L_h/2$？

（3）当量动载荷一定的 7207 轴承，当工作转速由 n 增为 $2n$ 时，其寿命有何变化？

18-4　如图 18-22 所示为一对 7209C 轴承承受径向载荷 $F_{R1}=8000\text{N}$，$F_{R2}=5000\text{N}$，试求当轴上作用的轴向载荷为 $F_A=2000\text{N}$ 时，轴承所受的轴向载荷 F_{A1} 与 F_{A2}。

图 18-22　题 18-4 图　　　　　　　　　　　图 18-23　题 18-7 图

18-5　已知深沟球轴承上所受的当量动载荷 $P=2800\text{N}$，轴承转动圈的转速 $n=960\text{r/min}$，预期寿命 $L_h=16000\text{h}$，求轴承所需的额定动载荷？若选用 6208 轴承，则轴承的实际工作寿命可为多少小时？

18-6　某机械传动装置中轴的两端各采用一深沟球轴承，轴颈直径 $d=30\text{mm}$，转速 $n=1460\text{r/min}$，每个轴承受径向载荷 $R=2000\text{N}$，常温下工作，载荷平稳，预期寿命 $L_h=8000\text{h}$，试选择轴承的型号。

18-7　如图 18-23 所示的锥齿轮减速器中的小锥齿轮轴，由面对面安装的两个圆锥滚子轴承支承。轴的转速为 $n=1450\text{r/min}$，轴颈直径 $d=35\text{mm}$。已知轴承所受的径向载荷 $F_{R1}=600\text{N}$，$F_{R2}=2000\text{N}$，轴向外载荷 $F_A=250\text{N}$，要求使用寿命 $L_h=15000\text{h}$，试选择轴承型号。

部 分 符 号 表

A：面积，断后伸长率，外压应变系数

a：中心距

B：外压应力系数，宽度

b_p：V 带节宽

C：厚度附加量

C_1：厚度负偏差

C_2：腐蚀裕量

D：直径

DN：公称直径

d_b：基圆直径

E：弹性模量，杨氏模量

e：椭圆度，齿槽宽

F：力

F_A，F_a：轴向力

F_R，F_r：径向力

F_t：圆周力

F_N：轴力

F_S：剪力，派生轴向力

f：摩擦因数

HBS：布氏硬度

H：高度

h：V 带高度

I_z：截面对 z 轴的惯性距

I_p：截面的极惯性距

i：传动比

K：椭圆形封头的形状系数，平盖特征系数，载荷因数

K_A：工作情况因数

K_N：寿命因数

k：理论应力集中因数

k_σ：有效应力集中因数

KV_2：冲击功

L：长度

L_{cr}：临界长度

L_d：带的基准长度

M：力偶矩，弯矩，碟形封头的形状系数

m：稳定安全因数

N：疲劳寿命

n：转速，安全因数（安全系数）

PN：公称压力

P：功率

p：压力，齿距

p_{cr}：临界压力

R：曲率半径

R_1：第一曲率半径

R_2：第二曲率半径

R_{eL}：屈服强度

R_m：抗拉强度

R_D^t：持久强度

R_n^t：蠕变极限

r：循环特征，半径

r_b：基圆半径

s：齿厚

T：扭矩、转矩，周期

t：温度、时间

v：梁的挠度，速度

W：抗弯截面系数

W_t：抗扭截面系数

S_z：截面对 z 轴的静矩

Z：断面收缩率

z：齿轮齿数，带的根数

α：角度，带轮包角

β：表面质量因数

γ：切应变

δ：断后伸长率，计算厚度

δ_d：设计厚度

δ_n：名义厚度

δ_e：有效厚度

ε：线应变

ε_α：齿轮重合度

ε_{cr}：临界应变

ε_σ：尺寸因数

ϕ：焊接接头系数

φ：相对扭转角

φ'：单位长度扭转角

λ：柔度

η：动力黏度

θ：梁的转角

μ：泊松比

ν：运动黏度

ρ：密度，曲率半径

σ：正应力

σ_p：比例极限

σ_e：弹性极限

σ_s：屈服极限

σ_{cr}：临界应力

$\sigma_{0.2}$：名义屈服极限

σ_b：强度极限

σ^0：极限应力

σ_m：平均应力，轴向应力

σ_θ：环向应力

σ_a：应力幅

σ_r：材料的持久极限

σ_1，σ_2，σ_3：主应力

σ_D^t：持久强度

σ_n^t：蠕变极限

τ：切应力

ω：角速度

ψ：断面收缩率

参 考 文 献

[1] 王守新等. 工程力学. 第二版. 北京：化学工业出版社，2011.

[2] 刘鸿文. 材料力学. 第五版. 北京：高等教育出版社，2011.

[3] 刁玉玮、王立业、喻健良. 化工设备机械基础. 第六版. 大连：大连理工大学出版社，2009.

[4] 董大勤、高炳军、董俊华. 化工设备机械基础. 第四版. 北京：化学工业出版社，2012.

[5] 王志文. 化工容器设计. 第三版. 北京：化学工业出版社，2005.

[6] 郑津洋. 过程设备设计. 第四版. 北京：化学工业出版社，2015.

[7] 黄华梁、彭文生. 机械设计基础. 第四版. 北京：高等教育出版社，2007.

[8] 濮良贵，纪名刚. 机械设计. 第八版. 北京：高等教育出版社，2006.

[9] 吴宗泽. 机械设计实用手册. 第三版. 北京：化学工业出版社，2010.

[10] GB/T 150.1～150.4—2011. 压力容器.

[11] NB/T 47020～47027—2012. 压力容器法兰、垫片、紧固件.

[12] JB/T 4712.1～4712.4—2007. 容器支座.

[13] JB/T 4736—2002 补强圈.

[14] HG 21514～21535—2014. 钢制人孔和手孔.

[15] NB/T 47017—2011. 压力容器视镜.

[16] HG/T 21574—2008. 化工设备吊耳及工程技术要求.

[17] GB/T 25198—2010. 压力容器封头.

[18] NB/T 47041—2014. 塔式容器.

[19] NB/T 47013—2015. 承压设备无损检测.

[20] GB/T 11544—2012. 带传动 普通 V 带和窄 V 带尺寸（基准宽度制）.

[21] GB/T 2822—2005. 标准尺寸.